JN224614

150兆円市場の道しるべ

GX

グリーン トランスフォーメーション

経営大全

NIKKEI GX 編

日本経済新聞出版

はじめに

　GX＝グリーントランスフォーメーション。ここ数年、新聞やテレビ、ウェブなどのメディアで毎日のように目にするようになった言葉だ。DX（デジタルトランスフォーメーション）に続いて、またよく分からない横文字が出てきたと思う人も少なくないだろう。環境負荷を軽減するための厄介な枠組みと認識しているならもったいない。対応が遅れると競争に出遅れることになりかねない一方、先行できれば企業や事業を成長させるチャンスにもなり得るからだ。

　猛暑でもエアコンを使わないといったような痩せ我慢ではなく、二酸化炭素（CO_2）を出さないために事業活動を減らすという縮小均衡の考え方でもない。政府が閣議決定をした「GX実現に向けた基本方針」も踏まえ、なるべく簡潔にその目的をまとめるなら、GXは脱炭素と経済成長の両立となる。政府は今後10年間で官民合わせて150兆円を超える脱炭素投資を進め、そのうち20兆円を政府が支援する方針を示している。

　「失われた30年」という言葉に代表されるように、事業の伸び悩みに直面してきた日本企業は少なくない。一部は伸びしろを求めて海を越え、グローバル化で食いぶちを創出してきた。その海外で、中でも欧州を中心に一大テーマとなっているのが環境対応だ。GXは日本企業が国内外に築いた足場を守り、さらには次なる成長の種にするための手段でもある。

　GXはいま、ほぼすべての産業の大半の職種の人にとって、業務上、無関係ではいられない分野になりつつある。ただ、新しい分野だけに用語からして簡単ではない。人事異動などで、新たにGXやサステナビリティーに関わるようになった人も多いだろう。本書は、予備知識なしで読み始めて、読み終わる頃には自分が次に何を学ぶべきかが分かるようになっている。

　テーマごとに章立てし、各章は2種類のコンテンツで構成した。一つはキー

ワードだ。「温暖化ガス」といった基本的なところから「DAC」など専門性が高いものまで、合計50個を取り上げた。なるべく最近の動きを織り込み、なぜいまその用語を理解すべきなのかが分かるようにしている。キーワードにはそれぞれ、3段階で重要度が分かるよう★を付けた。使う頻度が高そうなものほど★の数を多くしている。これまでGXと全く接点がなかったという読者は、まずは★3つの項目だけ読んでみることをお勧めする。

　各章の後半には特定のテーマをより深く掘り下げた「もっと知りたい」を置いた。キーワードだけ分かっても、実際に企業や自治体がどのように活用しているのかの事例がなければ理解は深まりにくい。そこで、企業の具体的な取り組みや、複雑な制度やルールについての専門家の解説を紹介している。水素や洋上風力、カーボンクレジットなどを巡る国内外の最新動向も入れているので、ぜひ参考にして自社の事業に生かしていただきたい。まずは「もっと知りたい」を読み始め、分からない言葉があればキーワードを参照して確認するという使い方もできる。

　本書は日本経済新聞がオンラインで配信している専門媒体「NIKKEI GX」に掲載した記事を基にしている。情報やデータ、登場人物の肩書、円換算などは掲載当時のものだ。掲載から少し時間がたったものもあるが、いまでもなお意味を持つと考えるものを選んだ。テーマごとにまとめ直しているので、NIKKEI GXを購読いただいている方にも体系的にこれまでのコンテンツを振り返るのに活用していただけると思う。

　国内だけでも10年で150兆円の投資が期待される成長市場をみすみす逃すか、掴み取るか。企業や事業、あるいはそこで働くビジネスパーソン個人の成長に必ず役立つ。その伸びしろ拡大の一助として、本書を活用してほしい。「何だか難しい」と敬遠していたGXの世界を、一緒にひも解いていこう。

CONTNTS

3章 動き出した新エネ……089

4章　GHG吸収への挑戦⋯⋯123

8章　世界のGX動向……311

1章

はじめの一歩

GXの分野ではいまどんなことが起こっているのか。
NIKKEI GXに掲載した記事のうち、読者の反響が特に
大きかったものと、それに関係する用語をこの章に集め
た。脱炭素関連の中でも特定分野だけに関心がある
という人以外は、まずはここから読んでみてほしい。

重要度 ★★★

001 温暖化ガス（GHG）
二酸化炭素など7種 注目は削減効果高いメタン

　地球が放射する熱を吸収して、宇宙空間に逃がすのを妨げる性質を持つガスのこと。英文表記Green House Gasを略してGHGともいう。二酸化炭素（CO_2）など7種類がパリ協定に基づき各国が国連に報告する対象となっている。人間が化石燃料を大量に消費して大気中のこれらのガスの濃度が上昇したことなどが、地球温暖化の要因だと考えられている。

　気候変動対策の中心は石油やガスを燃やすと発生するCO_2だが、削減効果が高いとして近年、注目されているのがメタンだ。温暖化係数は28で、重量当たりの温暖化効果がCO_2の28倍あることを示す。世界の人為的な温暖化ガス排出量の18%（CO_2換算）を占め、CO_2に次ぐ温暖化の原因となっている。

　メタンは化石燃料の採掘や廃棄物の埋め立て、家畜の飼育、稲作などにより増える。欧州連合（EU）や米国は2021年、30年までにメタン排出量を20年に比べ30%減らす枠組み「グローバル・メタン・プレッジ」を提唱し、日本も参加を表明している。

　メタンの削減策として、これまでガス田から漏出するガスの処理や、

■温暖化ガスの種類

	温暖化係数
二酸化炭素（CO$_2$）	1
メタン（CH$_4$）	28
一酸化二窒素（N$_2$O）	265
ハイドロフルオロカーボン類（HFCs）	※12400
パーフルオロカーボン類（PFCs）	※11100
六フッ化硫黄（SF$_6$）	23500
三フッ化窒素（NF$_3$）	16100

（注）パリ協定の報告対象、2023年の環境省資料に基づき
NIKKEI GX作成。※は最大値

ごみ埋め立て地からの発生を抑えるための焼却炉の建設などが進められてきた。農業分野での削減にも光が当たり、日本では国のメタン排出量の4割を占める水田での対策が動きだしている。

　水田に水を張ると、酸素を嫌う性質を持った菌がメタンを生成する。対策となるのが「中干し」と呼ぶ作業。稲の成長を制御するため水田の水を抜き、地面を乾かすプロセスを指す。通常は1〜2週間のところを7日程度延ばすと、土壌に酸素が行き渡り、メタンの排出量を3割減らせる。

　メタンは都市ガスの主な原料になっている。都市ガスの脱炭素化を進めるために、CO$_2$と水素から人工的に作り出す「合成メタン」の開発も進められている。工場や発電所から出るCO$_2$で合成メタンを製造すれば、燃焼時のCO$_2$と相殺され大気中のCO$_2$は増えない。

　一酸化二窒素（N$_2$O）やハイドロフルオロカーボン類はメタンと比べても温暖化係数が桁違いに大きい。大気に放出される量はCO$_2$に比べ少ないものの、気温上昇に与える影響は無視できないため対応が求められる。

1 はじめの一歩
2 再エネ活用の最前線
3 動き出した新エネ
4 GHG吸収への挑戦
5 カーボンクレジット
6 炭素会計を知る
7 脱炭素経営の新概念
8 世界のGX動向

重要度 ★★★

002 エネルギー基本計画

脱炭素へ中期の電源構成を示す

　国のエネルギー政策の中期的な方向性を示す。国内外の情勢を踏まえ、おおむね3年ごとに見直される。ロシアのウクライナ侵略などで環境が大きく変動する中、温暖化ガス排出量を実質ゼロとするカーボンニュートラルとエネルギーの安定供給をどう両立させるか。見取り図としての重みが増している。

　ウクライナ問題は日本の電気、ガスの値上がりにもつながった。中東情勢の緊迫もあり、エネルギー安全保障への関心が強まっている。一方、半導体の利用拡大や生成AI（人工知能）の普及によって、電力需要は2023年度を底に増加に転じる見通しとなった。

　政府はこうした中で第7次エネルギー基本計画をまとめ、40年度の電源構成（エネルギーミックス）の目標などを示した。第6次計画では30年度の電源構成で再生可能エネルギーを主力と位置付け、36～38％とした。第5次計画では22～24％としていたのを大幅に引き上げた。

　再生エネの中でも太陽光は、全電源に占める割合が22年度実績で

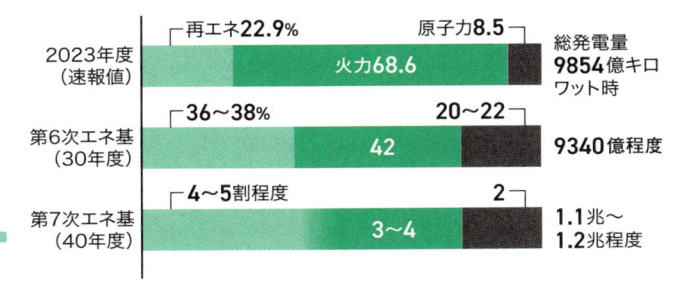

■日本の電源構成

	再エネ	火力	原子力	総発電量
2023年度（速報値）	再エネ22.9%	火力68.6	原子力8.5	9854億キロワット時
第6次エネ基（30年度）	36〜38%	42	20〜22	9340億程度
第7次エネ基（40年度）	4〜5割程度	3〜4	2	1.1兆〜1.2兆程度

■再エネの内訳

	太陽光	風力	水力	地熱	バイオマス
23年度	9.8%	1.1	7.6	0.3	4.1
30年度	14〜16%	5	11	1	5
40年度	23〜29%	4〜8	8〜10	1〜2	5〜6

9.2%だったのを、30年度に14〜16%へ高める。陸上と洋上を合わせた風力は0.9%から5%へ引き上げる。水力やバイオマス、地熱も30年度に向けて割合を増やす。

　再生エネは天候や時間帯で発電量が左右される。電力は常に需給を釣り合わせておくことが必要で、現状では火力発電の稼働を調整している。ただ、火力は減らしていく必要があり、新たな調整の手段が欠かせない。蓄電池の普及や、地域間で電力を融通する送電網の増強が求められている。

　第6次計画では原子力の30年度の目標を20〜22%と置いた。22年度の実績は5.5%だった。東京電力福島第1原子力発電所の事故を受け、原発への不安や電力会社への不信感が強まった。

　燃焼時に温暖化ガスを排出しない水素やアンモニアが新たなエネルギー源と位置付けられており、政府は30年度に1%を目指すとした。

1 はじめの一歩
2 再エネ活用の最前線
3 動き出した新エネ
4 GHG吸収への挑戦
5 カーボンクレジット
6 炭素会計を知る
7 脱炭素経営の新概念
8 世界のGX動向

重要度 ★★★

003 炭素予算（カーボンバジェット）
CO_2排出の余地、1.5℃目標達成へ5000億トン

　地球の気温上昇を抑えるために温暖化ガス（GHG）の排出余地があとどれくらいあるかを表す。カーボンバジェットとも呼ぶ。パリ協定では産業革命前からの気温上昇を1.5℃以内に抑えることを目標にしており、国際社会全体で排出削減ペースを考えていくうえで目安の一つになっている。

　国連の気候変動に関する政府間パネル（IPCC）によると、地球上のGHGの累積排出量と世界の平均気温の変化にはおおむね比例関係がある。気温の上昇度合いを累積排出量に置き換えれば、政策を立てやすくなる。

　IPCC第6次評価報告書は、1850〜2019年に人為的に排出されたGHGは二酸化炭素（CO_2）換算でおよそ2兆4000億トンと示した。地域別の排出元について北米が23％、欧州が16％、中国など東アジアは12％、オーストラリア・日本・ニュージーランドは4％などと分析している。

　IPCCによると、気温上昇を50％の確率で1.5℃以内にするうえで、20

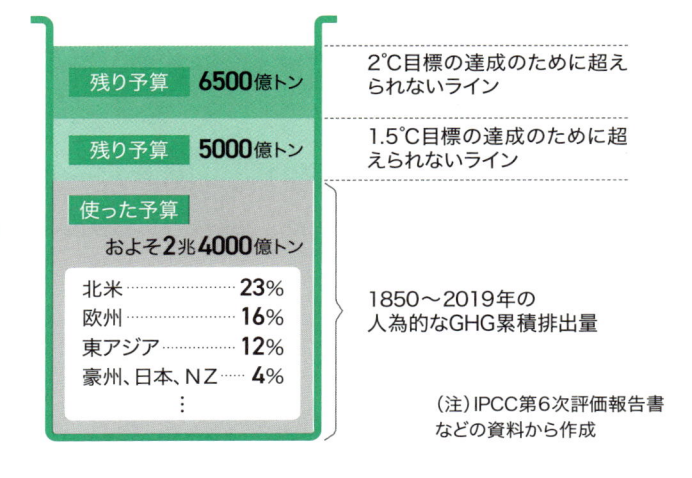

■炭素予算のイメージ

残り予算 **6500**億トン — 2℃目標の達成のために超えられないライン

残り予算 **5000**億トン — 1.5℃目標の達成のために超えられないライン

使った予算

およそ**2兆4000**億トン

北米	**23%**
欧州	**16%**
東アジア	**12%**
豪州、日本、NZ	**4%**
⋮	

1850〜2019年の
人為的なGHG累積排出量

(注)IPCC第6次評価報告書
などの資料から作成

1 はじめの一歩

2 再エネ活用の最前線

3 動き出した新エネ

4 GHG吸収への挑戦

5 カーボンクレジット

6 炭素会計を知る

7 脱炭素経営の新概念

8 世界のGX動向

年以降に残されている追加の排出余地は5000億トンとなる。これが残りの「炭素予算」だ。2度以内に抑制する目標を67%の確率で達成するために残されている余地は、6500億トンとなる。

　1.5℃目標を見据えた場合、予算を使い切る時期は目前に迫っている。IPCCは19年までの排出ペースを基に20〜30年まで10年間の排出量を4950億トンと予測している。世界の排出量は年々増え、国連環境計画(UNEP)によると23年は571億トンだった。

　石炭火力発電所など既存の化石燃料インフラが追加の削減措置を講じなければ、こうしたインフラからの排出量だけで、いずれ5000億トンを超えると見込まれている。

　炭素予算の考え方に立てば、省エネなどで排出量を減らすだけでなく、大気中のCO_2を回収するダイレクト・エア・キャプチャー(DAC)などで、CO_2をマイナスにする「除去」の技術開発を促すことが一層重要になる。

重要度 ★★★

<u>004</u> **COP**

温暖化対策の国際会議　国連ルールを議論

　英語で締約国会議を意味する「Conference of the Parties」のこと。生物多様性条約などの会議もあるが、通常は国連気候変動枠組条約の会議を指す。条約を結んでいる198カ国・地域から首脳や閣僚らが集まり、地球温暖化対策の国際ルールについて話し合う。

　気候変動のCOPは、条約の目標に対する進捗を評価する会議として1995年に第1回を開いた。毎年1回、場所を変えて開き、各国の政治や経済、エネルギーなどの状況が異なる中で合意を目指している。

　京都市で97年に開いたCOP3では、先進国を中心に温暖化ガスの削減義務を定めた京都議定書を採択した。ただ、排出量の多い中国やインドには削減義務がなかった。2001年に米国が一時離脱するなど目標達成が難しくなる中、新しい枠組み作りの議論が進んだ。

　15年のCOP21で、京都議定書に代わる国際ルールであるパリ協定に各国が合意した。世界の平均気温上昇を産業革命以前に比べて2℃よ

1
はじめの一歩

2
再エネ活用の最前線

3
動き出した新エネ

4
GHG吸収への挑戦

5
カーボンクレジット

6
炭素会計を知る

7
脱炭素経営の新概念

8
世界のGX動向

■COPでの主な出来事

1995年	COP1（独で開催）	92年に採択された国連気候変動枠組条約を受け、第1回を開催
97	COP3（日本）	先進国の温暖化ガス削減目標を定めた京都議定書を採択
2015	COP21（仏）	世界の平均気温の上昇を2℃より低く保ち、1.5℃以内に抑えることを目指すパリ協定を採択
23	COP28（UAE）	成果文書に「化石燃料からの脱却」の文言を盛り込む
24	COP29（アゼルバイジャン）	途上国への資金支援やカーボンクレジットのルールなどテーマに

り十分低く保ち、1.5℃以内に抑える努力をするとの目標を掲げている。京都議定書とは異なり、途上国も温暖化ガスを減らすことになった。

　化石燃料の使用を減らす議論を重ね、21年のCOP26では排出削減対策が講じられていない石炭火力発電を段階的に減らすことで合意した。23年のCOP28では、成果文書に「化石燃料からの脱却（transitioning away from fossil fuels）」という文言を盛り込んだ。アゼルバイジャンの首都バクーで開いたCOP29では、途上国への資金支援などがテーマとなった。

　会議では、任意のイニシアチブ（有志国連合）をつくる動きもある。クリーン技術の開発・展開のために協力する「グラスゴー・ブレイクスルー」や、世界のメタン排出量を30年までに20年比30％減らす「グローバル・メタン・プレッジ」には日本も賛同している。

重要度 ★★★

005 カーボンクレジット

GHG削減量を権利化、技術系に脚光

　温暖化ガス（GHG）の削減効果が、環境価値として権利化されたものを指す。クレジットを創出する手法を「方法論」と呼ぶ。大気中の二酸化炭素（CO_2）を回収するダイレクト・エア・キャプチャーとCO_2の地下貯留を組み合わせたDACCS（ダックス）など、新技術を使うクレジットが脚光を浴びている。

　カーボンクレジットは政府や民間がそれぞれの基準で認証したものが取引される。価格が付くことで企業に削減を促すインセンティブになる。購入企業は自社のGHG排出量から相殺するケースや、相殺はせずに地球環境へのアピールに使ったりするケースがある。

　方法論は様々で、植林によるCO_2の吸収や、工場での省エネルギー設備導入、太陽光や風力など再生可能エネルギーの電力利用といった取り組みなどがある。近年は技術ベースの削減方法が注目され、バイオマス由来のCO_2を地下貯留するBECCS（ベックス）の活用などにプロジェクトが広がっている。

　生み出されたクレジットは国連や政府が主導して運用する制度や、

■カーボンクレジットを創出する主な方法

分類	取り組み内容	
排出回避・削減	自然由来	森林保全、森林炭素蓄積の増強など
	技術由来	再生エネ導入、設備効率の改善、燃料転換など
炭素吸収・除去	自然由来	植林や森林管理、泥炭地修復など
	技術由来	DACCS、BECCS、バイオ炭など

(注)経済産業省の資料を基に作成

民間が管理する仕組みの中で流通する。日本で使われるものには、政府が認証する「J-クレジット」や他国と連携する「二国間クレジット制度（JCM）」に基づくクレジットがある。J-クレジットは東京証券取引所のほか、企業が運営する私設市場などでも取引されている。

民間が認証するものはボランタリーカーボンクレジットと呼ぶ。認証機関の世界最大手は米ベラで、このほか国際的な環境NGOが設立したスイスのゴールドスタンダードなどがある。

経済産業省は2024年4月、日本版排出量取引制度「GX-ETS」の試行期間に利用できるカーボンクレジットにボランタリークレジットを加えた。海の炭素吸収「ブルーカーボン」由来のクレジットなどが、一定の条件付きで認められた。

カーボンクレジットを巡っては、実態より過大なクレジットを発行していると指摘される例があった。様々な枠組みで信頼性を高める取り組みが進んでいる。

1 はじめの一歩
2 再エネ活用の最前線
3 動き出した新エネ
4 GHG吸収への挑戦
5 カーボンクレジット
6 炭素会計を知る
7 脱炭素経営の新概念
8 世界のGX動向

KEYWORD

重要度　★★★

006　グリーンウオッシュ
偽りの環境配慮、EUは広告規制

　環境に配慮しているように見せかけ、実態が伴っていないこと。欠点を隠してよく見せるという意味の「ホワイトウオッシュ」と、環境の「グリーン」を組み合わせた造語で、企業活動などに対して使われる。欧州では根拠の曖昧な広告を禁じるなど規制が強化され、新たな経営リスクとなっている。

　具体的にどういった事例がグリーンウオッシュに該当するのか、定義は国や地域によってばらつきがある。規制などで厳しいスタンスを取り始めているのが欧州の当局や環境団体だ。弁護士らでつくる非営利のクライアントアースは、グリーンウオッシュの行為を4つに分類している。自社のビジネスモデルが実際よりも環境面での持続可能性があると主張する「ブランドグリーンウオッシュ」などを挙げる。

　欧州委員会が2021年に企業のウェブサイトを中心に調べたところ、環境配慮にまつわる主張の半数は曖昧で誤解を招くものだった。消費行動をゆがめかねず、実態の伴った環境活動を進めている企業が不利益を被るリスクもある。

■NPOクライアントアースによるグリーンウオッシュの4類型

ブランドグリーンウオッシュ	自社のビジネスモデルが実際よりも環境面での持続可能性があると主張する。主張について裏付けがない
商品グリーンウオッシュ	グリーン商品のコンセプトと実態に乖離がある場合などに、商品をグリーンと表示したり、曖昧な主張で売り出したりする
グリーンウオッシュ資産へのファイナンス	金融機関が貸し付けや債券保有などの方法で、グリーンウオッシュされた資産(企業、金融商品、プロジェクトなど)に資金を提供する
財務報告グリーンウオッシュ	金融機関による虚偽記載や不記載、または金融機関が融資などの環境リスクを適切に開示しないこと

　欧州では24年3月、グリーンウオッシュ広告を規制する指令が発効した。環境関連の主張をする場合、企業の温暖化ガス削減目標を具体的に定めて、国際組織SBTイニシアチブのような第三者機関の認定を受けることなどを規定した。裏付けなしで「環境に優しい」「サステナブル」などの言葉を使ったり、根拠が不明確なエコラベルの認証に頼ったりすることも原則として禁じた。

　環境配慮の主張をする広告を出す前に証拠提出を義務付けるグリーンクレーム指令も欧州議会で採択された。日本では、消費者庁が22年、生分解性プラスチック製品を販売した企業に、十分な根拠がないのに自然に分解されるかのように表示したのは景品表示法違反(優良誤認)にあたるなどとして、再発防止などの措置命令を出した。

　企業の不十分な情報開示などを巡って市民団体による訴訟も増えてきた。企業はステークホルダーや消費者に、科学的な知見に基づいて明確な表現で情報を示す必要性が高まっている。

1 はじめの一歩
2 再エネ活用の最前線
3 動き出した新エネ
4 GHG吸収への挑戦
5 カーボンクレジット
6 炭素会計を知る
7 脱炭素経営の新概念
8 世界のGX動向

007

Appleの再エネ100%、要請から義務に取引先規範を改定

　企業が再生可能エネルギーを導入する動機は何か。環境負荷を減らす自発的な動きのほか、投資家の圧力などがある。ここにきて目立つのが取引先の要請だ。起点になるのはサプライチェーン全体の脱炭素を目指す企業。代表例が米アップルだ。

　アップルが取引先に対し、使用するすべての電力を再生エネ由来に切り替えるよう義務付けた。これまでも要請はしてきたが、今後は年に1度の進捗報告も求めて徹底する。大型の水力発電所は再生エネに含まないといった条件もあり、再生エネ資源が限られる日本に生産拠点を持つ企業は高い目標に挑むことになる。

大型水力は対象外

　サプライヤーに求める内容を整理した行動規範（Apple Supplier Code of Conduct、非公表）を2023年11月に改定した。アップルに供給する製品について、二酸化炭素（CO_2）に代表される温暖化ガス（GHG）を実質的に出さないカーボンニュートラルにする時期の目標を設定するよう求めている。目標時期は29年9月末までとした。

　カーボンニュートラルの達成に向けて使用する電力はすべて再生エネ由来にするよう盛り込んだ。再生エネは追加性があるものを優先し、再生エネに原子力発電や大型水力は含まないとアップルが位置付けていることも

■ アップルの温暖化ガス（GHG）削減実績

- 2015年以降、カーボンフットプリント全体で55%以上削減

- サプライヤーを通じてCO_2換算で1850万トンの排出を回避

- 出荷したアップル製品に含まれる素材の22%を、再生資源や再生可能資源から調達

- 製品の輸送による炭素排出量を22年比で20%削減

（出所）アップルが環境進捗報告書で示した23年の実績

NIKKEI GX の取材で分かった。

　追加性は新しい発電所を重視する考え方だ。アップルも参加する国際企業連合「RE100」は、稼働から15年を過ぎた発電所は太陽光や風力を使っていても原則として再生エネと認めない。再生エネの総量を増やすためには、既存の電源を使い続けるよりも電力の使い手が電源の新設を促す方が価値があるという発想だ。

　ただ、日本の場合、再生エネの半分近くを大型の水力発電所が占め、大半が稼働15年を超える。日本の工場で使える電力の種類は大きく制約されることになる。

既に95%が「賛同」

　アップルは自社製品の生産や利用を通じて排出するGHGを、30年までに実質ゼロにする公約を掲げている。自社で製造設備を持たないだけにサプライヤーの協力が不可欠だ。

　これまでも再生エネへの全量切り替えを呼びかけてきた。賛同企業は1年で

1 はじめの一歩

2 再エネ活用の最前線

3 動き出した新エネ

4 GHG吸収への挑戦

5 カーボンクレジット

6 炭素会計を知る

7 脱炭素経営の新概念

8 世界のGX動向

約3割増えて24年3月時点では320社以上になった。アップル製品を作るのに直接使われるエネルギーの95%を占めるという。

　欧州などに比べて再生エネの調達コストが割高な日本でも、積極参加を呼び掛けている。日本ではソニーグループなどに加えて、新たにルネサスエレクトロニクスが参加した。

知見共有などでサポート

　ルネサスの山口富士子サステナビリティ推進室室長はアップルの要請に対し「要求は高いが、サポートも手厚い。例えば、組み立て工場があるアジア各国の再生エネ供給見通しやカーボンクレジット市場の整備状況といった知見の共有、サプライヤー向けのトレーニングプログラムなどでサポートを受けている」と話す。

　こういったアップルの取引先支援は成果が出始めており、23年にはサプライチェーン全体でCO_2換算1850万トンの排出を回避。商品の原材料調達から製造までの排出量を示すカーボンフットプリント（CFP）は30年までに15年に比べて75%削減する計画で、既に55%以上を減らしたという。

　24年5月の決算説明会でティム・クック最高経営責任者（CEO）は「総排出量を半分以上も削減しつつ、同じ期間に売上高は65%も増えている。地球からの負担を減らしながら、イノベーションを起こしてきたことを誇りに思っている」と強調した。23年はアップル製品の輸送による炭素排出量を22年比で20%削減したほか、23年に出荷した製品に含まれる素材の22%は再生資源や再生可能資源から調達した。

　ただ、対応しきれない取引先が出てくる可能性もある。ある日本企業は「我々にとってのスコープ3分も含めて再生エネ100%にするのは正直難しい。でも業界リーダーの要求なので、できる限り応えていく」と話す。

リサ・ジャクソン氏が主導

アップルは大気中のCO_2削減を目指すプロジェクトなどに投資するレストアファンド（再生基金）を運営しており、ここにもサプライヤーが参画する。23年に立ち上げたファンドには村田製作所が3000万ドル（約47億円）、台湾積体電路製造（TSMC）は最大5000万ドルを投資することが決まった。

同基金の総額は2億8000万ドルとなり、気候変動への取り組みで金銭的なリターンを目指す。プロジェクトは選定中だが、21年からの別の再生基金では、中南米の劣化した放牧地や農地に森林を生み出すためのサポートなどを展開している。

こうした環境への取り組みを主導するのが、クック氏の直轄で環境・政策・社会イニシアチブを担当するバイスプレジデントのリサ・ジャクソン氏だ。23年に米誌タイムの「気候変動に取り組む影響力のあるリーダー100人」に選ばれた。

1987年に科学者として米環境保護局（EPA）に入り、オバマ政権ではアフリカ系アメリカ人として初めてEPA長官を務めた。クック氏が自らアップルに呼び込んだとされる。岸田文雄首相が24年4月に訪米した際にホワイトハウスで開かれたバイデン米大統領との公式晩さん会には、クック氏と並んで姿を見せた。

ジャクソン氏は「気候変動はサプライチェーン（供給網）全体で取り組んでいくことが重要だ」と繰り返す。23年6月には日本の超党派議連による勉強会で講演し、日本政府や企業と意見交換をした。ロイター通信の取材では「気候変動への対応コストを製品価格に上乗せすることは想定していない」などと語っている。

1 はじめの一歩

2 再エネ活用の最前線

3 動き出した新エネ

4 GHG吸収への挑戦

5 カーボンクレジット

6 炭素会計を知る

7 脱炭素経営の新概念

8 世界のGX動向

008

ヤマト運輸、宅配便のCO_2相殺
世界初ISO準拠で「信頼性」

　温暖化ガス（GHG）排出量が実質ゼロだという製品やサービスが出始めた。カーボンクレジットなどを使い排出量を相殺したものだ。ただ、単にお金を払ってクレジットを買うだけならモラルハザードが起きかねない。どんな工夫をしているのか。ヤマト運輸の取り組みを見てみよう。

　二酸化炭素（CO_2）排出量を、民間が主導するカーボンクレジット（排出枠）であるボランタリークレジットでオフセット（相殺）した「カーボンニュートラル配送」をヤマト運輸が2024年に始めた。サービス開始にあたり、国際標準化機構（ISO）の新たな規格に準拠したことを第三者認証で取得した点が特徴だ。この規格への準拠は世界初だという。クレジットの使い方は企業によって差が大きい中、ISOの活用は選択肢の一つになる。

看板などでISO準拠をアピール

　「すべての宅急便がカーボンニュートラルのやさしい配送なんです」。24年6月に始めたCMでは、俳優の菅田将暉さんやヤマト運輸の制服を着た人物が掛け合いで新サービスをアピールする。

　CM画面のほか看板、ステッカーで目を引くのが「ISO14068-1:2023」の文字だ。14068はISOの中でも23年に作られたばかりの規格。GHG削減の長期計画を立て、実行したうえで減らし切れない分はクレジットでオフセットすることを認めている。ISO規格の策定などを担う英国規格協会（BSI）の日本拠

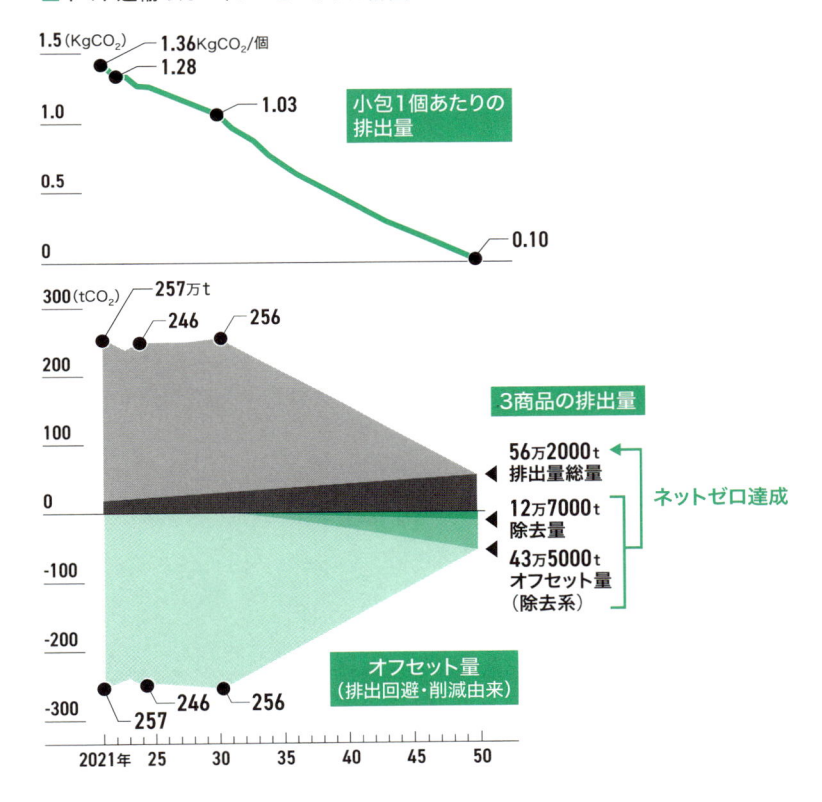

■ヤマト運輸のカーボンニュートラル計画

小包1個あたりの
排出量

1.5 (KgCO₂) 1.36KgCO₂/個
1.28
1.0 1.03
0.5
0 0.10

3商品の排出量

300 (tCO₂) 257万t
246 256
200
100
0
-100
-200
-300 257 246 256

56万2000t
排出量総量
12万7000t
除去量
43万5000t
オフセット量
（除去系）

ネットゼロ達成

オフセット量
（排出回避・削減由来）

2021年 25 30 35 40 45 50

点BSIグループジャパンによると、準拠認証を受けたのはヤマト運輸が世界
初だ。

　カーボンニュートラル配送は、荷物を届けるという面では従来の宅急便と
同じ。料金も変えていない。ISO準拠の認定を受けたことで「自称ではない、
信頼性のある主張としてカーボンニュートラルをアピールできるようになっ

1 はじめの一歩
2 再エネ活用の最前線
3 動き出した新エネ
4 GHG吸収への挑戦
5 カーボンクレジット
6 炭素会計を知る
7 脱炭素経営の新概念
8 世界のGX動向

た」とグリーンイノベーション開発部で認定取得を主導した星雄一朗氏は話す。脱炭素の取り組みを評価する第三者の枠組みは複数あるが「企業単位ではなく、製品・サービス単位で使える」としてISOを選んだ。

対象はヤマト運輸の排出量の8割を占める宅急便など3商品だ。準拠認定は22年度のデータに基づいて取得した。総排出量は246万トン。集荷や仕分け、配送のほか、梱包資材に由来する排出量などもなるべく1次データを使って計算した。

総排出量は21年度に比べると11万トン減っている。ドライアイスの使用を減らし、再生可能エネルギー由来の電力使用を増やした結果だ。こういった自助努力をしたうえで残ったのが246万トンで、この分をカーボンクレジットでオフセットした。調達額は公表していないが、仮に1トン当たりの平均コストが1000円だとすると20億円超となる。

使ったクレジットは「カーボンニュートラリティ レポート」などで開示した。プロジェクトを認証した第三者機関や生成年、償却日なども示している。最も多いのはインドの太陽光発電プロジェクトだった。

排出量総量、30年代以降に減少

消費者向けに脱炭素のアピールを始めた背景には「これまで投資家や取引先ばかり見ていたのでは」との反省もある。「年間約23億個の荷物を配送しており、消費者にも分かりやすく、選択してもらえる取り組みが必要」（標準化・政策連携推進課の森下さえ子課長）だと判断した。顧客アンケートでも「カーボンニュートラルなサービスを選びたい」との声が多かったという。

宅急便などの取扱量は増加傾向にあり、総排出量は30年度までは大きく減らせない見通しだ。それでも電気自動車（EV）2万台の導入や810拠点への太陽光発電設備の設置などにより、1個あたりの排出量は30年度には1.03kgと、21年に比べて24%減らす。

EV導入は既に始めているが、22年度は500台の計画に対して331台にとど

まった。カーボンニュートラリティ レポートでは「メーカーのリコール対応に伴う生産の遅れ」があったと説明した。30年代以降はEVへの切り替えやバイオマス緩衝材の使用効果などが本格的に表れ、総排出量も大きく減らせるとみている。クレジットによるオフセット量もその分、減少する。

1個当たりの排出量は50年度時点で0.1kgまで減らすことを目指す。それでも排出量はゼロにはならず、総量で56.2万トンが出る。このうち12.7万トンは自社活動による炭素除去で減らし、残る43.5万トン分はクレジットを購入する。大気中のCO_2を直接回収するダイレクト・エア・キャプチャー（DAC）などによる除去系のクレジットだ。従来型クレジットに比べて信頼性が高いものの、現在はまだ供給量が少ないうえ価格も高い。計画どおりに排出削減やオフセットが進まない場合は、カーボンニュートラル宣言を撤回するとリポートに明記した。

クレジット活用、スタンスは様々

カーボンクレジットをどのように使うのが望ましいのか、スタンスは地域や企業によって大きく異なる。欧州などではクレジットを使ってカーボンニュートラルを主張すること自体を否定的にとらえる向きがある。

一方で、クレジット活用の幅を広げようとする動きも出ている。日本版排出量取引「GX-ETS」は進行中の第1フェーズで一部のボランタリークレジットを使えるようにしたほか、米国政府は活用を後押しする指針を出した。ISOに準拠したうえでオフセットに使うというヤマト運輸の方法も一つの選択肢になる。

脱炭素コンサルティングを手掛けるエスプールブルードットグリーンの榎本貴仁執行役員はISO14068の活用について「炭素税など将来発生する可能性があるコストをクレジット購入というかたちで実現させているという点で、意義があるのではないか」と話す。

1 はじめの一歩
2 再エネ活用の最前線
3 動き出した新エネ
4 GHG吸収への挑戦
5 カーボンクレジット
6 炭素会計を知る
7 脱炭素経営の新概念
8 世界のGX動向

009

国内GHG排出量、22年度に過去最低
鉄鋼が純減幅の4割

温暖化ガス（GHG）は世界全体で大幅に減らすことが重要だ。各国は独自に中長期の目標を設定して取り組んでいる。日本の足元の状況はどうなっているのだろうか。

日本のGHG排出量が2022年度に過去最低となった。鉄鋼由来の排出量が大きく減っており、21年度と比べた全体の純減幅の4割程度に相当する。高炉の休止などによる生産量減少の影響が大きい。幅広い産業で省エネが進んだことなども寄与した。新型コロナウイルス禍で経済活動が停滞した20年度の排出実績も下回ったことで、構造変化の兆しを指摘する声も出ている。

高炉休止、エチレン生産も落ち込み

環境省の24年4月12日の発表によると22年度の排出量は11億3500万トン。21年度に比べ2860万トン（2.5%）減った。新型コロナ禍の影響が出た20年度と比べてもやや少なく、国連の条約に基づいて報告を始めた1990年度以降で最低になった。

減少要因は何か。目立つのが鉄鋼だ。環境省がデータを公表している二酸化炭素（CO_2）ベースで総排出量を部門別に分けると、構成比が最も大きい産業部門は21年度比5.3%減っている。さらに産業部門の内訳を見ると鉄鋼が7%も減った。絶対量では1000万トン以上の減少だ。鉄鋼だけで全体の3分の1以上を減らしたことになる。

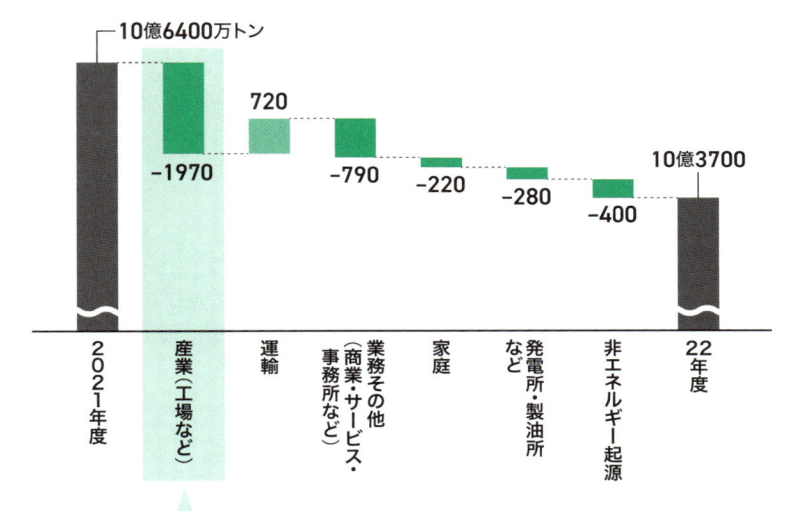

■CO₂排出量は多くの分野で減少

10億6400万トン

720

−1970

−790

−220

−280

−400

10億3700

2021年度 / 産業（工場など） / 運輸 / 業務その他（商業・サービス・事務所など） / 家庭 / 発電所・製油所など / 非エネルギー起源 / 22年度

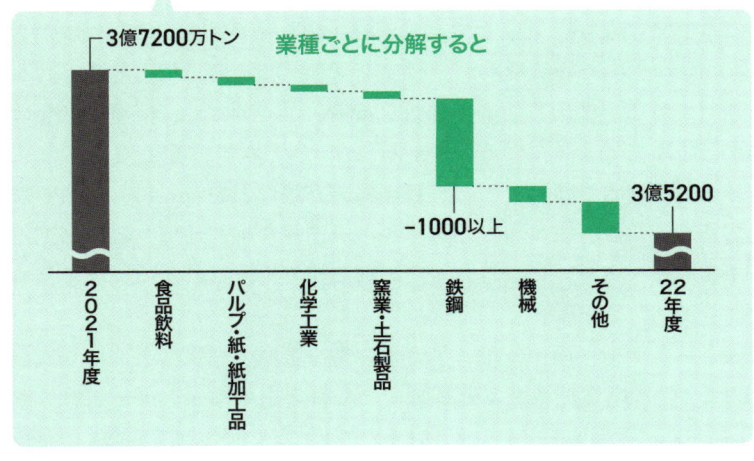

3億7200万トン　　業種ごとに分解すると

−1000以上

3億5200

2021年度 / 食品飲料 / パルプ・紙・紙加工品 / 化学工業 / 窯業・土石製品 / 鉄鋼 / 機械 / その他 / 22年度

（注）電気・熱配分後

1 はじめの一歩

2 再エネ活用の最前線

3 動き出した新エネ

4 GHG吸収への挑戦

5 カーボンクレジット

6 炭素会計を知る

7 脱炭素経営の新概念

8 世界のGX動向

22年度は半導体不足を背景に自動車向けの需要が落ち込み、国内粗鋼生産は前年度比8%減っていた。日本製鉄やJFEスチールは高炉の休止や電炉への転換方針を示しており、中期でも生産量は減る可能性がある。

化学工業の排出量も21年度に比べ3.6%減った。自動車や家電などに使う合成樹脂の原料となるエチレンの生産量は22年に、34年ぶりの低水準に落ち込んだ。新型コロナ禍で落ち込んだのに加え、中国の増産で需給が緩んだ面もある。

産業部門以外では、事務所など「業務その他部門」の排出量が4.2%減った。環境省は「石油製品や電力の消費量が減少した」と説明している。家庭部門も1.4%の減少だった。一方、産業部門についで排出量が多い運輸部門は3.9%増えた。

構造転換が始まっている可能性

CO_2排出量が減った要因は、鉄鋼や化学業界での生産量減少といった受動的なものばかりではない。東京大学未来ビジョン研究センターの高村ゆかり教授は「新型コロナ禍で経済活動が相当に縮減した20年度の排出量を下回ったことは注目される。要因についてさらなる検討が必要だが、経済・社会の構造転換がどこかで始まっているのかもしれない」とみている。

ウクライナ危機をきっかけとした燃料価格の高騰などを背景に、企業も家庭も自己防衛を迫られ、省エネなどエネルギー消費を抑える取り組みが進んだ。カーボンニュートラルに向けた企業の取り組みも、これまでになく強まっている。

今回発表されたデータの中では、エアコンや冷蔵庫の冷媒などに使う代替フロン「HFC」の排出量が減少に転じたことも目を引いたと、高村教授は話す。HFCはオゾン層を壊すフロンに代わる冷媒として使われてきたが、温暖化に与える影響はCO_2の数百〜数万倍に達する。

ローソンなど小売事業者は店舗に設置する冷蔵・冷凍庫で、HFC以外の冷

媒の利用を年々拡大している。こういった取り組みが貢献した可能性がある。

成長につながる政策が必要

ただ、これまでの取り組みのままで社会全体のGHG排出削減が進むとは考えにくい。ボストン・コンサルティング・グループ（BCG）の丹羽恵久マネージング・ディレクター＆シニア・パートナーは22年度の排出実績について、政府の中長期の削減目標に沿ったかたちで排出削減が進んでいる点は評価できると指摘。そのうえで「現状は（排出量を減らすという）守りの対策が中心だ。今後は脱炭素の取り組み自体が成長につながるような施策を政府・企業とも進める必要がある」と話した。

洋上風力発電やペロブスカイト型太陽光パネルなどを使った再生可能エネルギーの大量導入や、空気中のCO_2を直接回収するダイレクト・エア・キャプチャー（DAC）技術などイノベーションの促進、脱炭素分野の新規事業の開拓などが重要だとみている。

30年度に13年度比で排出量を46%減らす政府目標の達成は、24年度に策定作業を進める新たなエネルギー基本計画がカギを握る。みずほリサーチ＆テクノロジーズの境澤亮祐・上席主任コンサルタントは「太陽光では出力抑制などの動きが出ており、再生エネ導入のペースを維持するのが難しくなっていく」と分析し、蓄電池向けなど現状に即した支援策が必要だと話した。

1 はじめの一歩

2 再エネ活用の最前線

3 動き出した新エネ

4 GHG吸収への挑戦

5 カーボンクレジット

6 炭素会計を知る

7 脱炭素経営の新概念

8 世界のGX動向

010

グリーンウオッシュとは何か
24年3月発効のEU指令を読む

　見せかけの環境配慮「グリーンウオッシュ」の防止に向け、欧州では規制の強化が進んでいる。具体的な内容や日本企業が注意すべき点について、環境分野の有力非政府組織（NGO）、世界自然保護基金（WWF）ジャパンで専門ディレクターを務める小西雅子氏が解説する。

　「地球にやさしい」「エコ」「グリーンな」などの宣伝文句をイメージ的に使っていないだろうか。あるいはカーボンクレジットで温暖化ガス排出量をオフセット（相殺）しただけで「カーボンニュートラル製品」だと称して販売していないだろうか。日本は環境広告規制が緩いためこのような広告が多くみられるが、欧米ではこうした宣伝に対する規制の強化が進んでいる。

「カーボンニュートラル」に裏付け要求

　欧州では2024年3月26日にグリーンウオッシュ広告を規制する指令が発効した。「不公正な消費者間取引慣行に関する指令（不公正商慣行指令）」の改正によって、消費者が製品を購入する際に、適切な情報を得て判断できるようにすることを目的とする。加盟国は今後2年以内に国内法を整備し、30カ月以内に適用される。

　環境に関連した主張をするには、測定可能な目標や達成期限など現実的な実施計画をもって、独立した第三者機関による定期的な検証を受け、明確かつ客観的で検証可能なコミットメントをしていなければならないと、新たな

欧州などではグリーンウオッシュを巡る係争が増えている(写真は2022年、ロイター)

指令は規定した。そのうえで原則禁止とするマーケティング方法も明示した。「環境にやさしい」「カーボンニュートラル」といった表現を例に挙げている。

24年3月12日には「グリーンクレーム指令」が欧州議会で採択された。企業が環境主張の広告を出す前に、要件としてその証拠の提出を義務付けた。科学的根拠に基づいたデータを示し、測定可能な中間目標を含む計画を持って、定期的にその報告を消費者がアクセスできるURLやQRコードなどのかたちで公表。さらに第三者機関による検証を受けることなどを求めている。

日本企業にも関係

欧州議会のビリャナ・ボルザン(Biljana Borzan)議員はこれらの指令について「すべてのヨーロッパ人の日常生活を変える」と言う。「最も重要なことは、企業がプラスチックボトルについて『どこかに木を植えたから問題ない』

1 はじめの一歩
2 再エネ活用の最前線
3 動き出した新エネ
4 GHG吸収への挑戦
5 カーボンクレジット
6 炭素会計を知る
7 脱炭素経営の新概念
8 世界のGX動向

■EUが原則禁止としたマーケティング方法

■ 裏付けのない一般的な環境主張。例「環境にやさしい」「グリーン」「自然に優しい」「生分解性」「カーボンニュートラル」

■ 製品や企業活動の一部のみにしか該当しないまま、製品や企業活動全体に関する環境主張を行うこと

■ オフセットのみに基づいてカーボンニュートラルなどの主張をすること

■ 持続可能性ラベルについては、公的な認証制度に基づくもの、または公的機関が導入したもののみ使用可能

(注)EU指令文書に基づき小西雅子WWFジャパン専門ディレクター作成

と言ったり、その方法を説明することなく『持続可能である』としたりできなくなったことだ」と説明する。

　同様の規制は米国も強化している。フランスもカーボンニュートラルの主張ではライフサイクルアセスメントの排出量開示を、カーボンオフセットの主張にはオフセットの概要書の公表義務を課した。

　グリーンウオッシュを巡っては、訴訟などの動きも急増している。ロンドン・スクール・オブ・エコノミクスは環境広告を巡る係争案件を類型化して①企業の環境宣言との不一致②製品の環境性能との不一致③企業の環境行動の過剰アピール④気候リスクの不十分な開示、の4種類に分けた。

　規制や訴訟は海外の動きだから日本国内では関係ないと思っていては危うい。例えば国内で石炭火力発電所による電力を使って製品を作っていれば、商品の「持続可能性」を主張できないということが起きる可能性がある。グローバルな環境広告規制の動向にもアンテナを張っていく必要がある。また、日本でも段階的に開示制度の整備が進んでいる。

グリーンウオッシュを避けるためには

グリーンウオッシュを避けるには真に科学に沿った行動が重要だ。国連の
ハイレベル専門家グループが22年にまとめた「ネットゼロ宣言の信頼性と透
明性に関する提言書」が参考になる。

10項目の提言をしており、中でも日本企業が特に気をつける必要があるの
が業界団体を通じた活動だ。個社としては環境重視を打ち出しながら、業界
団体としては野心的な温暖化政策に反対し、政府に働きかけているというこ
とがないだろうか。そういった行為もグリーンウオッシュと指摘され得る。

世界のグリーンウオッシュ規制は日進月歩だ。常にアンテナを張ってグロ
ーバル基準の動向を追い、真の脱炭素化につながる企業活動をもって堂々と
環境宣伝をしていく必要がある。

こにし・まさこ　ハーバード大修士課程修了、博士（公共政策学・法政大）。中部日本放送アナウンサ
ーなどを経て、2005年に国際NGOのWWFジャパンへ。専門は国連気候変動国際交渉および環境・
エネルギー政策。環境省中央環境審議会委員。昭和女子大学大学院特命教授や京都大学大学院特
任教授も務める。

1 はじめの一歩

2 再エネ活用の最前線

3 動き出した新エネ

4 GHG吸収への挑戦

5 カーボンクレジット

6 炭素会計を知る

7 脱炭素経営の新概念

8 世界のGX動向

011-1

「気候資金46兆円、日本に役立つ使途を」
高村ゆかり東大教授COP29解説㊤

2024年11月にアゼルバイジャンのバークで第29回国連気候変動枠組み条約締約国会議（COP29）が開催された。現地で交渉の推移を分析した高村ゆかり東京大学未来ビジョン研究センター教授が2回にわけて解説する。

COP29では温暖化対策で先進国が発展途上国に拠出する「気候資金」を2035年までに少なくとも年3000億ドル（約46兆円）に増やすことなどを盛り込んだ合意文書を採択した。カーボンクレジットなどに関するパリ協定6条のルールでも最終合意した。

——気候資金は先進国と途上国の隔たりが大きく、交渉が難航しました。

20年までに毎年1000億ドルが途上国に流れるようにすると10年に合意していたが、1000億ドルを超えたのは22年になってからだ。25年からの10年間で少なくとも3倍の3000億ドル以上にするという新たな目標は、先進国がずいぶん積み上げた印象を受ける。米トランプ政権はパリ協定から脱退する方針で、資金を出さなくなる可能性が高い。他の主要国も政権の政治基盤が弱い中で、先進国にとってなかなか大きな目標だ。

議長国アゼルバイジャンが草案で提案した2500億ドルからは増えたものの、途上国は不十分だと批判している。特に後発途上国や島しょ国は気候変動の影響が顕在化して、適応策にかなりの資金が必要と主張する。途上国の主張にも一定の根拠がある。

1 はじめの一歩

2 再エネ活用の最前線

3 動き出した新エネ

4 GHG吸収への挑戦

5 カーボンクレジット

6 炭素会計を知る

7 脱炭素経営の新概念

8 世界のGX動向

■ COP29の主なポイント

- ■ 先進国から途上国向けの気候資金を2035年までに少なくとも年3000億ドルに増額することで合意（現在の目標は年1000億ドル）

- ■ 途上国の気候行動に対する資金を官民合わせて35年までに少なくとも年1.3兆ドルに拡大するため、全てのアクターに対して共に行動することを求める

- ■ パリ協定6条の詳細ルールが決まる

　3000億ドルは基本的に先進国が途上国を支援する資金の目標だが、公的資金と民間資金を組み合わせる「ブレンデッド・ファイナンス」などをどこまで目標達成にカウントするか、世界銀行やアジア開発銀行（ADB）などに先進国が提供している気候変動関連の資金も目標達成に勘定するのかなど、目標の対象にどういう資金を含めるかも今後の議論になりそうだ。

──合意文書では35年までに世界全体で途上国に流す資金を少なくとも年1兆3000億ドルに増やす目標も盛り込みました。3000億ドルとの違いは。

　1兆3000億ドルには先進国の支援に加え、途上国が途上国を支援する南南支援、さらに民間の投融資なども含まれている。例えば民間企業が途上国の再生可能エネルギーに投資することもカウントすることになるだろう。

　国同士の支援には限りがある。先進国が出せる資金と途上国が必要とする額には大きなギャップがあるので、新たな資金の流れをどう作るかにも知恵を絞らないといけない。途上国が民間企業の投資を呼び込むためには、法制度が整備され、経済的に安定しているなど投資環境の整備も必要となる。

第29回国連気候変動枠組み条約締約国会議（COP29）は、アゼルバイジャンの首都バクーで開かれた。最大の議題は、先進国から途上国へ拠出する「気候資金」だった。

——日本企業にはどのような影響がありますか。

　気候変動分野でどのように途上国に資金支援するかという国の方針が重要だ。途上国を支援する際、日本や日本企業にプラスになるように資金を使うことも可能だ。例えば日本企業のサプライチェーン（供給網）が集まるアジアで適応策が取られると、サプライチェーンの強靱化につながる。

　サプライチェーンで排出削減が進めば、スコープ3対策になる。また省エネ性能の高い日本の機器がアジアの市場に入っていくチャンスにもなり得る。途上国への資金提供はもちろん世界全体の排出削減のためだが、負担としてネガティブに捉えるだけでなく、日本にとってプラスになる資金の使い方を戦略的に考える必要がある。

——カーボンクレジットなどに関するパリ協定6条のルールでも最終合意しました。

　パリ協定6条の市場メカニズムは、2国間の合意を下にクレジットが発行さ

1 はじめの一歩

2 再エネ活用の最前線

3 動き出した新エネ

4 GHG吸収への挑戦

5 カーボンクレジット

6 炭素会計を知る

7 脱炭素経営の新概念

8 世界のGX動向

れ取引される6条2項のメカニズムと、京都議定書のクリーン開発メカニズム（CDM）のようにプロジェクトの適格性の認定、クレジットの発行が国連管理で行われる6条4項のメカニズムがある。

6条2項の2国間メカニズムについては、基本的に2国間で運用されればよく、国際的な規律は必要ないという意見と、クレジットが国の目標達成に使われることもあり、一定の国際的な規律が必要との意見がぶつかっていた。国際的に取引されるクレジットをいつ締約国が承認したか、主体間で取引されるクレジットに関する情報などを公表することが決まった。また報告書で取引されるクレジットの情報が欠如したり、6条2項のルールに従っていなかったりするなどの「齟齬（inconsistencies）」が生じた場合には締約国が対処することなどが決まった。

6条4項の国連管理型のメカニズムは監督機関（Supervisory body）によって運用のためのルール策定が進んでいる。地域住民を含めて関係者が行うことができる上訴と不服申し立ての手続き、プロジェクトを計画するに当たっての方法論の要件（Methodological requirements）などが合意されている。

──合意はクレジットの創出プロジェクトや取引にどう影響しますか。

ルールが明確になり、いよいよ運用が本格化することが期待される。ただ今後プロジェクトが次々に出てくるかは需要次第で、現時点では不透明だ。京都議定書のCDMに基づくプロジェクトとクレジットのうち、要件を満たすものがパリ協定の下でのプロジェクトやクレジットとして移行することになっており、それがどれくらいの規模になるかにもよるだろう。

> **たかむら・ゆかり** グローバルな観点から環境・エネルギーを論じる「脱炭素」時代のオピニオン・リーダー。専門は国際法学・環境法学。名古屋大学大学院教授などを経て2018年から東京大学教授、19年から現職。政府の審議会委員やアジア開発銀行気候変動と持続可能な発展に関する諮問グループ委員も務める。

011-2

35年GHG削減目標、新興国も意欲的
高村ゆかり東大教授COP29解説⑦

　第29回国連気候変動枠組み条約締約国会議（COP29）では英国やブラジルが2035年までの国ごとの温暖化ガス（GHG）削減目標（NDC）を発表し、多くの国が気温上昇を「1.5℃目標」に沿った目標を作ると表明した。一方で、米国では25年1月に気候変動に懐疑的なトランプ氏が大統領に返り咲いた。

──COP29では一部の国が35年のNDCを発表しました。

　各国は35年のNDCを25年2月までに提出する必要がある。英国は35年までに1990年比81%削減する新たな目標を発表した。ブラジルは2030年目標を引き上げたばかりだが、35年に05年比59〜67%削減する目標を発表した。COP28議長国のアラブ首長国連邦（UAE）は50年ネットゼロの目標とともに、19年比47%削減という35年目標を発表した。いずれもかなり踏み込んだ目標だ。

　最終日の全体会合で、オーストラリアが先進国グループを代表し「1.5℃に向けた動きは後戻りしない」と発言した。カナダ、欧州連合（EU）、ノルウェー、スイス、メキシコ、チリなども1.5℃目標に沿った目標を作ると表明し、中国も60年ネットゼロに整合する目標を準備していると発言した。

　インドネシアは20カ国・地域首脳会議（G20サミット）とCOP29で、これまで60年としていたネットゼロ目標を10年前倒しし、50年ネットゼロ目標を表明した。さらに今後15年以内に石炭火力を含む化石燃料による火力発電所を段階的に廃止する一方、75ギガ（ギガは10億）ワットの再生可能エネルギーを導入すると発表した。

1
はじめの一歩

2
再エネ活用の
最前線

3
動き出した
新エネ

4
GHG吸収へ
の挑戦

5
カーボン
クレジット

6
炭素会計を
知る

7
脱炭素経営の
新概念

8
世界の
GX動向

英国のスターマー首相は、温暖化ガスの排出量を2035年までに1990年比81%削減する新目標を表明した＝ロイター

——日本でも35年のNDCが議論されています。

　日本は浅尾慶一郎環境相がCOP29で、1.5℃目標と整合的で意欲的な目標提出に向けて検討を進めていると表明した。米国は25年1月にトランプ政権に移行したが、主要国は1.5℃目標に向けて目標の深掘りを準備している。そのような国際動向を踏まえ、日本はNDCの議論をしないといけない。

　かつて企業にとって環境問題は規制へのコンプライアンス対応の側面があったが、いまはより本質的に経営に組み込まれてきている。トランプ氏が大統領に返り咲いたのを受け、脱炭素の対応を緩める日本企業は出てこないと思う。気候変動を中心に情報開示の義務化も予定されている。株主からも対応を求められる。企業にとって脱炭素対応は、資本市場や株主、取引先から

COP29では化石燃料の削減について大きな進展はなかった

の企業評価を左右する経営問題となった。

──COP29では化石燃料の削減について大きな進展はありませんでした。

　23年のCOP28の合意文書には、25年に各国が提出する目標（NDC）の指針としてエネルギーシステムにおける「化石燃料からの脱却」が盛り込まれている。今回のCOP29ではサウジアラビアがさらに踏み込んだ表現にすることに強く抵抗し、この文言が合意文書に盛りこまれることにも反対したと言われていて、COP28の合意文書を参照したにとどまった。

──トランプ氏の政権返り咲きは今後のCOPにどう影響しますか。

　トランプ新政権はパリ協定から離脱する方針で、気候変動枠組み条約から

　ただ、米国企業の対応は必ずしも米国の政策と一致しない。米国を含め、企業、州・自治体など世界の非国家主体が連携し、先導して気候変動対策を進める流れができたのは、17年のトランプ政権発足が契機だった。例えば気候変動の情報開示について、カリフォルニア州やニューヨーク州などは独自に開示規則を定めている。米国の大企業やグローバル企業の脱炭素方針は、大きく変わらないだろう。

2 再エネ活用の最前線

3 動き出した新エネ

4 GHG吸収への挑戦

5 カーボンクレジット

6 炭素会計を知る

7 脱炭素経営の新概念

8 世界のGX動向

2章

再エネ活用の最前線

温暖化ガス排出量を減らすために、今すぐ着手できて効果も大きい手法の一つが再生可能エネルギーの導入だ。太陽光や風力を使った発電の動向や、こういった電力を調達する様々な手法をこの章で取り上げた。再生エネの導入は「取引先から選ばれなくなるリスク」を回避するものだという村田製作所の執行役員の話は、日本企業の意識の現状を象徴する。

重要度 ★★★

012 FIT／FIP

再エネ支援、固定価格買い取りから市場連動に

　再生可能エネルギーによる発電を支援する制度。2012年に再生エネの固定価格買い取り制度（フィード・イン・タリフ、FIT）を始め、22年にFITの後継としてフィード・イン・プレミアム（FIP）を導入した。

　FITでは、再生エネでつくった電力をすべて大手電力会社が一定の金額で買い取ってきた。発電事業者は収入が保証されるため、市場価格を意識することは少なかった。

　FIPは卸電力市場の価格に「プレミアム」（上乗せ金額）を付与する。あらかじめ基準価格を設定し、卸市場価格をもとに算出した参照価格との差がプレミアムになる。プレミアムの額も卸市場価格などによって変動し、1カ月ごとに更新される。

　発電事業者が市場価格を意識するようにし、電力の需給状況に応じた発電を促す狙いがある。市場価格が高い時間帯に発電すれば収入が増える。太陽光発電の量が増える昼間など、市場価格が安い時は電力を蓄電池にためておき、夕方などに価格が高くなったら売るという判断もあり得る。発電事業者の裁量次第で稼げるチャンスを広げた。市場機能を利用した需給調整効果に期待したものだ。

　再生エネで発電したことによる「環境価値」が手元に残るのもFIP

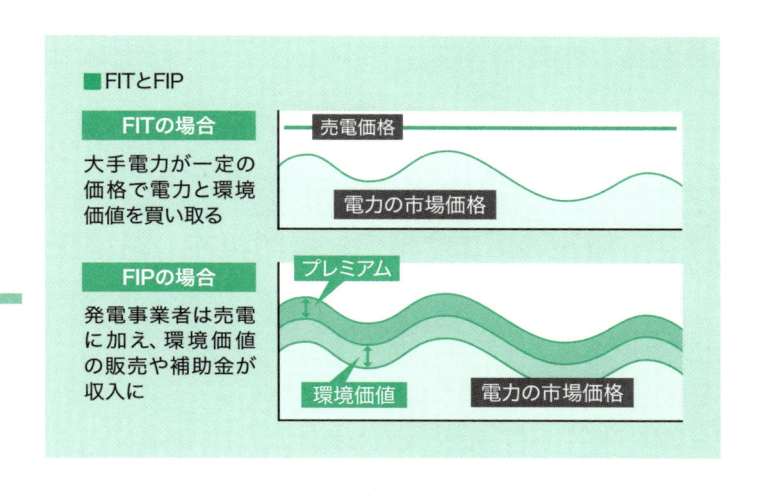

■FITとFIP

FITの場合

大手電力が一定の価格で電力と環境価値を買い取る

売電価格

電力の市場価格

FIPの場合

発電事業者は売電に加え、環境価値の販売や補助金が収入に

プレミアム

環境価値　電力の市場価格

1 はじめの一歩
2 再エネ活用の最前線
3 動き出した新エネ
4 GHG吸収への挑戦
5 カーボンクレジット
6 炭素会計を知る
7 脱炭素経営の新概念
8 世界のGX動向

の特徴だ。

　一方、発電事業者にとっては手間も増える。あらかじめ発電量の計画を立てて自ら電力の供給先を確保する必要がある。計画どおりに電力を供給できなかった場合は「インバランス料金」というペナルティーを送配電会社に支払わなければならない。

　再生エネの発電量は天候に応じて大きく変動するため、発電量を正確に予測して供給量を一致させるのは簡単ではない。複数の発電事業者と契約し、この需給調整を請け負うのが「アグリゲーター」だ。FIPにはこういった新たな仕組みを後押しする狙いもある。

　政府はFITからFIPへの移行を目指している。FITの買い取り単価を徐々に下げてきたのに続き、一定規模より大きい新設の発電所では認定をFIPに絞った。

　オリックスは東海地方で運営する太陽光発電所3カ所をFIPに切り替えた。FITよりも収益を増やすほか、環境価値を外販するなど新サービスにつなげる狙いだ。イーレックスは高知市のバイオマス発電所でFIPの利用を始めた。

KEYWORD

013　PPA

新設の再エネ電源と長期契約　環境価値だけ購入も

　企業が自社専用に開発された再生可能エネルギーの発電設備から、電力を長期契約で購入する手法はコーポレートPPA（Power Purchase Agreement）と呼ばれる。発電事業者が初期投資や管理を担い、固定価格で取引することが多い。

　大型の水力発電など既存の再生エネ設備から電力を調達する方法と違い、発電時に二酸化炭素（CO_2）を出さない電源を新たにつくるのが特徴だ。「追加性」がある再生エネとして、使い手は国際的な取り組み「RE100」などでアピールできる。

　米ブルームバーグNEFの調査では、世界で2023年に導入されたPPAは46ギガ（ギガは10億）ワットだった。米国が45%を占め、企業では米アマゾン・ドット・コムや米メタの利用が目立つ。自然エネルギー財団によると、電気料金が上昇した22年以降、料金を長期固定できることもあり日本でも注目が高まっている。

　電力の使い手企業の敷地内に発電設備を置く場合はオンサイトPPAと呼ぶ。工場の屋根や遊休地などに太陽光パネルを置くケースが

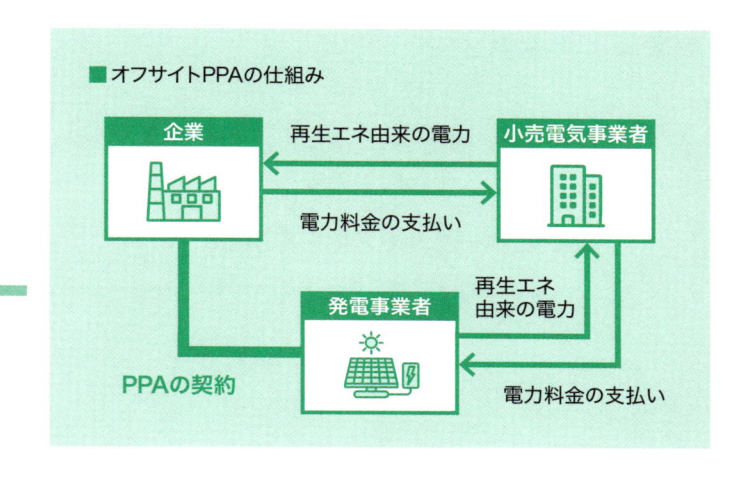

■オフサイトPPAの仕組み

企業　　再生エネ由来の電力　　小売電気事業者

電力料金の支払い

発電事業者

再生エネ
由来の電力

PPAの契約　　電力料金の支払い

1 はじめの一歩
2 再エネ活用の最前線
3 動き出した新エネ
4 GHG吸収への挑戦
5 カーボンクレジット
6 炭素会計を知る
7 脱炭素経営の新概念
8 世界のGX動向

多い。自家発電と似ているが、企業は場所を貸し出すだけで、設備を保有しない。イオンモールは40年までに直営モールでの地産地消の再生エネ自給率100%を目指し、オンサイトPPAを進めている。

　一方、敷地外に置くのがオフサイトPPAだ。スペースの制約がないため大量の電力調達が可能になる半面、電力会社の送配電網を使うため「託送料」や「インバランス料金」などの費用が発生する。

　オフサイトPPAはさらに2つに分類できる。典型的なのはフィジカルPPAで、企業は契約によって二酸化炭素（CO_2）を排出しない電力を調達できる。

　もう一つはバーチャルPPA。再生エネ由来の電力から、CO_2排出が伴わないという環境価値を分離して購入する。電力自体は発電事業者が別途、卸電力市場に売る。バーチャルPPAを使うと、買い手は既存の系統電力の購入を続けたまま再生エネを導入したとみなすことができる。

重要度　★★★

ペロブスカイト太陽電池

軽く柔軟、ビルの壁や車体に

　ペロブスカイトと呼ぶ特殊な結晶構造の化合物で作る太陽電池。軽くて薄く、折り曲げられる日本発の技術だ。太陽電池を使える場所がビルの壁や電気自動車(EV)の車体などに広がるため、世界の大手企業やスタートアップが事業化を競っている。

　ペロブスカイト型の電池はヨウ素を主原料に作られ、太陽の光を吸収して電力を生む発電層となる。桐蔭横浜大学の宮坂力特任教授が2009年、最初に論文を発表した。材料を基板に塗ることで製造できる。

　太陽電池市場の9割を占めるシリコン系の電池に比べて重さは10分の1程度。シリコン系は割れやすいためガラスで保護するのが一般的で、製品全体が重くなって設置場所が限られる。

　太陽光をどのくらい電気に変えられたかを示すエネルギー変換効率は、研究レベルでシリコン系と同等の20%台後半まで上がっている。製造の工程が少なくて済むことからコストを抑えられる。

　日本はヨウ素生産量の世界シェアが約3割あり、チリに次ぐ2位。埋

■世界の企業がペロブスカイト型の開発を競う

日本	
積水化学工業	紙のようにフィルムを加工するロール・ツー・ロールの手法開発
東芝	塗る回数を従来の半分にするワンステップメニスカス塗布法を開発
エネコートテクノロジーズ	18年設立。トヨタ自動車と共同開発で合意
欧州	
サウレ・テクノロジーズ（ポーランド）	21年に生産ライン稼働。エイチ・アイ・エス創業者が出資
オックスフォードPV（英）	シリコン電池を組み合わせる「タンデム型」の量産ラインを21年に設置
中国	
杭州繊納光電科技	ガラス基板を使うタイプの商業生産を22年開始
脈絡能源	24年4月に年産100メガワットの生産ライン着工

蔵量では世界トップとなっている。他の原材料も含めたサプライチェーンを国内で築くことができ、エネルギー安全保障にもつながる。

　日本では積水化学工業が25年にフィルム状の製品を発売する計画だ。ロールで紙に印刷するような方法によって連続生産する技術を持っている。東芝は塗布の回数が少なくて済む技術を開発した。京都大学発スタートアップのエネコートテクノロジーズ（京都府久御山町）なども事業化を狙っている。

　事業化では欧州や中国が先行している。中国ではガラス基板を使うタイプを中心に生産が始まっている。シリコン系などの材料と組み合わせる「タンデム型」で発電の効率を高める動きもある。

　ペロブスカイト型は水分や熱で劣化しやすく、現状の耐用年数は10〜15年とシリコン系の半分程度にとどまる。長く安定した性能を発揮できれば、再生可能エネルギーの普及を一層後押しできる。

1 はじめの一歩
2 再エネ活用の最前線
3 動き出した新エネ
4 GHG吸収への挑戦
5 カーボンクレジット
6 炭素会計を知る
7 脱炭素経営の新概念
8 世界のGX動向

KEYWORD

015　洋上風力

海上の強風で発電、日本も拡大余地

　風力発電所のうち海上に設置するもの。欧州でまず設置が広がった。陸上では設置できる場所が減っていくのに加え、洋上の方が強い風を期待できることなどから、日本でも中長期の開発余地が大きいとみられている。

　日本の風力発電導入量は2019年度時点で4.2ギガワット。政府は第6次エネルギー基本計画で30年度に23.6ギガワットに増やす目標を掲げており、このうち19年度はゼロだった洋上は5.7ギガワットを見込む。その後は、さらに大きく伸びる見通しだ。

　洋上風力のうち、海底に鋼管を挿して風車を固定するものは着床式と呼ばれる。水深50メートルほどまでの海域に適している。政府が事業者を公募する大規模開発では、24年12月までに結果が出そろった第3弾まですべて着床式だった。

　今後は、海底と鎖でつないで海に浮かべた構造物を土台とする浮体式も増えてくる。土台のコストはかさむ一方、水深が深い海域にも設置できる。浅い海域が少ない日本でも期待が大きい。日本風力発電協

1 はじめの一歩

2 再エネ活用の最前線

3 動き出した新エネ

4 GHG吸収への挑戦

5 カーボンクレジット

6 炭素会計を知る

7 脱炭素経営の新概念

8 世界のGX動向

■NEDOが採択した浮体式洋上風力の研究開発計画

型式	特徴	企業例
スパー型	円筒状の浮体。構造が簡易で製造しやすい	● 戸田建設 ● 東電HD
セミサブ型	比較的広い浮体を半分潜水させる。適地が多いとされる	● 日立造船 ● JMU ● 東京ガス
TLP型	強い張力の係留索で固定。コンパクトに設置できる	● 三井海洋開発

（注）NEDOが22年1月に採択した研究開発プロジェクト。企業例は一部
（出所）NEDO、経済産業省

会（東京・港）は浮体式の導入ポテンシャルを約4億2400万キロワットとし、着床式の約1億2800万キロワットの3倍以上と試算する。

世界風力会議（GWEC）も22年に公表した資料で、世界の単年の浮体式導入量が20年の1万7000キロワットから、30年には625万4000キロワットになると予測する。

浮体式は主に3つの型式がある。円筒状の浮体を海に浮かばせる「スパー型」、比較的大きく重い浮体の半分を潜水させる「セミサブ型」、係留索と呼ばれる鎖の張力を高めて強く引っ張る「TLP型」だ。新エネルギー・産業技術総合開発機構（NEDO）は22年1月、各型式の研究開発プロジェクトで補助金を支給する事業を採択した。

政府も23年4月に閣議決定した海洋基本計画で「我が国周辺海域の特徴を踏まえれば、浮体式の洋上風力発電が主体になると考えられる」とし、「排他的経済水域への拡大を実現するため（中略）法整備をはじめとする環境整備を進める」と明記した。

重要度 ★★★

016 非化石証書

再エネや原子力の証明　環境価値を取引

　化石燃料を使わず再生可能エネルギーや原子力で生み出した電力の環境価値を、電力そのものと切り離し、公設市場などで取引できるようにしたもの。証書を購入すれば二酸化炭素（CO_2）を排出しない電力を使ったとみなされる。脱炭素経営を進める企業の増加などに伴い取引量が増えている。

　非化石証書で扱う再生エネには太陽光や風力、水力のほか地熱やバイオマスが含まれる。証書の種類として、固定価格買い取り制度（FIT）に基づいて売られた電力を対象とする「FIT非化石証書」と、それ以外の「非FIT非化石証書」がある。非FIT非化石証書はさらに、大型水力など再生エネに由来するものと、原子力由来などその他に分かれる。

　電子データでやりとりされ、発電所の場所や発電方法、証書の有効期限などが記録されている。日本卸電力取引所（JEPX）で年4回の入札があり、2023年度の取引総量は22年度比9割増の約472億キロワット時だった。うち7割がFIT由来となっている。

■非化石証明は環境価値を取引する制度の一つ

	非化石証書	グリーン電力証書	J-クレジット
運営主体	経済産業省	日本品質保証機構	経産省、環境省、農林水産省
購入者	小売電気事業者や企業、自治体	企業や自治体	企業や自治体
対象となる電源	再生エネ(太陽光・風力・水力・地熱・バイオマス)、原子力	再生エネ	再生エネ
購入方法	市場調達、PPAなど	電力会社など証書発行事業者と相対取引	相対取引、入札など
有効期限	取引年度末まで	なし	なし

(注)環境省の資料などを基に作成

1 はじめの一歩

2 再エネ活用の最前線

3 動き出した新エネ

4 GHG吸収への挑戦

5 カーボンクレジット

6 炭素会計を知る

7 脱炭素経営の新概念

8 世界のGX動向

　相対取引でも調達が可能で、その一つにバーチャルPPAと呼ぶ方法がある。企業が自社専用の再生エネ発電設備を開発するよう発電事業者と長期の契約を結び、非化石証書だけを買い取る。

　再生エネ由来の環境価値をやりとりする制度にはグリーン電力証書もある。同証書よりも非化石証書の方が供給量が多い。非化石証書は有効期限が最大1年と定められ、グリーン電力証書は期限がないといった違いもある。

　非化石証書の市場は18年に創設された。エネルギー供給構造高度化法で電力小売事業者に対して30年度の供給電力量に占める非化石電源の比率を44%以上とするよう定められたことなどが背景にある。

　事業に使う電力をすべて再生エネ由来にすることを目指す国際企業連合「RE100」では、非化石証書を利用できる。原子力や、稼働から15年より長く経過している発電所由来の電力は対象外にするなどの条件がある。

KEYWORD

017 RE100

使用電力の100%再エネ化を目指す国際組織

　事業に使う電力を全て再生可能エネルギー由来にすることを目指す国際企業連合。NGO「Climate Group（クライメートグループ）」が、環境評価団体の英CDPと協力し、推し進めている。2014年に活動を始めた。

　世界で幅広い業種から約400社が参加している。日本からは三井不動産や三菱地所、イオン、ソニーグループなど約80社が名を連ねている。有力企業が結集し、政策立案者や発電事業者に再生エネへの移行を進めるようメッセージを送る狙いがある。

　既に再生エネ100%への切り替えを達成した企業もある。日本では城南信用金庫などに続き、東急不動産が事業会社では初めて事務局から認定を受けた。

　RE100は24年から、稼働15年を過ぎた発電所の電力は、太陽光や水力であっても再生エネと認めないとする新ルールを導入した。背景には、新しくつくられた「追加性」のある再生エネ電源を求める企業が増

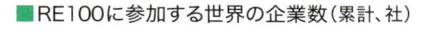
■RE100に参加する世界の企業数（累計、社）

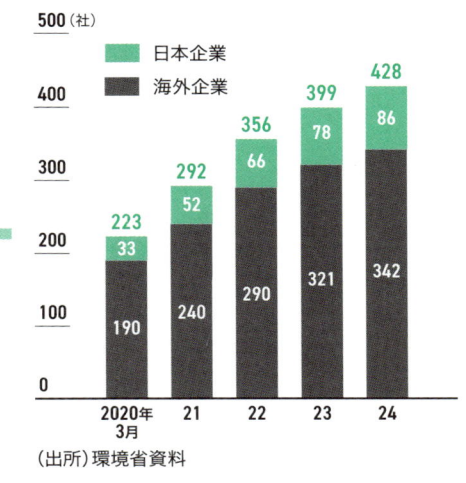

（出所）環境省資料

えれば、社会全体の再生エネの総量を増やせるという考え方がある。電力の使い手がけん引するかたちでエネルギー転換を後押しする狙いがある。

この基準変更は世界の加盟企業に適用される。加盟企業は取引先にも同様の考え方で再生エネを使うよう求めるケースもあり、広がりは大きい。調達する再生エネの15%までは、15年以上経過した電源であっても再生エネと認める例外規定も設けられたものの、日本は再生エネに占める古い水力の構成比が高いため影響が大きい。電力調達の切り替えを迫られ、企業が電力の契約変更などを急ぐ動きも出てきている。

RE100はバイオマス発電所や大型水力発電所など、周辺環境や生物多様性に影響を与える恐れがある電源から調達を避けることも推奨している。今後、この方針が推奨レベルからルール化に厳格化される可能性もある。

1 はじめの一歩
2 再エネ活用の最前線
3 動き出した新エネ
4 GHG吸収への挑戦
5 カーボンクレジット
6 炭素会計を知る
7 脱炭素経営の新概念
8 世界のGX動向

重要度　★★★

018　アワリーマッチング

再エネの利用、1時間単位で把握

　再生可能エネルギー由来の電力需給を1時間単位で一致させることを指す。温暖化ガス（GHG）排出量の国際的な算定基準を作るGHGプロトコルイニシアチブが、算出精度を高める新ルールとして導入を検討している。このルールに準拠するには、企業が再生エネ証書を購入するときに年単位ではなく1時間単位での取引を求められる。

　証書は現在、年単位で扱われている。企業は自社の化石燃料由来の電力量などから過去の二酸化炭素（CO_2）排出量を計算し、そのうちの一部を証書で相殺している。GHGプロトコルイニシアチブはスコープ2でのアワリーマッチング導入を検討しており、2025年に改定案を発表する方針だ。

　マッチングの手法として、発電時刻の情報を過去にさかのぼって追跡できるタイムスタンプを証書に付与する運用が想定されている。例えば、企業が「6月1日15〜16時のCO_2排出量をゼロにしたい」という場

1 は
じ
め
の
一
歩

2 再動
エき
ネ出
活し
用た
の
最
前
線

3 新動
エき
ネ出
し
た

4 のＧ
挑Ｈ
戦Ｇ
吸
収
へ

5 クカ
レー
ジボ
ッン
ト

6 知炭
る素
を会
計
を

7 新脱
概炭
念素
経
営
の

8 Ｇ世
Ｘ界
動の
向

■ アワリーマッチングに関係する国際組織などの動向

▼GHGプロトコルイニシアチブ

- GHG排出量の算定に関する事実上の国際基準を策定している。現在、改定作業中
- スコープ2でアワリーマッチングの導入を検討、2025年に改定案を示す予定

▼英エナジー・タグ

- 証書取引を認証する非営利組織で、欧州気候基金などが支援。タイムスタンプ付き証書の技術標準を策定
- JERAは1時間単位の再エネ電力判別サービスをエナジー・タグの基準に準拠

▼24/7Carbon Free Energy Compact

国連が主導し、米グーグルなど156社・団体が参画。24時間、365日にわたる1時間単位の再エネ電力化を目指す

合に、その前後1時間に発電されたと確認できる証書を買うイメージだ。証書取引を認証する非営利組織の英エナジー・タグがタイムスタンプ付き証書の技術標準を策定している。

アワリーマッチングが普及すれば、企業が夜間に使用した化石燃料由来の電力について、昼間の太陽光発電でCO_2排出量を相殺するということができなくなる。夜間に稼働する風力、地熱などの再生エネや蓄電池へのニーズが高まり、投資を促す誘因になり得る。

新たな事業機会にもなる。JERAは使った電気が再生エネ由来かどうかを判別して1時間単位で保証するサービスを提供する方針だ。エナジー・タグの技術標準に準拠させる。電力取引仲介スタートアップの電力シェアリング（東京・品川）は、30分ごとの証書の先物取引ができるサービスを開発している。

019

洋上風力入札第3弾、実現性・地元貢献で明暗　JERAは国内調達85%

日本の洋上風力発電は、政府による海域の大規模入札が開発の主な機会となっている。2024年12月24日に公表された大規模洋上風力の第3弾入札「ラウンド3」の結果を分析すると現状が見えてくる。

ラウンド3は国内発電大手のJERAや丸紅などの企業連合が落札した。2度のルール変更を受け、今回の入札ではすべての企業連合が電力の基準価格や運転稼働時期で同じ条件を示した。勝敗を分けたのは安定稼働に向けた計画の具体性や大型プロジェクトの実績、立地地域との連携策だった。

丸紅、一般海域で初の落札

10年近くかけてきたプロジェクトがようやくスタート地点に立った――。都内のオフィスで青森県沖日本海（南側）の公募結果を見たJERAと再生可能エネルギー開発のグリーンパワーインベストメント（GPI、東京・港）の担当者は大いに沸いた。「やったな」と祝福の声を上げ安堵した。

JERAとGPIにとって、青森県沖は何としても落札したい海域だった。GPIは青森県で陸上風力発電所を持ち、09年から地域との接点があった。環境省のデータベースによると、GPIが環境調査の概要や環境への配慮事項を記載した配慮書を公表したのは18年と今回入札した事業者の中で最も早く、地元との対話や調査を進めてきた。

丸紅にとっても悲願の落札だった。ラウンド2に入札していたものの、

■ 洋上風力の大規模入札マップ

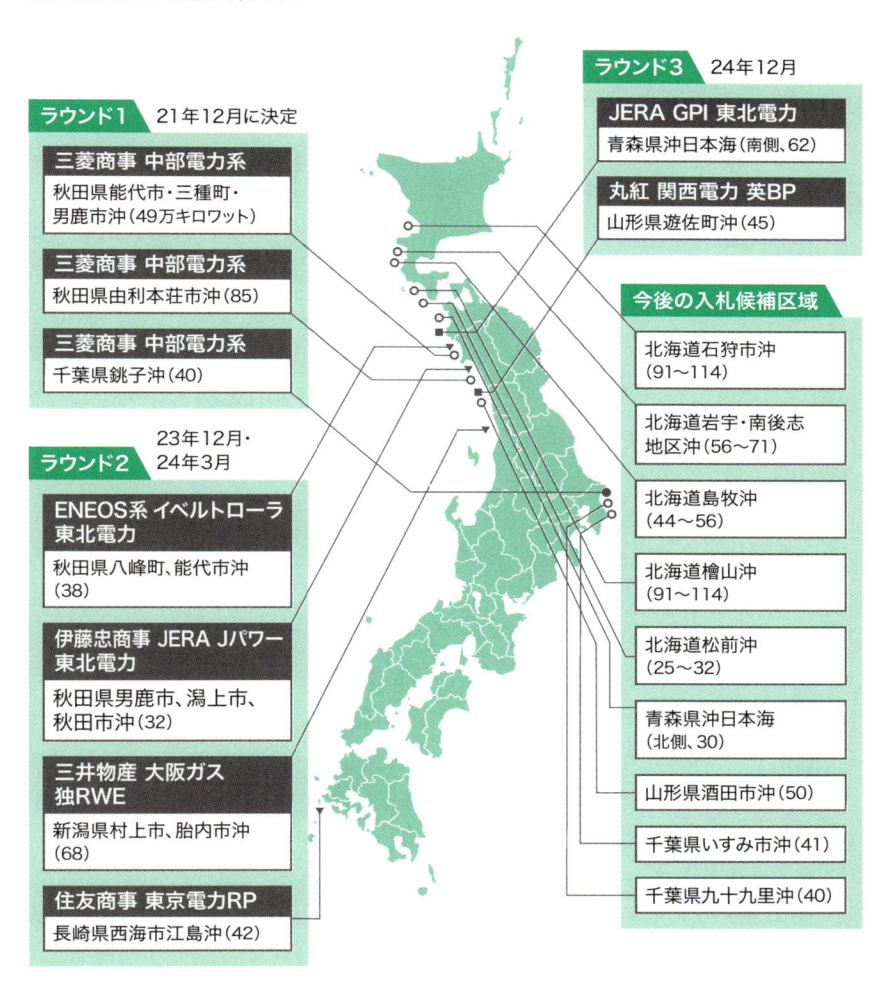

ラウンド1 21年12月に決定

三菱商事 中部電力系
秋田県能代市・三種町・男鹿市沖(49万キロワット)

三菱商事 中部電力系
秋田県由利本荘市沖(85)

三菱商事 中部電力系
千葉県銚子沖(40)

ラウンド2 23年12月・24年3月

ENEOS系 イベルドローラ 東北電力
秋田県八峰町、能代市沖(38)

伊藤忠商事 JERA Jパワー 東北電力
秋田県男鹿市、潟上市、秋田市沖(32)

三井物産 大阪ガス 独RWE
新潟県村上市、胎内市沖(68)

住友商事 東京電力RP
長崎県西海市江島沖(42)

ラウンド3 24年12月

JERA GPI 東北電力
青森県沖日本海(南側、62)

丸紅 関西電力 英BP
山形県遊佐町沖(45)

今後の入札候補区域

北海道石狩市沖(91〜114)

北海道岩宇・南後志地区沖(56〜71)

北海道島牧沖(44〜56)

北海道檜山沖(91〜114)

北海道松前沖(25〜32)

青森県沖日本海(北側、30)

山形県酒田市沖(50)

千葉県いすみ市沖(41)

千葉県九十九里沖(40)

(注)資源エネルギー庁資料に基づきNIKKEI GX作成。着床式のみ、落札企業は主要企業のみ。カッコ内の数字は容量、万キロワット

1 はじめの一歩
2 再エネ活用の最前線
3 動き出した新エネ
4 GHG吸収への挑戦
5 カーボンクレジット
6 炭素会計を知る
7 脱炭素経営の新概念
8 世界のGX動向

JERAや伊藤忠商事などの企業連合に敗北した。24年6月に結果が公表された浮体式の実証に続く落札となった。

価格・運転開始時期は同じ条件

　ラウンド3では何が勝敗を分けたのか。ボストン・コンサルティング・グループ（BCG）の平慎次マネージング・ディレクター＆パートナーは「地元に入って計画の具体性を詰め、国内外で大型プロジェクトの実績がある大手が評価されたのではないか」と分析する。

　21年に実施したラウンド1では、固定価格買い取り制度（FIT）の価格を低く設定した三菱商事連合が3海域すべてを落札した。ラウンド2では市場価格に連動して補助金を上乗せする「FIP」に移行し、落札上限を設定するなどルールを見直した。その結果、多くの企業連合が政府支援を受けない「ゼロプレミアム」と呼ばれる1キロワット時あたり3円を示して差がつかず、運転開始時期の早さが明暗を分けた。

　ラウンド3では運転開始時期を30年6月末までに設定すれば、事業の迅速性を評価する項目が満点になるなどのルール変更があった。入札に応じた企業連合のすべてが1キロワット時あたり3円と30年6月の運転開始を提示した。

　一方、事業の実現性では大きな差がついた。例えば青森県沖を落札したJERA連合は、「運転開始までの事業計画」の項目で2位と7点以上の差をつけた。独自のリスク分析を展開し、計画に具体性があったと評価された。JERAとGPIは石狩湾新港洋上風力を開発した実績がある。今回の入札でも同じ企業が風車と洋上施工を担う予定で、実現性が高く評価されたとみられる。

　「電力安定供給」でもJERA連合は満点と、他連合の倍の点数を取った。風車の部品を含め、事業全体で国内調達比率を85%にする計画を打ち出した。政府目標の6割を上回る水準で、三菱総合研究所の寺澤千尋主席研究員は「国産部品を使うことで、トラブルが起きても復旧が早くなるなど、稼働が安定しやすい」と分析する。

1 はじめの一歩

2 再エネ活用の最前線

3 動き出した新エネ

4 GHG吸収への挑戦

5 カーボンクレジット

6 炭素会計を知る

7 脱炭素経営の新概念

8 世界のGX動向

　山形県沖を落札した丸紅陣営は蓄電池の設置で具体策を示し、運転開始までの事業計画と電力安定供給で満点を取った。建設に使うSEP船の調達期間を短縮する取り組みを示した。

漁協に人材派遣、販路拡大

　地元貢献策でも差がついた。JERA連合は漁業振興や運転・保守（O&M）の雇用創出を打ち出し、地域共生の項目で満点だった。丸紅陣営も漁協に人材を派遣し、水産物の販売拡大策などを示した。

　洋上風力は資材価格や金利の上昇で採算性が悪化し、欧米を中心に計画の見直しや撤退が相次いでいる。今回のラウンド3でもコスモエネルギーホールディングスや三菱商事など多くの企業が入札を見合わせたようだ。

　事業環境の悪化を受け、再編する動きもある。JERAは英石油大手BPと洋上風力事業を統合すると表明し、新会社を設立して日本事業も一本化する見込みだ。ラウンド3ではJERAが青森県沖を落札した連合、BPは山形県沖の連合に入っている。

　国内でも大手同士が手を組む動きが広がる可能性もある。BCGの平氏は「多くの企業連合が激しく競う状態から、実績のある大手を中心に着実な開発計画を作る方向に変わってきた」と指摘する。

ラウンド4へ支援策・ルール見直し

　政府は次回の公募「ラウンド4」に向け、公募後の物価上昇に合わせてFIPの基準価格を引き上げる支援策を導入する。ルールも変更し、入札価格の採点方法を見直す見込みだ。

　これまで電力の基準価格や運転開始時期で大胆な計画を競ってきたが、ラウンド3では熱狂が一段落し、実現性が重視されるようになった。ラウンド4では外部環境の変化に合わせ、いかに現実的な計画を示せるかが焦点になりそうだ。

020-1

洋上風力「国産6割」へ供給網
浮体開発、東ガスなど6陣営

　洋上風力発電の大量導入は、再生可能エネルギーを増やすのが主眼だが、地域経済の活性化や日本企業の競争力強化にもつなげられるかどうかも問われる。日本には風車メーカーがないため、風車を支える基礎構造など他の工程を自前にできるかどうかが重要になる。サプライチェーン全体で「国内調達比率6割」という政府目標の実現に向けた取り組みが動きだした。

コストの4分の1は風車

　風車を海底に固定するのではなく、海面に浮かべるかたちで設置する際に使う「浮体」。巨大な風車を支える基礎になるためこちらも巨大になる。作るのにも運ぶのにも大がかりな設備が必要だ。

　パーツを別々の工場で作って、設置場所に近い港で組み立てる方式にできないか。洋上風力の事業化を目指す東京ガスは現在、関連企業とこんな研究開発を進めている。1カ所でゼロから作る現在の方法よりも効率よく量産するのが目的だ。

　浮体をはじめとする基礎部分の国産化は、洋上風力に関するものづくりを産業として育てるために重要なテーマだ。政府は洋上風力の設計や建設から運転にいたる総コストのうち、6割分を国内調達にすることを2040年までの目標として掲げている。

　工程ごとのコスト構成は、経済産業省の資料によると着床式の場合で「風車製造」が23.8%、「基礎製造」が6.7%、「電気系統」が7.7%を占める。風車の

■ 洋上風力の発電原価構成

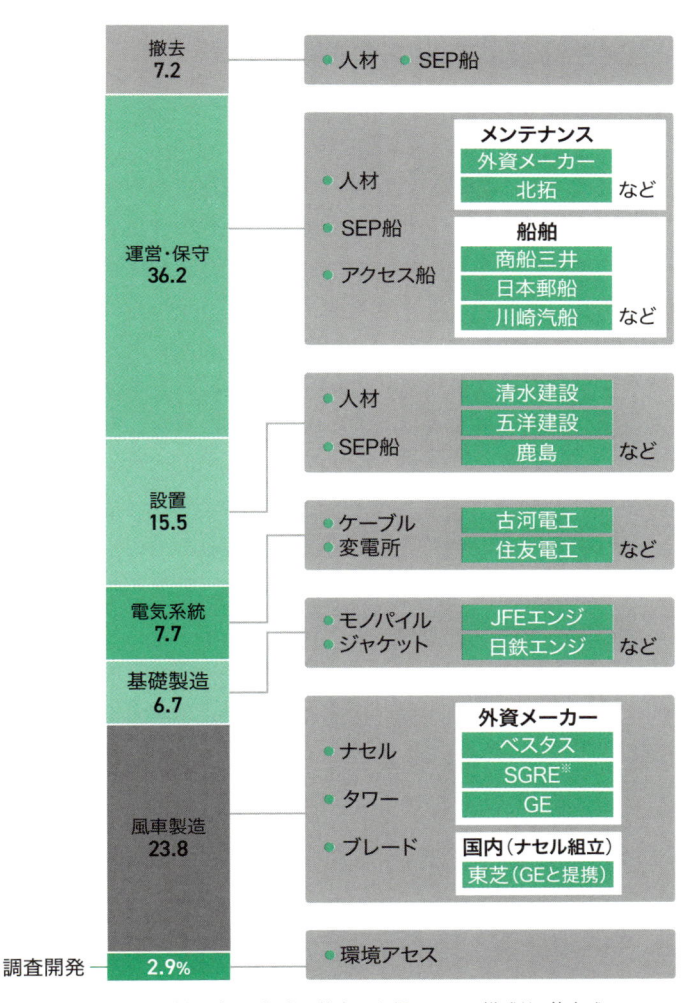

1 はじめの一歩

2 再エネ活用の最前線

3 動き出した新エネ

4 GHG吸収への挑戦

5 カーボンクレジット

6 炭素会計を知る

7 脱炭素経営の新概念

8 世界のGX動向

| 撤去 7.2 | ● 人材　● SEP船 |

運営・保守 36.2
- 人材
- SEP船
- アクセス船

メンテナンス
外資メーカー
北拓　など

船舶
商船三井
日本郵船
川崎汽船　など

設置 15.5
- 人材
- SEP船

清水建設
五洋建設
鹿島　など

- ケーブル
- 変電所

古河電工
住友電工　など

電気系統 7.7
基礎製造 6.7
- モノパイル
- ジャケット

JFEエンジ
日鉄エンジ　など

風車製造 23.8
- ナセル
- タワー
- ブレード

外資メーカー
ベスタス
SGRE※
GE

国内（ナセル組立）
東芝（GEと提携）

調査開発　2.9%
- 環境アセス

（注）経済産業省の資料などから作成。数字は金額ベースの構成比、着床式
※Siemens Gamesa Renewable Energy

製造は日立製作所や三菱重工業が撤退しており、日本企業がこれから再参入する絵は描きにくい。残り7割超の部分をどこまで国産にできるかが、6割目標を達成できるかどうかを左右する。

単発では目標達成事例

既存のプロジェクトにおける国内調達比率は現在どの程度なのか。国内初の大規模洋上風力として23年に全面稼働した秋田港・能代港洋上風力発電所は約2割にとどまる。デンマークのベスタス製の風車を使い、風車を支える基礎も海外から調達した。

24年1月に稼働した石狩湾新港洋上風力発電所は6割を達成したという。基礎に採用した、鉄をやぐらのように組んだ「ジャケット」は日鉄エンジニアリングが北九州市の工場で作ったものだ。施工に使うSEP船も日本企業のものを活用できた。ただ、これはあくまで単発の成功だ。安定的に6割を実現するには多くの課題がある。

まず、今後はコスト面の要求が格段に厳しくなる。稼働済みの設備は固定価格買い取り制度（FIT）により高水準の売電収入を得られるため、ある程度コストをかけてでもノウハウを蓄積することを優先できた。

一方、現在進行中の大規模入札でFITは適用されない。落札に向けコスト面で激しい競争が迫られ、そのうえで営利事業として採算を確保する必要がある。足元では資材価格が高くなっている面もある。国産品も海外産と同等以上の品質とコストが求められる。

造船業のノウハウ

安定的な国内比率6割の達成に向けた第2の課題が、多様な工法への対応だ。例えば基礎。ジャケット式は国産が実現しており石狩湾で採用されたが、現在の主流ではない。大規模入札第1弾、第2弾で政府が示した入札条件は7件中6件が「モノパイル」式だ。1本の円筒形の鉄で固定する構造で、国産品はこ

れから登場する段階だ。

　JFEエンジニアリングは400億円をかけて岡山県と三重県にモノパイルなどの製造拠点を設けて、24年にも生産を始める予定。四方淳夫副社長は「エネルギー安全保障の観点からも国内からの受注を期待している」と話す。

　より重要なのが浮体式への取り組みだ。日本は遠浅の海が少ないため洋上風力の大量導入に不可欠だとみられている。サプライチェーンの総コストに占める基礎の割合は、着床式では7％未満だったのが浮体式になれば20％近くになるとの見方があり、経済効果も大きい。

　浮体式の基礎はいわば船。日本には造船業が残っており、中国や韓国にライバルはいるものの輸出産業にもなり得る分野だ。

　コスト構成比が大きい風車でも一部は国内調達をする取り組みが始まった。東芝エネルギーシステムズ（ESS）は米ゼネラル・エレクトリック（GE）と提携し、発電機を含む中核構造「ナセル」の部品を日本で集める。

「いま呼び込まなければ手遅れ」

　6割目標の期限に設定された40年までにはまだ時間があるようにもみえる。だが「いま投資を呼び込まなければ手遅れになる」と三菱総合研究所エネルギー・サステナビリティ事業本部の寺澤千尋・特命リーダーは指摘する。市場の黎明期に周辺国でサプライチェーンができてしまうと、その後にわざわざ日本に投資する必要がなくなるからだ。

　国内に生産拠点がない弊害は、発電量にも及ぶ可能性がある。運転開始後に故障などで部品交換が必要になった場合、その都度輸入するのでは停止期間が長引きかねない。

1 はじめの一歩

2 再エネ活用の最前線

3 動き出した新エネ

4 GHG吸収への挑戦

5 カーボンクレジット

6 炭素会計を知る

7 脱炭素経営の新概念

8 世界のGX動向

020-2

洋上風力1.5万人を確保せよ
日本郵船、高校のプールで訓練

洋上風力発電を大量導入するには、施工のほか運営や保守に携わる人材も大量に育成する必要がある。企業の取り組みを追った。

漁業実習やダイビングなどの教育プログラムを持つ秋田県立男鹿海洋高校。同校の水深10メートルの潜水プールは今後、洋上風力の人材育成に使われる機会が増えそうだ。日本郵船が2024年4月に洋上風力の総合訓練センターを開設。このプールも訓練施設として活用する。

国際規格GWOに対応

同校はもともと日本郵船のほか海洋調査などを手掛ける日本海洋事業（神奈川県横須賀市）と連携し、生徒が洋上風力発電所関連の仕事に就くための実務教育を手掛けていた。日本郵船はこの枠組みを生かし、社会人向けの訓練を始める。30年までに年間1000人程度を育てる体制構築を目指す。

安全訓練は欧米の風力発電事業者やメーカーで組織する非営利組織グローバル・ウインド・オーガニゼーション（GWO）が定めた国際規格に基づく。発電所でけが人が出た場合の応急処置や、風車で作業する際の重量物の運搬、海への転落時に救助が来るまで生き延びるための技術などを学ぶ。

日本の洋上風力で大半を占める欧州製の風車を設置したりメンテナンスしたりするには、GWO認証の訓練の受講が必要だ。GWOに対応した国内の訓練施設は準備中のものが稼働すると10カ所になる。

1 はじめの一歩

2 再エネ活用の最前線

3 動き出した新エネ

4 GHG吸収への挑戦

5 カーボンクレジット

6 炭素会計を知る

7 脱炭素経営の新概念

8 世界のGX動向

日本郵船は洋上風力発電人材の育成に着手（秋田県立男鹿海洋高校のプール）

運転・保守にも専門人材が必要に

　日本はこれから洋上風力発電所の建設ラッシュを迎える。製造にも稼働を始めてからの運転・保守（O&M）にも、サプライチェーン全体の円滑な運営には専門人材の育成が欠かせない。

　日本風力発電協会（JWPA）の推計によると、必要な人材の規模は2030年で1万5700人。50年には4万8500人に膨らむ。

　現在の洋上風力人材は数百人規模にすぎないという。「欧州の海底油田開発のように類似の産業基盤がないという特殊性が国内での人材確保を難しくしている」（同協会）事情もあり、育成する仕組みづくりが急務だ。

　風力発電事業者のウィンド・パワー・グループ（茨城県神栖市）も24年4月に人材育成施設を本格開業。水深3メートルのプールや風車での高所作業を想定

し、はしごなどを設けた。GWOのプログラムを実施するために専門施設を作ったのは国内で初めてだという。

小松崎崇熙トレーニング事業部長は「一から設計した施設でGWOの各種訓練を短時間で受講できるのが強み」と話す。訓練は実技と座学を含む5日間、約35時間で、料金は1人30万円（税抜き）とした。年間約100人の受け入れを想定している。

東京ガスも洋上風力発電所の運営をにらみ動きだした。子会社の東京ガスエンジニアリングソリューションズ（東京・港）が洋上風力O&M大手の英ジェームズフィッシャーアンドサンズと提携。法定点検の代行業務などを受注しながら自社人材を育てる計画だ。「人材育成は一朝一夕ではできない。早い段階から手をつけなければ」と担当者は話す。

求人数、3年で3倍

洋上風力に関係する仕事は多岐にわたる。日本風力発電協会が22年にまとめた「洋上風力スキルガイド」は必要な人材と主な業務内容を約270種類に分類した。作成に携わった吉村光弘技術第二部長は「未経験者の育成に加えて足元では即戦力が必要になる。育成のための情報整理に加えて異業種の転職を促す必要があった」と話す。

求人は既に急増している。リクルートの人材紹介事業では洋上風力発電に関する求人数がこの3年で約3倍になった。足元では風車の建設関係よりも、大規模プロジェクトへの参画に必要な計画などを作る施工管理者を求める要望が強いという。

エネルギー分野を中心に専門職のコンサルティングを担当する中村圭吾氏は「洋上風力発電に関する人材は施工から保守・管理までどこをとっても経験者が少ない状態。少しでも海洋土木などの実務経験がある人は引っ張りだこだ。計画フェーズの求人が中心で本格的に建設が始まればさらに求人は急増するだろう」と話す。

風車のメンテナンスなどに携わる人材については、陸上風力発電施設がある地域で未経験者を育てる動きがあるという。過疎化が進む地域での人材確保のためには、事業者と自治体による中長期的な雇用創出を見据えた次世代教育が欠かせない。

　今後の人手確保については課題が多い。物流業界のほか建設でも時間外労働の上限規制が適用される「2024年問題」があり、中村氏は「各産業での人手不足が深刻化する中で、洋上勤務手当などを通じた待遇改善や勤務時間の柔軟性を確保することが重要だ」と指摘する。

1 はじめの一歩

2 再エネ活用の最前線

3 動き出した新エネ

4 GHG吸収への挑戦

5 カーボンクレジット

6 炭素会計を知る

7 脱炭素経営の新概念

8 世界のGX動向

021

RE100目標前倒し、「選ばれないリスク」回避　村田製作所

　企業活動で使う電力をすべて再生可能エネルギーに切り替える「RE100」に取り組む企業のモチベーションは何か。達成する時期の目標を、2050年から35年に前倒しした村田製作所の戸井孝則執行役員に聞いた。

　再生エネの導入状況は完成品メーカーなどがサプライヤーを選ぶ基準になりつつあり、「選ばれなくなるリスク」を回避するために対応を急ぐ必要があるという。

自信がついてきた

──24年3月のESG説明会で中島規巨社長が、RE100の達成時期を前倒しすると言及しました。何か変化があったのでしょうか。

　社会が欲しているからだ。ムラタはグローバル企業だ。欧米では同業も顧客も重点的にこの分野に取り組んでいる。我々はもっと努力しないといけない。

──具体策は。

　コーポレートPPA（電力購入契約）を国内では最大規模で進めている。電力と環境価値をセットで取引する「フィジカルPPA」では中国電力と連携し、環境価値のみを取引する「バーチャルPPA」は三菱商事とレノバの2社それぞれと取り組んでいる。

工場や駐車場の屋根に太陽光パネルを設置した（村田製作所の福井県の工場）

　他にも工場で太陽光パネルや蓄電池を導入したり、グリーン電力契約を結んだり、再生エネ証書調達を進めたりと様々な手法を実践している。その中でRE100の目標を前倒しできるという自信がついてきた。現時点ではどの手法が最も伸ばせるかは分からないので、勉強しながら進めている。

──コーポレートPPAは太陽光が中心です。開発適地の制限などの課題はありませんか。

　順調に進捗しているもののハードルは高いと聞いている。景観悪化などが起きないように地域住民への配慮をお願いしており、良い候補地が出ても断念するケースがある。

　戦略投資枠を年間数十億円ほど使って、自社工場に再生エネ設備を設置する案件も増えている。太陽光は工場の屋根だけでは足りないので駐車場の屋

1　はじめの一歩

2　再エネ活用の最前線

3　動き出した新エネ

4　GHG吸収への挑戦

5　カーボンクレジット

6　炭素会計を知る

7　脱炭素経営の新概念

8　世界のGX動向

根として太陽光パネルを設置する案件も、福井県や岡山県の工場で進めている。

中国は調達しやすい

──村田製作所は、世界シェア首位の積層セラミックコンデンサー（MLCC）の大規模工場が海外にもあります。地域によってRE100に向けた難しさはありますか。

大規模工場は中国とフィリピン、タイにある。中国は国として再生エネの導入が進んでおり調達しやすい国の一つだ。フィリピンは既に相対で地熱発電所からの調達契約を結び、RE100を達成している。

タイは制度上PPAができず、再生エネの調達オプションが少ないのでいまは証書調達で対応している。東南アジアは国ごとに事情が異なるので、調べて見極めながら進めている。ただ、当社は売上高ベースで65%の製品を国内生産しているので、国内での再生エネ調達が重要になる。

──日本での再生エネ導入では何が課題ですか。

脱炭素要求が海外（の取引先）からたくさん来る。（30年度にCO_2を13年度比46%減らす）いまの日本政府の目標と目線が合わない。その中で率先して新たなスキームを切り開いていくことが、最もチャレンジングだ。成功事例をたくさんつくり、日本全体でレベル感を高めていくことが重要だ。

価格転嫁できる状態ではない

──再生エネの導入は製品の競争力につながっていますか。

製品価格に環境価値を上乗せしてコストを転嫁できる状態ではない。ただ、競争優位にはつながっていると思う。顧客から『再生エネ100%の工産で供給してほしい』という要求もある。製品選定の基準にはなりつつあるのではないか。選ばれなくなるリスクの回避として、環境対策でもリーディングポジ

1

はじめの一歩

2

再エネ活用の
最前線

3

動き出した
新エネ

4

GHG吸収へ
の挑戦

5

カーボン
クレジット

6

炭素会計を
知る

7

脱炭素経営の
新概念

8

世界の
GX動向

ションにいないといけない

――米アップルが温暖化ガス削減(GHG)に向けて主導するレストアファンド(再生基金)に3000万ドル(45億円)を出資しました。

信頼関係のあるアップルから非常にいい話が来た。再生エネ導入や省エネ化では回避できないGHG排出分が、どうしてもスコープ1の一部やスコープ3では発生してしまう。この対策として、カーボンクレジットで削減できる取り組みは重要だ。

アップルと台湾積体電路製造(TSMC)、ムラタのファンドへのそれぞれの出資比率に応じてGHG削減量が配分される。具体的なプロジェクトは決まっていないが、植林地の間で食物を作る森林農法など第三者機関の認証を得た持続可能なものになる。

――他に重視する気候変動への取り組みは。

省エネだ。消費電力は技術革新で減らせる。例えばカーボンフットプリントを生産工程ごとに見直して、より負荷の低い工程に変える取り組みがある。私が現場にいた頃は技術開発といえば新製品を作ることを指したが、現在の開発者は高いモチベーションを持って省エネに取り組み、技術開発本部での研究テーマになっている。『製作所』としてはここが一番の力の見せどころだ。

製品の省エネ性能も重要だ。例えばスマートフォン内の電池を入れるスペースは限界にきている。より電池を長く使うために、(周波数を選ぶための)フィルターの構造を変えて電力使用量を落とすといったような開発依頼が多くなっている。

022

FIT非化石証書、23年度の約定倍増
脱炭素で需要拡大

非化石証書を売買する代表的な場が日本卸電力取引所（JEPX）での取引だ。2023年度の約定量は22年度比で約2倍に増えた。企業の脱炭素意識の高まりなどを反映したものだ。ただ「売れ残り」の状況は続いており、取引量が最も多いタイプでは約定率が3割弱にとどまった。

ルール改定で買いやすく

JEPXは年に4回、非化石証書の市場取引を実施している。23年度の取引総量は約472億キロワット時で前年度の1.9倍となった。安定して増加しているのは固定価格買い取り制度（FIT）由来の非化石証書で、23年度の取引量は約338億キロワット時と前年度から2.1倍に増えた。

背景には電力を脱炭素化する需要の高まりがある。30年や50年までに脱炭素の目標を掲げる企業は多く、費用を払えば電力契約を変えることなく使う電力の二酸化炭素（CO_2）排出量を減らせる非化石証書は使い勝手が良い。

21年11月の制度見直しも大きい。最低価格が1キロワット時当たり1.3円から0.3円に引き下げられた（23年度からは0.4円）ほか、電力の使い手企業などが直接買い手として参加できるようになった。それまでは小売電気事業者に限られていた。

需要は増え始めた段階

取引量は増えたとはいえ、売れ残りがなお多い。売り入札に対して実際に

■ JEPXでの非化石証書取引量（億kW時）

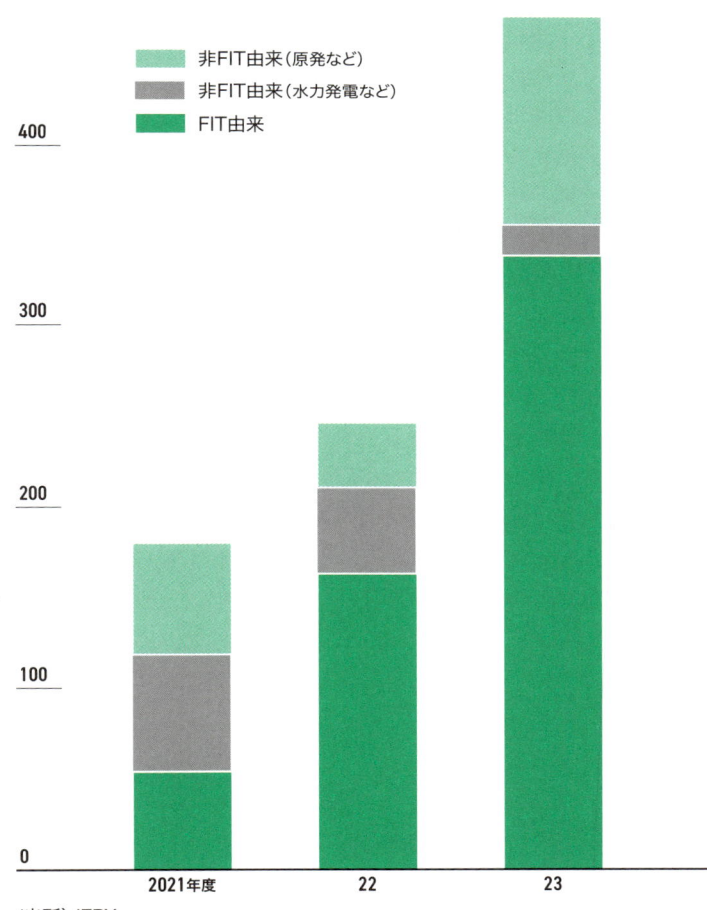

500 （億kW時）

非FIT由来（原発など）
非FIT由来（水力発電など）
FIT由来

400

300

200

100

0

2021年度　　　　22　　　　23

（出所）JEPX

1
はじめの一歩

2
再エネ活用の最前線

3
動き出した新エネ

4
GHG吸収への挑戦

5
カーボンクレジット

6
炭素会計を知る

7
脱炭素経営の新概念

8
世界のGX動向

購入された非化石証書の割合はFIT由来のもので26%にとどまった。前年度の14%、21年度の5%と比べて伸びてはいるが、なお7割強が売れ残ったことになる。約定価格は最低価格の0.4円にほぼ張り付いている。

　最大の要因は需給の不一致にある。脱炭素に向けた企業の取り組みに、目標設定を終えてようやく実践に入るというケースが多い。証書を買う企業の数や購入量も増え始めた段階だ。

　今後は段階的に需要が増える見通しだ。電力由来のCO_2を他の方法に比べて相対的に低いコストで減らせるほか、調達量を柔軟に調整できるといったコーポレートPPA（電力購入契約）にない特徴があるからだ。

　需要増を待つだけでなく、使い勝手を積極的に高める工夫も求められる。自然エネルギー財団の石田雅也シニアマネージャーは「1年に限定されている非化石証書の有効期間の延長を求める声がある」と指摘する。米国で主流の再生エネ証書の有効期間は21カ月で、他の海外では通常2年間程度だ。日本でも、グリーン電力証書や政府が認証するJ-クレジットには有効期限がない。

　仕組みの一部は改善が決まっている。24年8月に開催される取引からは、証書が由来する発電所の稼働年数や市区町村単位の立地といった属性を、事前に指定したうえで買い手が注文を出せるようになる。従来は購入するまで不明だったため、国際企業連合「RE100」向けに使いにくいといった課題があった。

■FIT非化石証書は売れ残りが続く

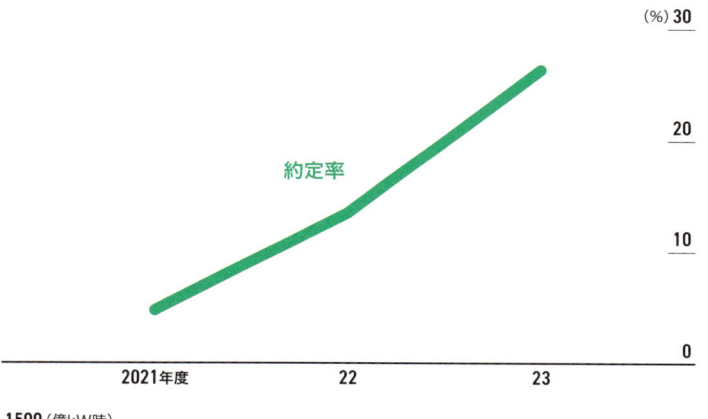

約定率

(%) 30

20

10

0

2021年度　　　　22　　　　23

1500（億kW時）

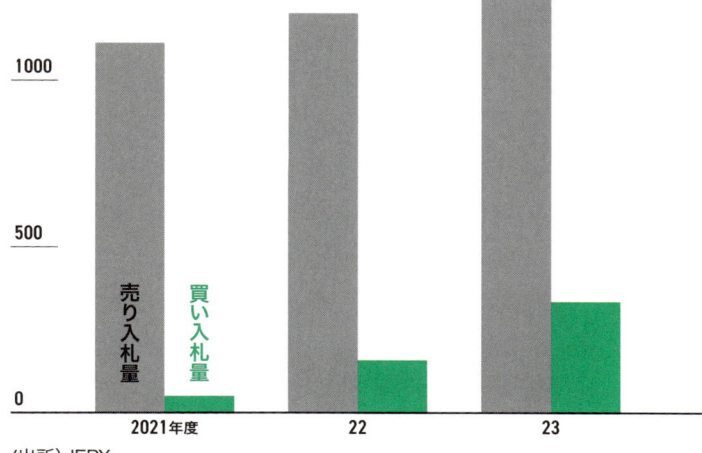

1000

500

0

売り入札量　　買い入札量

2021年度　　　　22　　　　23

(出所) JEPX

1 はじめの一歩

2 再エネ活用の最前線

3 動き出した新エネ

4 GHG吸収への挑戦

5 カーボンクレジット

6 炭素会計を知る

7 脱炭素経営の新概念

8 世界のGX動向

023

ペロブスカイトの要　ヨウ素、ENEOS増産
埋蔵量は日本が最多

　ペロブスカイト型太陽電池の量産化を見据え、国内で主原料のヨウ素を増産する動きが相次いでいる。

　ENEOSホールディングス（HD）傘下のJX石油開発（現ENEOS Xplora）は新潟県の設備を増強し、生産能力を2倍の年440トンに増やす。国内最大手の伊勢化学工業も生産力の拡大を目指す。日本のヨウ素の埋蔵量は世界で最多と言われている。国内で原料を調達できるペロブスカイト型が実用化すれば、エネルギー安全保障にも貢献しそうだ。

地下水からヨウ素を採取

　ヨウ素の現在の主な用途はエックス線検査に使う造影剤で、医療水準の向上に伴い中国やインドで需要が増え、価格は右肩上がりで推移する。米地質調査所（USGS）によると、ヨウ素の国際価格は2023年に1キログラムあたり61ドル（約9800円）と、4年で2倍強になった。

　20年代後半にかけて需要が膨らむとみられるのがペロブスカイト型太陽電池向けだ。ペロブスカイト型はヨウ素や鉛などからできた結晶の層を、電気を通す金属酸化物の膜や有機物の膜で挟む。

　JX石油開発はヨウ素を生産する中条油業所（新潟県胎内市）で100億円以上を追加投資する方針だ。中条油業所では地下1000〜1500メートルの水溶性ガス田から水をくみ上げ、そこから天然ガスとヨウ素を採取・製品化している。

■ヨウ素価格の推移

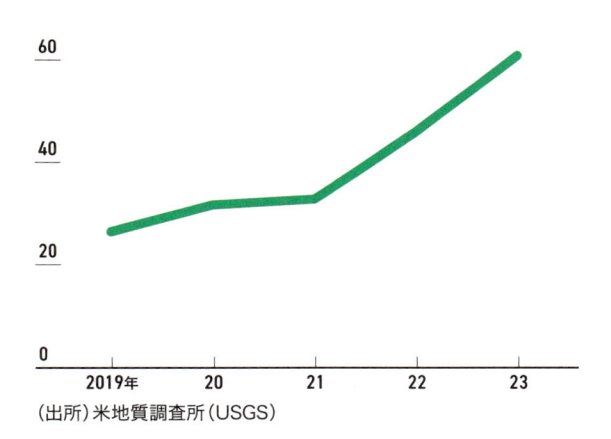

80（ドル／kg）

60

40

20

0

2019年　20　21　22　23

（出所）米地質調査所（USGS）

地下水をくみ上げる井戸は現在14本あり、さらに3本増やす。地下水を濃縮してヨウ素を取り出す機械も増やし、5年以内に生産能力を倍増させる。

　中条プロジェクトの田坂幸雄プロジェクトディレクターは「世界でペロブスカイト型の太陽電池市場が本格的に立ち上がれば、ヨウ素の需給は逼迫する可能性がある。原油と天然ガスに次ぐ収益源に育てたい」と話す。

　ペロブスカイト型は中国を中心に量産化に向けた動きが相次ぐ。国内ではまだ商品化されていないが、積水化学工業が25年の発売を目指す。東芝やパナソニックホールディングスなども開発している。

日本の世界シェア3割

　経済産業省は24年5月、国内メーカーなど177社・団体が入る次世代太陽電

1　はじめの一歩

2　再エネ活用の最前線

3　動き出した新エネ

4　GHG吸収への挑戦

5　カーボンクレジット

6　炭素会計を知る

7　脱炭素経営の新概念

8　世界のGX動向

日本はヨウ素の世界シェアの3割を占め、埋蔵量は世界最多

池の官民協議会を立ち上げた。40年に国内で2000万キロワット程度の導入を目標に掲げている。国土の狭い日本では地上に建てる太陽光発電所は適地が減ってきており、ビルの壁なども使える新型電池への期待は大きい。調査会社の富士経済（東京・中央）はペロブスカイト型の世界市場は40年に2兆4000億円に成長すると見込む。

　日本のヨウ素生産量は年間およそ1万トンで、チリに次ぐ2位。世界シェアの3割を占める。海に囲まれた国に埋蔵量が多いとされ、USGSの推計では日本の埋蔵量は490万トンと世界最多だ。現在主流のシリコン型太陽電池は中国からの輸入に依存するが、ペロブスカイト型は国内で原材料を確保でき、エネルギー安全保障上も重要な資源となる。

1 はじめの一歩

2 再エネ活用の最前線

3 動き出した新エネ

4 GHG吸収への挑戦

5 カーボンクレジット

6 炭素会計を知る

7 脱炭素経営の新概念

8 世界のGX動向

ヨウ素の増産計画、相次ぐ

業界全体で増産の動きが広がる。大手のK&Oエナジーグループは25年に生産能力を年間1800トン強と、約1割高める。年間数千トンを作る伊勢化学工業も千葉県や宮崎県の工場で生産能力の拡張を目指す。INPEXも千葉県で井戸を増やすなどして、生産量を引き上げることを検討している。

ただ、機動的に増産しにくい事情もある。地下水の減少による地盤沈下を防ぐため、自治体が水のくみ上げ量に制限をかけているケースがある。各社は地盤沈下を招かないよう注意しつつ、地元の理解を得ながら慎重に供給力を高めていく考えだ。

3章

動き出した新エネ

この章で取り上げるのは水素やアンモニア、合成メタンといった化石燃料の代替エネルギーだ。
水素は幅広い産業分野の脱炭素の鍵を握るとみられているが、一時期の過剰な期待ははげ落ちつつある。
公的支援が始まった欧州の状況や、支援対象の募集段階にある日本の現状を整理した。

重要度　★★★

024　再生航空燃料（SAF）

廃食油や植物由来、CO_2を8割削減

　廃食油やサトウキビなどから生産される航空機向けの環境配慮型の次世代燃料。持続可能な航空燃料「Sustainable Aviation Fuel」の頭文字からSAF（サフ）と呼ぶ。SAFも燃やすとCO_2が出る。ただ植物由来の原材料などを使うため、ライフサイクル全体でみると石油由来のケロシン系航空燃料と比べて二酸化炭素（CO_2）の排出量を8割減らせる。

　SAFは、航空分野の脱炭素で本命になり得るとみられている。航空機は電動化が難しいからだ。リチウムイオンの重量当たりのエネルギー密度はケロシン系航空燃料の60分の1。軽さを追求する中大型航空機に大きな電池は載せにくい。

　燃料に水素を使う方法もあるが、専用のエンジンが必要になる。SAFなら高いエネルギー密度を持ち、現行の航空機エンジンでも使える見通し。足元ではケロシン系と混合して使うことが一般的だ。

　SAF製造最大手であるフィンランドのネステは2023年5月に16億ユーロ（約2500億円）を投じたシンガポールの精製工場でSAF生産を始めた。大量生産が可能な「水素化処理エステル・脂肪酸（HEFA）」と呼ばれる製造方法を採用。廃食油・植物油などの油脂を水素化精製する

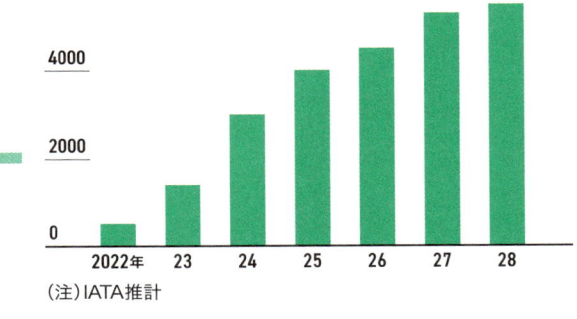

■再生燃料工場が世界で拡大

6000 (万トン)

4000

2000

0

2022年　23　24　25　26　27　28

(注) IATA推計

1 はじめの一歩

2 再エネ活用の最前線

3 動き出した新エネ

4 GHG吸収への挑戦

5 カーボンクレジット

6 炭素会計を知る

7 脱炭素経営の新概念

8 世界のGX動向

作り方だ。

　製造方法にはいくつか種類がある。ただ国連専門機関の国際民間航空機関（ICAO）がまとめた「国際民間航空のためのカーボン・オフセットおよび削減スキーム」（CORSIA）の基準で認められた手法でないと、排出削減への寄与が認められない。

　ANAホールディングス（HD）は30年度には使用する燃料の10％以上をSAFに置き換える方針だ。日本航空（JAL）も、米国で英シェルとSAFを調達する契約を交わした。コスモ石油や日揮ホールディングス（HD）などは、国内初となる廃油由来のSAF量産プラントを24年12月に完工させた。経済産業省は、日本の空港で国際線に給油する燃料の1割をSAFにすることを石油元売りに義務付ける方針だ。

　22年の生産量は世界で21年比3倍の30万キロリットルに増えたものの、世界の航空燃料消費量の0.1％にとどまる。国際航空運送協会（IATA）は50年に航空分野でCO$_2$実質排出ゼロの目標を達成するには「（航空燃料に占める）SAFの利用が80〜90％必要」と試算する。量としては約4.5億キロリットルだ。

重要度 ★★★

<u>025</u> # メタネーション

CO_2と水素でメタン合成、都市ガスに

　二酸化炭素（CO_2）と水素を反応させ、天然ガスの主成分であるメタンを合成する技術を指す。メタンは燃えるとCO_2を排出するが、工場や発電所から出るCO_2で合成メタンを作れば、回収分で燃焼時のCO_2が相殺され大気中のCO_2は増えない。都市ガスの脱炭素化につながると期待されている。

　都市ガスは天然ガスを原料としており、代わりに合成メタンを使えば脱炭素に貢献できる。合成メタンは既存の都市ガスインフラを利用でき、導入しやすい。化学品の原料などとして合成メタンを使うことも想定されている。

　メタネーションの手法は、CO_2と水素を高温高圧で反応させ、触媒で促進するサバティエ反応が主流。原料であるCO_2の収集に、大気中から回収するダイレクト・エア・キャプチャー（DAC）技術を使う方法も想定されている。

　もう一方の水素は主に3種類考えられる。グレー水素は化石燃料から水素を取り出す。ブルー水素は、化石燃料から製造する工程で排出されたCO_2を回収した水素を指す。太陽光など再生可能エネルギーで水

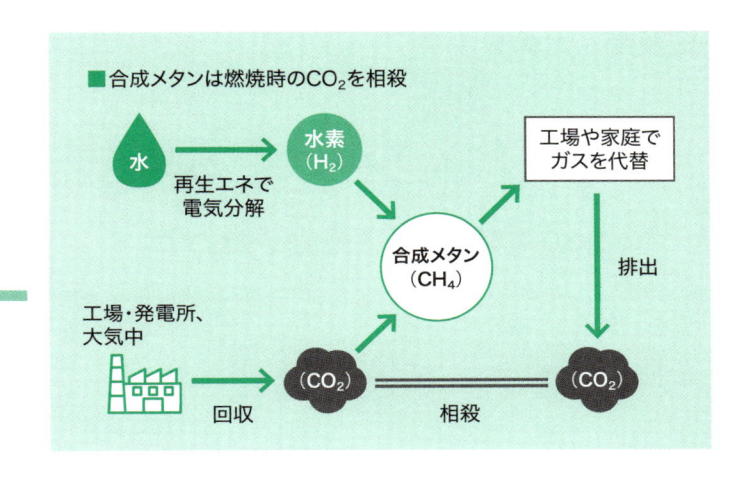

■合成メタンは燃焼時のCO₂を相殺

水 → 再生エネで電気分解 → 水素（H₂）

工場・発電所、大気中 → 回収 → （CO₂）

合成メタン（CH₄）

工場や家庭でガスを代替

排出

（CO₂）

相殺

1 はじめの一歩

2 再エネ活用の最前線

3 動き出した新エネ

4 GHG吸収への挑戦

5 カーボンクレジット

6 炭素会計を知る

7 脱炭素経営の新概念

8 世界のGX動向

を電気分解し、CO₂を出さずに製造するのがグリーン水素となる。

　日本政府は2030年に都市ガス供給量の1%、50年には90%を天然ガスから合成メタンに置き換える目標を掲げている。移行期についてはブルー水素も活用する。

　メタネーション技術の実用化はこれからで、国内外でプロジェクトが相次いでいる。東京ガスや大阪ガス、東邦ガスと三菱商事は米国で29年度に、工場のCO₂とグリーン水素などを使うメタネーション設備を稼働させる。ガス3社の年間販売量の1%に相当する量を日本に輸出する。

　グリーン水素を使う合成メタンの生産コストは、1ノルマル立方メートル（0℃、1気圧での体積）あたり240〜250円と試算されている。液化天然ガス（LNG）を都市ガスに使う場合と比べて2〜3倍とされ、コスト低減に向けた生産の大規模化や技術革新が求められている。

　ガス会社は効率的に合成する革新的なメタネーション技術の実用化を競う。大阪ガスは、合成メタンの変換効率をこれまでより30ポイントほど高い85〜90%に引き上げる技術を開発している。

重要度 ★★★

026 グリーン水素製造装置
水の電気分解、太陽光や風力で

　太陽光や風力など再生可能エネルギーによる電力で水を分解し、水素を発生させる設備を指す。製造過程で二酸化炭素（CO_2）を排出しないグリーン水素は、水素社会実現の鍵を握る。日本や欧州、中国などの官民が水素製造装置をエネルギー戦略の重点に据え、技術開発を競っている。

　水素製造装置は電解する方式によって複数の種類がある。主流の方式の一つは、電解質に水酸化カリウムなどを使う「アルカリ型」だ。大規模化しやすく、触媒に希少金属を使わないためコストを低減できるとされる。イオン交換膜を活用する「固体高分子（PEM）型」は製造する水素の純度が高いといった特徴がある。

　日本は「水素基本戦略」で2030年までに、水電解する際に利用する電力量でみて15ギガ（ギガは10億）ワット程度の水素製造装置を導入する計画を打ち出した。企業の開発が進んでおり、旭化成は食塩水の電

1 はじめの一歩

2 再エネ活用の最前線

3 動き出した新エネ

4 GHG吸収への挑戦

5 カーボンクレジット

6 炭素会計を知る

7 脱炭素経営の新概念

8 世界のGX動向

■グリーン水素の主な製造方法

技術方式	アルカリ型	固体高分子型
電解質	水酸化カリウム／水酸化ナトリウム	固体高分子のイオン交換膜
特徴	● 大規模化しやすい ● 装置コストが比較的安価 ● 再生エネの出力変動への対応が苦手	● 水素の純度が高い ● 再エネの出力変動を吸収 ● 希少金属を使い、大量製造に課題

（注）日本政策投資銀行の資料に基づきNIKKEI GX作成

解技術を転用したアルカリ型の実証プラントを24年春から稼働させた。

　電解層に電力を供給する電源設備の開発では、富士電機がアルミ電解設備で培った技術の応用を目指している。

　各国の官民が基礎技術や量産化技術の開発を競い、ドイツでは30年までに少なくとも10ギガワットの装置の導入を目標としている。独シーメンス・エナジーは23年11月に仏産業ガス大手のエア・リキードと製造装置の工場を稼働させた。中国も水素を「戦略的新興産業」と位置付けており、現地企業がプロジェクトを進める。

　日本政策投資銀行の梅津譜調査役は「日本企業には技術力やアフターサービスの強みもある。課題のコストについては政策面での支援を含め、量産化に向けた取り組みが必要だ」と話す。グローバルでの競争力を強化するために、部材やエンジニアリングなどの企業間の連携が必要だと指摘している。

重要度　★★★

<u>027</u> ## アンモニア

水素を包含、CO_2排出ゼロの燃料に

　燃やしても二酸化炭素（CO_2）を排出せず、脱炭素時代のエネルギー源の一つになると見込まれている。日本企業は石炭火力発電での混焼や船舶の燃料として使うプロジェクトを進めており、プラントなどのアジアへの輸出も想定している。

　アンモニアは現在、肥料や繊維の原料となっている。分子式はNH_3で水素（H）を含む。

　アンモニアに期待されていることの一つは、供給網が構築されていない水素を輸送するため、いったんアンモニアにする「水素キャリア」の役割だ。消費地で水素に戻すなどして使う。水素も燃焼時にCO_2を出さず、鉄鋼や自動車などの分野で原燃料になると見込まれている。

　アンモニアは、そのままでも発電や船舶の燃料として使われる。国内発電大手のJERAは2024年6月、石炭火力にアンモニアを20%混ぜる混焼の実験を終えた。石炭だけの燃焼に比べCO_2を約20%削減した。

　アンモニアを発電燃料として使うことには欧米から石炭火力の延命との批判がある一方、火力の多いアジアでは需要がある。IHIはアン

1 はじめの一歩
2 再エネ活用の最前線
3 動き出した新エネ
4 GHG吸収への挑戦
5 カーボンクレジット
6 炭素会計を知る
7 脱炭素経営の新概念
8 世界のGX動向

■アンモニアを巡る企業のプロジェクト事例

発電・船舶の燃料に	
JERA	愛知県の碧南火力発電所でアンモニアを20%入れる混焼実験を実施。IHIも参画
IHI	マレーシアで現地企業と、専焼タービンを使う発電所を2026年中に運営開始。米GEとは技術開発で提携
日本郵船	アンモニアを燃料とするタグボートを運航。レゾナックの事業所から燃料供給
グリーンアンモニアを製造	
日揮ホールディングス	福島県でグリーンアンモニア製造技術の実証プラントを24年度中に稼働
双日と九州電力	20年代後半からインドで、グリーンアンモニアを年20万トン生産。日本に輸出
Jパワー	オマーンでグリーンアンモニア製造プロジェクト落札。30年までに年100万トンの設備建設

モニアを100%使う専焼ガスタービンを開発しており、マレーシア企業に提供する。

　船舶での燃料利用にも光が当たる。日本郵船は重油の代わりに使うタグボートを実証試験として運航した。原材料などを加熱する様々な工業炉でも、燃料として使える。

　化石燃料由来の水素を原料に作る従来のアンモニアは「グレーアンモニア」と呼ぶ。化石燃料由来の水素を使い、排出されたCO_2を回収・貯留するのは「ブルーアンモニア」。再生可能エネルギーを使って生み出した水素をもとにするのが「グリーンアンモニア」で、再生エネが安い海外でプロジェクトが相次ぐ。

　アンモニアの主流の製造方法は100年以上も前に開発されたハーバー・ボッシュ法。高温・高圧で水素と窒素を化学反応させる必要があり、設備が大規模になる。スタートアップのつばめBHB（横浜市）は低温・低圧でアンモニアを合成する技術によって、設備の小型化などにつなげる。

重要度　★★★

<u>028</u> 水素キャリア

アンモニアやMCHに変換、運びやすく

　気体のままでは扱いにくい水素を大量に輸送・貯蔵できるようにする物質や技術を指す。水素の体積は、同じ熱量でみると天然ガスの約3倍、ガソリンの約3000倍となる。水素のサプライチェーン（供給網）を築くうえで効率的で安定したキャリアが欠かせず、アンモニアや液化水素が選択肢の一つになると見込まれている。

　アンモニアは、水素と窒素ガスを化学反応させることで製造できる。マイナス33℃と比較的高い温度で液体になり、水素キャリアのなかで最もコンパクトに輸送できる。アンモニアは肥料として使われており、化学物質として扱うノウハウが蓄積されている。

　アンモニアとしてそのまま利用したり、水素に戻したりすることが考えられ、いずれも発電用燃料などの需要が見込まれる。

　液化水素として運搬する方法では、水素をマイナス253℃以下に冷やして液体にする。液体の状態を保つために極低温を維持する必要があ

1 はじめの一歩
2 再エネ活用の最前線
3 動き出した新エネ
4 GHG吸収への挑戦
5 カーボンクレジット
6 炭素会計を知る
7 脱炭素経営の新概念
8 世界のGX動向

■水素キャリアの比較

	液化水素	アンモニア	MCH	メタン	水素吸蔵合金
常圧の水素と比べた体積	約1/800	約1/1300	約1/500	約1/600	約1/1000
輸送時の状態	液体（マイナス253℃、常圧）	液体（マイナス33℃、常圧）	液体（常温常圧）	液体（マイナス162℃、常圧）	固体＋気体（常温低圧）
主なエネルギー損失	液化時（25〜35%）	脱水素時（20〜35%）	脱水素時（35〜40%）	CO_2合成時（約32%）	脱水素時の熱エネルギー
既存インフラの活用可否	新規インフラが必要	LPガスと同様のインフラ技術を活用可能	ガソリンのインフラを活用可能	LNGのインフラを活用可能	新規インフラが必要

（注）環境省と資源エネルギー庁の資料に基づきNIKKEI GX作成

り、専用のタンクなど新規のインフラ技術が欠かせない。川崎重工業は22年、オーストラリアで製造した水素を液化基地で液体にして日本に輸入する実験に成功した。これが世界初の大規模な液化水素の海上輸送となった。

塗料やインキの材料であるトルエンと水素を結合させた「メチルシクロヘキサン（MCH）」に変換する方法は、常温で扱えることに利点がある。千代田化工建設などの企業連合がブルネイで生成された水素の輸入に取り組んできた。

現時点では扱いやすさやエネルギー損失などあらゆる面で優れたキャリアがあるわけではなく、長期的にみてもどのキャリアが優位なのか見通しにくい。ただ、日本は液化水素運搬船など一部の重要技術で先行しており、世界で立ち上がる水素市場のけん引役となる可能性がある。

重要度 ★★★

029 水素社会推進法
化石燃料との価格差、15年間補助

　二酸化炭素（CO_2）排出量の少ない方法で作られた水素やアンモニアの供給・利用を促すため、2024年10月に施行された。天然ガスなど化石燃料との価格差を15年間補助し、計3兆円を投じる。供給拠点への設備投資も支援する。

　水素やアンモニアのほか、合成燃料、合成メタンが支援の対象となる。水素とアンモニアの場合、製造する際のCO_2排出量（炭素集約度）が化石燃料由来のグレー水素・グレーアンモニアより約7割少ないことを目安とする。価格差を支援する期間は、企業が供給を始めてから15年間。企業が供給プロジェクトのコストを回収できる「基準価格」を算定し、この基準価格が化石燃料の取引の実勢などを踏まえた「参照価格」を上回る分について、政府が全額補助する。水素などの普及の壁になっている高いコスト負担を軽減する。

　価格差支援の財源はGX経済移行債でまかなう。支援の条件として、30年度の段階で最低でも年1000トン以上を供給している必要がある。

■水素社会推進法の主な内容

価格差支援	拠点整備支援
共通の要件	
●供給と需要双方の事業者が共同でプロジェクトを作成 ●鉄鋼や化学など脱炭素が難しい分野に供給	
個別の要件	
●低炭素水素などと化石燃料の価格差に15年間の補助 ●30年度に最低年1000トン以上の供給義務 ●支援終了後も10年間の供給義務 ●GX経済移行債を活用、計3兆円を投じる	●貯蔵や輸送などに必要な設備への投資に補助 ●30年度に最低年1万トン以上の供給義務 ●支援額は未定

補助の終了後も、10年間は供給を続ける義務がある。

　拠点整備の支援は、港湾の貯蔵タンク・パイプラインなどへの投資を対象とする。価格差支援と同じく最低供給量の条件を設けており、30年度に年1万トン以上とした。価格差支援の対象プロジェクトについては、25年3月末に募集を締め切った。

　どちらの支援も共通の要件として、供給側と需要側の事業者が共同でプロジェクトを計画し、政府に申請することを求めている。また、脱炭素が難しい鉄鋼や化学といった分野に供給することも必須とした。石炭火力でのアンモニア活用など発電分野に加え、幅広い産業への供給に道筋をつける。

　政府は17年に、水素を巡る世界初の国家戦略として水素基本戦略を策定した。現在年間での導入量は約200万トンで、50年に2000万トン程度まで増やす目標を掲げており、水素社会推進法が後押しになる。

1 はじめの一歩

2 再エネ活用の最前線

3 動き出した新エネ

4 GHG吸収への挑戦

5 カーボンクレジット

6 炭素会計を知る

7 脱炭素経営の新概念

8 世界のGX動向

030-1

EU水素銀行に3つの懸念

奔流H$_2$ 動きだした欧州㊤

欧州で水素支援の仕組みが2024年に動き始めた。EU全体の取り組みとドイツ独自の制度について、2回に分けて紹介する。

欧州連合（EU）で「欧州水素銀行」（※1）計画が本格始動した。高コストなグリーン水素製造に資金援助し、他のエネルギーとの価格差を縮めることで普及を後押しするのが狙いだ。ただ、投資が順調に拡大しているといえる状況ではなく、反対に計画の中止や延期の表明も目立つ。ここにきて、中国排除・支援の実効性・温度差の3つの懸念が浮上しているからだ。

第2回入札は「中国製25%以下」

「水素ビジネスという強力な産業を欧州で構築するために次のステップに入る。欧州委員会が真剣に取り組んでいることを示したい」。EUの執行機関である欧州委員会で水素銀行を担当するダニエル・メス氏は2024年11月19日、ブリュッセルで開いた国際イベントで意欲を語った。

「次のステップ」とは3日に始まった水素銀行の2回目の入札を指す。予算規模は最大22億ユーロ（約3500億円）。グリーン水素を製造する電解槽について

（※1）欧州水素銀行　欧州域内でグリーン水素を製造する事業者に対し、水素1キログラム当たり最大4.5ユーロ（約700円）の補助金を「固定プレミアム」として10年間支給する。支給対象や金額は入札で決める。第1回入札は24年4月に結果を公表。固定プレミアムを最大4ユーロに下げ、12月3日に第2回の募集を始めた。

欧州委のメス氏らが欧州水素銀行の入札について説明した（24年11月19日、ブリュッセル）

「中国製を総出力の25%以下に制限しないといけない」という規定を新たに設けた。

　初回の入札では、落札した事業全体の15%が中国製の電解槽を使う計画だった。電解層の中核部品である水電解スタックの調達先まで広げると、中国製の割合は約6割に達していた。太陽光パネルで中国製の席巻を許した反省から、域内産業の保護策として中国製の排除に乗りだす。

　ただ、国際エネルギー機関（IEA）が10月に発表した報告書によると、中国企業による電解槽の製造能力は年15ギガワットで、既に世界の6割を占めている。ドイツに拠点を置く電解槽向け部材メーカー幹部は「中国からの調達を制限したらビジネスとして立ちゆかない」と不満をこぼす。中国製を使わずに製造設備を十分に確保できるのか。これが懸念の1つ目だ。

支援単価、上限を大きく下回る

　水素銀行計画は22年9月、欧州委のフォンデアライエン委員長の掛け声で始まった。きっかけはウクライナ侵略によるロシアからの天然ガス・原油の

1 はじめの一歩
2 再エネ活用の最前線
3 動き出した新エネ
4 GHG吸収への挑戦
5 カーボンクレジット
6 炭素会計を知る
7 脱炭素経営の新概念
8 世界のGX動向

供給減だ。こういった燃料への依存度を引き下げるために従来の水素戦略を改定。30年までに、EU域内での製造と輸入で合わせて2000万トンのグリーン水素を確保する新たな目標を掲げた。

欧州で水素事業を手がけるカナダのリライ・ソリューションズのダミアン・エリエス最高経営責任者（CEO）は「競争力は技術革新の努力で得られる。コストが唯一のリスクだった」と取り組みの拡大を歓迎する。

初回の入札では132件の応札があったが、選ばれたのは7件のみ。ノルウェーやポルトガル、スペインなど水力や太陽光発電といった、水素を作るのに使う再生可能エネルギーが豊富で比較的安価な国の事業が強みを発揮した。落札案件のプレミアム価格は1キログラムあたり0.37〜0.48ユーロで、上限の4.5ユーロを大きく下回った。

1事業者が早くも脱落

入札は、事業者が10年間の水素製造量などから事業費用を計算し、求めるプレミアム価格を申請する。欧州気候・インフラ・環境執行機関（CINEA）は一定の基準を満たした申請のうち、単価が低い順に予算に到達するまで落札案件を選んでいく。初回の予算は8億ユーロだった。

コスト優先で支援対象を選ぶのは合理的ではあるものの、再生エネのコストが高い国の事業など100件以上が排除された格好だ。初の入札だったため、実績をつくるためにあえてプレミアムを少なめにする強気の価格設定で臨んだ事業者が多かったとの指摘もある。

事業者は、固定プレミアムの支給決定から5年以内にグリーン水素製造を始めないといけない。将来の製造コストダウンを織り込んで応札したものの、想定どおりに下げられずに事業開始を見送る事業者が出てくる可能性がある。

実際、10月の時点で早くも1事業者が脱落した。欧州委は「補助金契約プロセスから撤退することが決まった」とのみ公表し、理由については明らかにしていない。支援の枠組みに実効性はあるのか。これが2つ目の懸念点だ。

1 はじめの一歩 再エネ活用の最前線

2 再エネ活用の最前線

3 動き出した新エネ

4 GHG吸収への挑戦

5 カーボンクレジット

6 炭素会計を知る

7 脱炭素経営の新概念

8 世界のGX動向

■ 欧州の主な水素価格差支援

		予算	概要
欧州水素銀行	EU	8億	初回入札分。1kg当たり最大4.5ユーロを10年支給
		22億	2回目入札分。支援単価4ユーロに
H2グローバル	ドイツ	44億	購入価格と販売価格の差額を10年支給
フランスCfD	フランス	7億	市場動向に応じた変動額を15年支給
OWE	オランダ	2.5億	市場動向に応じた変動額を7〜15年支給
HAR	英国	23.9億	市場動向に応じた変動額を10年支給

(注) 予算額の単位はユーロ、英国のみポンド

海底パイプライン計画凍結

　加盟国の温度差もあらわになりつつある。ドイツ政府は10月下旬、国内で9040キロメートルにおよぶ水素パイプラインを敷設する計画を承認した。全体の6割は既存の天然ガスパイプラインを改修して利用する予定で、32年までの完成を目指す。

　このパイプラインはノルウェーとドイツを海底で結ぶ新たな水素パイプラインと接続する計画だったが、海底パイプラインの建設を担うはずだったノルウェーのエクイノールと独RWEが9月下旬、計画凍結を発表した。ノルウェー政府による規制緩和の対応遅れが原因の一つだった。

　水素銀行はEU域内での生産だけでなく、域外からの水素輸入についても固定プレミアムの支給を検討している。しかし輸入支援については加盟国の事情が異なるため意見の集約が難しく、現時点でも具体的な枠組みが決まっていない。

　そもそも、自国内に再生エネが豊富にあるかどうかで輸入の重要度は異なる。そこで注目を集めているのが、各国独自の取り組みだ。

030-2

ドイツ水素支援、調達は10年・販売は1年
奔流H$_2$　動きだした欧州⑦

　グリーン水素製造を資金面で支援する欧州水素銀行を発展させた枠組みがドイツにある。水素の作り手には10年契約で事業の安定を保証し、売り手とは1年契約で市場価格の変化を反映できるようにした。担い手は多くのドイツ企業が参画するH2グローバル財団（※1）だ。創設者でもあるマルクス・エクセンベルガー会長（※2）に狙いを聞いた。

「ニワトリと卵」問題を克服

──財団を立ち上げた狙いは何でしょうか。

　水素は脱炭素のカギを握るが、市場取引に不可欠な流動性や価格の透明性、参入障壁の低さ、明確なルールといったものがない。これでは大口の機関投資家は参入できない。だから、投資が進まない。

　2035年にはグリーン水素は1キログラム1ドル（約156円）で製造できるが、足元では10ドル前後。皆が1ドルまで価格が下がるのを待っても永久に到達できない。そんな『ニワトリと卵』問題を克服する必要があると強く思った。

※1　H2グローバル財団　グリーン水素・アンモニア産業の立ち上げと国際取引の拡大を目的に2021年に設立された。ドイツ政府の傘下組織だが運営面は独立。24年7月の第1回入札では経済・気候保護省が9億ユーロ（約1500億円）を出し、エジプトで製造したグリーンアンモニアを1キログラムあたり1ユーロで購入することが決まった。初回なので契約期間は7年とした。25万9000トン以上の確保を計画する。
※2　マルクス・エクセンベルガー　ドイツ国際協力公社、コンサルティング会社などで勤務し、20年にわたり欧州やアジア、米国などでエネルギー関連の資産管理や開発事業を手がけた。

JOGMECの高原一郎
理事長（右から2人目）
と提携文書を交わすエ
クセンベルガー氏（同3
人目、24年6月）

──支援の仕組みとして「ダブルオークション」方式を採用しています。

　再生可能エネルギー普及のために英国が導入した『差額決済契約（CfD）制
度』がイメージとして近いかもしれない。政府保証で発電事業者のコストと
市場価格の差額を補塡するものだ。ただ、再生エネの場合は参照価格が存在
し、市場の透明性が確保されているが、水素にはない。誰も水素製造の原価
を正確には知らない。

　H2グローバル財団の仕組みでは、子会社Hintcoが取引仲介機関となって
水素の作り手と買い手それぞれと取引し、価格差を政府が補塡する。買い取
りは10年間の固定契約なので、水素の作り手は事業資金を融資などで調達し
やすい利点がある。一方、買い手とは単年契約にすることで、変化する市場
価格を適切に反映できるようにした。

グリーンプレミアムを反映

──水素供給契約が単年ごとの入札だと、買い手は長期購入が難しいため事
業計画を立てにくい面はありませんか。

　逆に、価格決定メカニズムが発展すると考えている。単年契約にすること

で、炭素税など政策的に付加されるグリーンプレミアムを反映して価格を上げられる。需要動向に応じて、買い手を他の大手や小口の顧客にこまめに切り替えられる。

そうすることで市場に透明性を持たせ、環境に良い製品の実現可能な価格が把握できるようになる。新規参入の拡大で、市場の流動性を高める効果も見込める。

——企業ではなく、財団という形態で運営する理由は。

特定の企業や国の影響を受けることなく、グローバルに活動ができる。そんな理念に共感し、水素事業を手がける日本の千代田化工建設、ENEOSホールディングスも参画を決めた。

——他国にも同様の仕組みを作るよう働きかけています。

年内に募集を始める第2回入札では独政府に加え、オランダ政府も自国の水素市場拡大を狙って参加することになった。両国で3億ユーロずつ拠出し共同で運用する。グリーンな水素やアンモニアのほか、メタノールやメタンの調達を想定している。

EU以外の国ではカナダやオーストラリア、アラブ首長国連邦（UAE）、ノルウェーとも導入について話をしている。国によって水素のニーズは異なるので、状況に合ったプログラムを提案していく。

——水素市場として日本をどうとらえていますか。

グリーン水素調達の70%を輸入に頼るドイツと状況が似ている。一方、日本は島国でパイプラインでの調達が難しいという点は異なる。ただ、石炭火力発電での混焼などを通じて化石燃料への依存から脱却するため、将来的に大量の水素が必要になるのは間違いない。

エネルギー・金属鉱物資源機構（JOGMEC）と提携し、毎週のように情報交

1 はじめの一歩

2 再エネ活用の最前線

3 動き出した新エネ

4 GHG吸収への挑戦

5 カーボンクレジット

6 炭素会計を知る

7 脱炭素経営の新概念

8 世界のGX動向

日本企業も強い関心

　H2グローバル財団の事業への参画を決めたENEOSの水素事業推進部、中川幸次郎氏は「水素の市場動向や技術情報を得るために出資した」と話す。25年1月からH2グローバルが主宰するワーキンググループにも参加する予定で、将来的に日本での展開をにらむ。

　日本でも水素活用を後押しする補助制度が動き出した。支援期間は15年間と欧州水素銀行やH2グローバルの枠組みと比べ手厚い一方、支援終了後から10年間の水素供給を義務付ける縛りを設けた。事業環境の将来予測が難しいとして、補助金申請をためらう企業も少なくない。水素の取引市場はまだないだけに、ドイツなどの先行事例から学び、ベストプラクティスを導き出す意義は大きい。

換し、互いの経験を共有している。将来的にJOGMECが日本最大の水素輸入機関となるとみており、その場合、できるだけの支援はしていくつもりだ。

水素活用の重要性は揺るがず

──ウクライナ侵略を機に水素投資の機運は高まったものの、足元ではやや後退した印象があります。

　独政府は化石燃料の調達をロシアという単一国に頼るのが賢明だと考えていたが、結果として大きな災難を引き起こした。エネルギーの多様化はいまや絶対的な重要事項と位置付けられ、それは揺らいでいない。

　風力や太陽光などでグリーン水素を比較的安価に製造できる国は多く、水素事業の強化はエネルギー多様化へのエントリーレベルでもある。ウクライナで水素を大量生産し、パイプラインで欧州に供給するのは、復興支援という意味でも素晴らしいアイデアだと思う。

031-1

試練のコンビナート、カギ握る水素
推進法に期待と懸念　GXコンビナート㊤

　日本の成長を支えてきたコンビナートが、公害などに続く3度目の試練に直面している。温暖化ガス（GHG）排出を減らすGXの波は、立地する産業や自治体の競争力を左右する。政府は水素社会推進法で水素・アンモニア活用を価格面などで支援し、関連産業全体の革新を後押しする方針だ。コンビナートは変われるのか、3回にわたって解説する。

公害対応、国際競争力の低下に続く試練

　「衰退か再生か、コンビナートはいま生き方が問われている」。国際大学の橘川武郎学長は現状をこう指摘する。

　社会全体のGHG排出実質ゼロを達成するには、石油化学や鉄鋼、エネルギーといったコンビナートに集積する産業も対応が不可欠だ。国内需要の縮小などによるじり貧の状況を変えられないまま、結果として排出量も減っていく「衰退」を受け入れるのか。あるいは成長と排出削減を両立させるGXにより国際的な競争力を取り戻す「再生」を目指すのか。

　コンビナートはこれまで、公害対応や中韓の台頭による国際競争力の低下といった試練を経験してきた。現在は第3の試練を迎えているというのが橘川氏の見方だ。

　再生のカギになるのが水素・アンモニアの活用だ。コンビナートは貿易拠点となる港湾を核に、隣接する設備間でエネルギーや素材を効率よく流通さ

せる仕組みがある。石油や液化天然ガス（LNG）の代わりに水素などを輸入して集積した産業で活用する絵も描ける。エネルギーとしてだけでなく、高炉ではコークスの代わりに使うこともできる。

　コンビナートから出る二酸化炭素（CO_2）を回収し、水素などと組み合わせて産業資源として活用する構想もある。

水素社会推進法が施行

　2024年10月に施行された水素社会推進法も、同じような問題意識に基づいている。

　支援の柱は大きく2つ。1つ目は、低炭素の水素・アンモニアと既存燃料の価格差を埋めるもので15年間支給する。2つ目は水素などの受け入れや輸送といった供給網構築への後押しで、設備投資にかかる費用を補助する。水素などを使うことで発生する運用コストと初期投資の両面を支援する仕組みだ。

　経済産業省は支援対象計画の募集にあたり、水素などの供給者と利用者が連携して将来像を描くよう求めている。さらに水素などの使い道は発電だけでなく、鉄鋼や化学など脱炭素化が困難とされる分野にも広げることを要件とした。地域の産業競争力も左右しかねないだけに、企業に加えて自治体の関心も高い。主なコンビナートのうち、京葉地区を除く7カ所が水素などの需要推計や供給量の目標値を自主的に公表している。

支援規模に懸念

　一方で、支援制度の実効性を懸念する声も出ている。

　まずは価格だ。30年に化石燃料由来の「ブルーアンモニア」を中東から輸入する場合の調達コストは、支援制度の議論が本格化した22年時点での国の試算では1トン当たり339ドル（約5.3万円）だった。

　調査会社のブルームバーグNEFによる最新予測では、同じ条件でもコストは687ドルと2倍に上昇している。世界的な資材・人件費の高騰が影響した。こ

1 はじめの一歩
2 再エネ活用の最前線
3 動き出した新エネ
4 GHG吸収への挑戦
5 カーボンクレジット
6 炭素会計を知る
7 脱炭素経営の新概念
8 世界のGX動向

の間に天然ガスなど化石燃料は世界的な需要減によってむしろ値下がりしたため、水素・アンモニアとの価格差は広がっている。一定量を使う場合の支援額が膨らむことになるので、限られた予算で支援できる水素やアンモニアの総量は想定より減る可能性がある。

価格差支援の予算は15年間で3兆円。支援対象になる水素などの規模感についてENEOSの田中秀明水素事業推進部長は「数十万トンレベルではないか」とみる。水素などの現在の導入量は年200万トン。これを30年に300万トン、50年に2000万トンに拡大する政府目標の達成に向けて十分とは言えない。

「電力会社にとって負担でしかない」

幅広い産業で使うことを公募条件にした点が、裏目に出かねないとの見方もある。大量の水素・アンモニアを使いうる電力大手も、単独では支援を受けられないからだ。

「30年度時点で水素などの具体的な利用計画を持つ鉄鋼や化学などは限られる。公募条件は電力会社にとって負担でしかない」と、アンモニア供給事業への参画を検討するある外資系エネルギー会社の幹部は指摘する。実際、化学では燃料転換などで動きも出つつあるが、ある化学大手の幹部は「30年度という時期は発電以外の産業への大量導入には早すぎる」とこぼす。

水素などの調達面にも不透明感がある。海外では採算への懸念などから生産プロジェクトが中断するケースが出始めているからだ。発電向け以外の需要確保や供給網の構築、そして支援制度における供給量や事業継続期間の条件、時間軸など複数の要素が絡み合い、すべてをかみ合わせて歯車が回るような計画を現時点でたてるのはハードルが高い。

一方で、中長期では水素などの活用が必要だとみる企業は多く、公的支援の有無は取り組みのスピード感や競争力にも影響する。企業や自治体関係者は水素などを産業変革につなげる構想をとりまとめるべく、25年3月末の価格差支援の申請締め切りに向け模索を続けている。

■水素・アンモニア需要に関する主なコンビナートの予測値

国内の水素などの導入目標

現在	200万
2030年	300万
50年	2000万

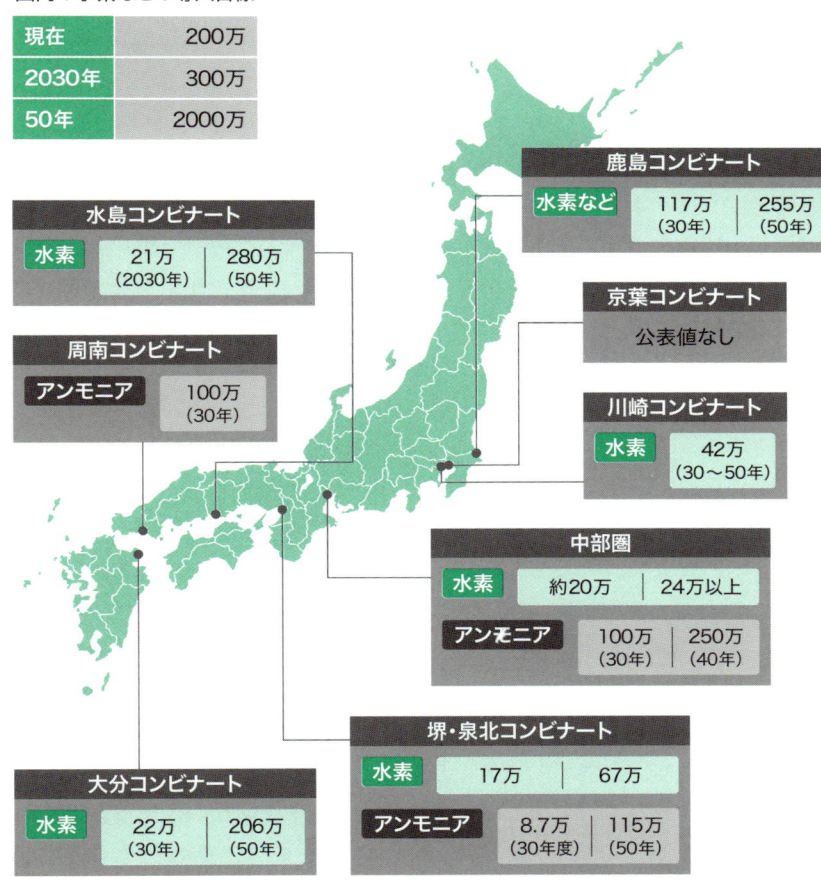

鹿島コンビナート

水素など	117万 （30年）	255万 （50年）

水島コンビナート

水素	21万 （2030年）	280万 （50年）

京葉コンビナート

公表値なし

周南コンビナート

アンモニア	100万 （30年）

川崎コンビナート

水素	42万 （30〜50年）

中部圏

水素	約20万	24万以上
アンモニア	100万 （30年）	250万 （40年）

堺・泉北コンビナート

水素	17万	67万
アンモニア	8.7万 （30年度）	115万 （50年）

大分コンビナート

水素	22万 （30年）	206万 （50年）

（注）単位はトン。各地域の資料や聞き取りに基づきNIKKEI GX作成。「水素など」はアンモニアなど含む。中部圏は四日市など複数のコンビナートや内陸部を含む。周南は目標値

1 はじめの一歩
2 再エネ活用の最前線
3 動き出した新エネ
4 GHG吸収への挑戦
5 カーボンクレジット
6 炭素会計を知る
7 脱炭素経営の新概念
8 世界のGX動向

031-2

初期はJERA・中期はトヨタ
中部圏、水素の使い手に強み　GXコンビナート㊥

　水素・アンモニア支援制度の活用に意欲を見せる地域の中でも目立つのが中部圏だ。国内発電大手のJERAが臨海部の石炭火力発電所でアンモニア混焼を予定するほか、内陸部でもトヨタ自動車グループなどが工場で水素活用を検討するなど、愛知・三重・岐阜の3県にあるコンビナートや工場、発電所に連携が広がっている。水素などの実際の需要確保に各地が苦しむ中、電力や自動車といった基幹産業の大手が地域連携の中核にいる点が強みになっている。

会長は大村知事、副会長はトヨタ副社長

　愛知県の大村秀章知事とトヨタの中嶋裕樹副社長。中部圏では2024年8月以降、2人がそろって企業を訪問する姿がみられた。大村氏は自治体や有力企業が参加する中部圏水素・アンモニア社会実装推進会議の会長で、中嶋氏は副会長。関係する企業などと課題を共有したり議論したりするためだ。

　11月18日には推進会議がトヨタやJERA、日本製鉄、サントリーホールディングスなど20社と、水素などのサプライチェーン構築に向けた協力で基本合意書を交わした。30年に水素で約20万トン、アンモニアで100万トンの需要が生まれると試算する。さらに40年にはそれぞれ24万トン以上、250万トンに拡大すると予測する。

　需要の担い手は当面、JERAが中心だ。臨海部にある碧南火力発電所で石

1 はじめの一歩

2 再エネ活用の最前線

3 動き出した新エネ

4 GHG吸収への挑戦

5 カーボンクレジット

6 炭素会計を知る

7 脱炭素経営の新概念

8 世界のGX動向

■中部圏のコンビナートなどに関する特徴

主な企業	臨海部	発電：JERA 製鉄：日本製鉄 石油：コスモ石油 化学：東ソー
	内陸	トヨタ自動車や車部品メーカー
特徴		● 県や市をまたいだ連携 ● コンビナートだけでなく内陸にも需要
需要予測		● 30年に水素約20万トン／アンモニア100万トン ● 40年には24万トン以上／250万トン

炭からの燃料転換としてアンモニアを活用する。アンモニアを2割混ぜる実証実験を実施済みだ。早ければ27年度に1基で20％のアンモニアを常時混ぜた商業運転をする予定で、29年度には2基に増やす計画だ。

　中部圏では水素の輸送キャリアとしてアンモニアを念頭に置いている。JERAなどは中部圏のコンビナートや内陸の企業に対し、水素の形での供給も検討しており、アンモニアから水素を取り出す技術の開発も進めている。JERAも将来的に知多コンビナートにある火力発電所での水素活用を検討する。

内陸の需要、コンビナート並みに

　発電所は全国どこでも初期の需要をけん引し得る。問題は「それ以外」を確保できるかどうかだ。水素社会推進法は支援先の選定で、電力に限らず鉄鋼、化学や運輸といった脱炭素が難しい分野との連携を要件としているからだ。

　「トヨタや、グループの自動車部品工場などがある中部圏の内陸での水素需要は、2050年にはコンビナートに負けないくらいになる」。推進会議とも連携する民間組織「中部圏水素利用協議会」の事務局メンバーでトヨタの水素事業推進室国内Gの細目一成主査は説明する。

　同協議会は20年に設立され、水素の需要拡大や供給網の構築へ業界横断で

の検討を進めている。数値で言えば内陸での需要は30年時点の1.4万トンから50年には70万トンへ拡大し、知多コンビナート（100万トン）や四日市コンビナートなど（50万トン）に匹敵する需要地になるとみる。

例えばトヨタは、使用温度が高く電化が難しい溶解炉や、フォークリフトなどでの利用を想定。車部品ではデンソーやアイシンが工場で発生したCO_2と水素とを反応させメタンを合成し、燃料として再利用する取り組みも進めている。その他には飲料メーカーなどの需要も見込む。

自動車を筆頭に、今後は多くの産業で高水準の環境対応が必要になる可能性がある。例えば欧州連合（EU）の炭素国境調整措置（CBAM）。現在の適用品目は一部に過ぎないが対象は順次拡大し、生産工程などにおける排出量削減を求める流れが加速するとみられる。トヨタの倉井秀樹エネルギー・再エネグループ主幹は「生産工程は複雑で何か一つを変えれば解決するわけではない。準備は早めにしておく必要がある」と語る。

水素社会推進法は水素などを使う仕組みの30年度の実装を求めており、多くの産業にとってハードルになっている。ただ、自動車産業は環境対応に意欲的で、比較的早期に需要が生まれる可能性があるとみる専門家もいる。「需要家が声を上げるのが一番だ」（JERAの高橋賢司脱炭素推進室長）という中で、発電以外の需要の確度が高いのは地域として強みとなり得る。

内陸への供給に配管新設

内陸での水素活用には、物理的な供給網をいかに構築するかという課題が伴う。臨海部と異なり需要家は点在し、一つひとつの需要量の規模は大きくない。敷地面積の制限もあり、需要家ごとに受け入れタンクを設けるのは難しい。そこで目指すのが水素パイプラインの新設だ。まず30年をめどに内陸の需要家が集中する地域ごとに水素のサテライト基地を設け、基地から需要家までパイプラインを敷設する。臨海部の水素タンクから基地まではトラックなどで輸送する。その後、内陸での水素需要が増えれば臨海部と各地の基

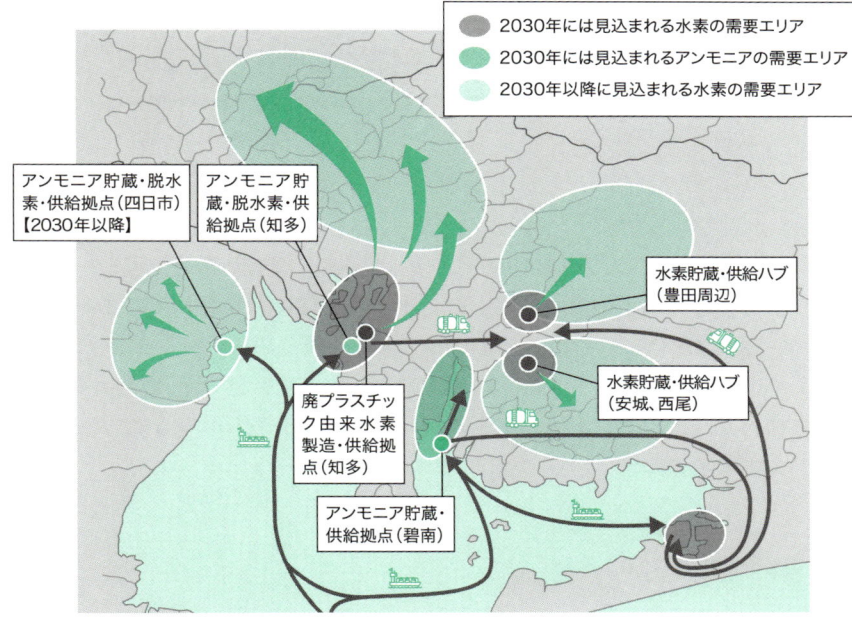

■中部圏の水素・アンモニア供給網のイメージ

凡例:
- 2030年には見込まれる水素の需要エリア
- 2030年には見込まれるアンモニアの需要エリア
- 2030年以降に見込まれる水素の需要エリア

アンモニア貯蔵・脱水素・供給拠点(四日市)【2030年以降】

アンモニア貯蔵・脱水素・供給拠点(知多)

廃プラスチック由来水素製造・供給拠点(知多)

アンモニア貯蔵・供給拠点(碧南)

水素貯蔵・供給ハブ(豊田周辺)

水素貯蔵・供給ハブ(安城、西尾)

(出所)中部圏水素・アンモニア社会実装推進会議資料

地もパイプでつなぐことを検討する。

　コンビナート内や近隣地域に配管を通そうとする動きは他の地域でもあるものの、距離のある内陸まで配管で届けようとする計画は珍しい。

　協議会で事務局長を務めるトヨタ水素事業推進室の水谷英司プロフェッショナル・パートナーは「都市ガスが長年かけて展開してきたことを短い期間でやろうとしている。1つの産業、1社だけで構築できず、みんなで協力しないとやっていけない」と話す。水素の供給事業者や需要側、自治体や補助金なども含め、費用をどう分担していくかが今後の課題だ。

1 はじめの一歩
2 再エネ活用の最前線
3 動き出した新エネ
4 GHG吸収への挑戦
5 カーボンクレジット
6 炭素会計を知る
7 脱炭素経営の新概念
8 世界のGX動向

031-3

JFE高炉跡に水素拠点構想
川崎市、需要掘り起こしへ奔走　GXコンビナート⑤

　「水素の積極的な導入と利活用による未来型環境・産業都市の実現」——。日本が世界で初めて水素の国家戦略を打ち出した2017年よりもさらに2年早い段階で、水素戦略を掲げたのが川崎市だ。その後、JFEホールディングス（HD）が川崎の高炉休止を決定。地元の産業基盤が弱体化しかねないとの危機感も加わり、水素・アンモニアを活用したコンビナートの変身に向けて自治体が奔走する。

GI基金事業でタンク設置

　企業の撤退や事業縮小を克服していかに地域の産業競争力を維持、強化するか。川崎市がこの数十年、直面してきた課題だ。00年代にいすゞ自動車が工場を閉鎖した跡地にはライフサイエンス企業を誘致するなどで対応できた。ただ、高炉閉鎖はそれによって空く土地の面積も大きく、深刻な打撃になりかねない。

　JFEHDと連携しながら描く対応策の柱の一つが水素・アンモニアの活用だ。「『水素利用、カーボンニュートラルへの適応には川崎』というように、企業に選ばれる産業エリアを目指したい」と川崎市臨海部国際戦略本部の工崎哲弘担当課長は語る。実際、海外で製造した水素を発電に使う実証など、他地域に先行して取り組みを進めてきた。

　具体的な動きも出始めている。川崎重工業と岩谷産業が共同出資する日本

1 はじめの一歩

2 再エネ活用の最前線

3 動き出した新エネ

4 GHG吸収への挑戦

5 カーボンクレジット

6 炭素会計を知る

7 脱炭素経営の新概念

8 世界のGX動向

■川崎コンビナートの特徴

主な企業	発電：JERA 製鉄：JFEスチール 石油：ENEOS 化学：レゾナック・ホールディングス
特徴	●水素利活用の取り組みの先駆け ●20年に世界初の国際間水素供給網の実証実験
需要予測	30〜50年の間に水素で年42万トン

水素エネルギー（JSE）などが進める液化水素供給網の商用化実証は、グリーンイノベーション（GI）基金の支援対象に採択された。その実証で、海外からの水素の受け入れ拠点に川崎臨海部が選ばれた。JFEの高炉跡地の先行活用事例としてタンクなどを設置する計画だ。31年度以降の社会実装を想定している。

パイプラインが一部整備済み

川崎市は川崎臨海部での水素需要として30年〜50年の間に年間42万トンを見込んでいる。期待をかけるのが水素の使い手となり得る火力発電所が多く立地する点だ。発電容量は800万キロワット以上にのぼる。

化学や石油精製などの企業も集結し、現時点でも国内水素需要の約1割は川崎に集積していることから、パイプラインが一部整備されているのも利点だ。

ENEOSは製油所を核として海外からの水素受け入れ拠点を作る方針で、候補地として川崎や岡山県の水島を検討している。水素をトルエンと結合させた「メチルシクロヘキサン（MCH）」として運ぶのが特徴だ。輸送や保管に専用設備を設ける必要がなく既存の製油所設備を活用できる。

需要側がついてきていない

こういった供給側の構想がある一方で「需要側がついてきていない」（エネルギー大手）という声も聞こえてくる。レゾナック・ホールディングスが川崎

事業所で水素発電などを計画しているものの、それだけでは十分とは言えない。ENEOSが川崎を水素拠点として、グループの設備を含め発電所で水素を使うことを期待する声もあるが、30年度という時間軸では「まずは水島ではないか」とみる関係者もいる。

日本水素エネルギーの新道憲二郎副社長は「投資は様子見という需要家も多い印象だ。30年度時点では発電所も水素専焼ではなく混焼とみられ、需要がぐっと広がるのはまだ先ではないか」とみる。実際、川崎臨海部の火力発電所では水素活用の検討事例はあるがまだ決まっていない。JERAが碧南火力（愛知県）でのアンモニア混焼計画を早くから公表してきた中部圏との大きな違いだ。

水素社会推進法が支援要件としている30年度時点の社会実装や規模感とかみ合う事業計画は、まだ見えない。

川重、運搬船の規模を4分の1に

供給側も揺れていることを印象付ける発表が24年9月にあった。川重などによるGI基金プロジェクトの内容変更だ。水素運搬船の容量を従来の4分の1に縮小した。30年代前半時点では大きな水素需要は立ち上がらないとの判断によるものだ。タンク容量16万立方メートルの大型船を建造する計画だったのを見直して中型船とした。

もう一つ、水素の調達先をオーストラリアから国内に変えた。現地で水素生産設備を作る工事の認可が遅れ、30年度に完了を目指す今回の実証には間に合わなくなった。

地域の需要をいかに確保するか。JERAは「発電事業は水素導入の起爆剤ではあるが、発電以外の需要があることも重要。セットで進めるべきだ」と話す。ENEOSの田中秀明水素事業推進部長は「お客さんあっての水素供給で、水素に付加価値を付けられる業界はどこかが鍵になる」と話す。問題意識は企業、自治体に共通するが、ソリューションはまだ見えない。

川崎重工がこれまで
の実証に使った水素
運搬船

1 はじめの一歩

2 再エネ活用の最前線

3 動き出した新エネ

4 GHG吸収への挑戦

5 カーボンクレジット

6 炭素会計を知る

7 脱炭素経営の新概念

8 世界のGX動向

企業も地域ごとに優先順位

水素社会推進法の関連予算は価格差支援の場合で3兆円。現時点で表面化している構想すべてが選ばれるのは難しい。日本各地のコンビナートに拠点を持つ企業はどの地域での取り組みを優先すべきかの見極めに余念がない。資金面に加え人手不足が深刻になっているからだ。関連設備を新設したくても、各地で一斉にプロジェクトを進めるのは難しい状況だという。

水素などの使い手になり得る発電所が多く立地し、タンクなどを新設するスペースもある川崎は「水素・アンモニア活用の拠点としてのポテンシャルは他地域より大きい」（化学大手）と評価する企業は多い。水素社会推進法が支援要件とする30年度の事業開始にこだわらず、中期で取り組む手はあるという指摘もある。

それでも自治体としては「空き地」の時期を少しでも短くしたいのが正直なところだ。国の支援を得られるなら使わない手はないという発想もある。川崎市は官民での推進協議会や、供給エリアを広げるために横浜市や東京都大田区といった近隣地域と連携しての需要創出に動いている。

4章

GHG吸収への挑戦

温暖化ガスの排出量はどんなに減らしてもゼロにはできない。そこで重要になるのが、既に大気中に放出された温暖化ガスを吸収する技術だ。そういった排出量をマイナスにする手法を組み合わせるのが「ネットゼロ（実質ゼロ）」の考え方だ。

重要度　★★★

032　DAC

大気中のCO$_2$、直接回収　カーボンクレジットに

　ダイレクト・エア・キャプチャー（Direct Air Capture）の略で、大気中から直接、二酸化炭素（CO$_2$）を分離・回収する技術を指す。大気中のCO$_2$濃度は約0.04%。火力発電所の排ガスなどと比べて低く、世界の企業が効率的に収集する素材や技術の開発を進めている。

　DACの技術は複数ある。「化学吸着法」は吸着の機能を持った材料に空気を通した後、加熱や減圧などによって吸着材からCO$_2$を回収する。「膜分離法」は分離膜を通してCO$_2$を集め、「深冷分離法」はCO$_2$を冷却してドライアイスにする。

　DACを活用したビジネスモデルとして、カーボンクレジットを販売する方法が挙げられる。CO$_2$を地下に貯留する技術「CCS」を使い、除去した分をDAC事業者がクレジットに変える。

　米石油・ガス大手であるオキシデンタル・ペトロリアムの傘下企業、ワンポイントファイブは2025年にも米国で年間最大50万トンのCO$_2$を除去できるプラントを稼働させる。全日本空輸（ANA）はワンポイントファイブと、クレジットの購入契約を結んだ。

　現状ではクレジット価格が高い。米カーボンクレジット仲介の

1 はじめの一歩
2 再エネ活用の最前線
3 動き出した新エネ
4 GHG吸収への挑戦
5 カーボンクレジット
6 炭素会計を知る
7 脱炭素経営の新概念
8 世界のGX動向

■CO₂の主な回収手法

種類	特徴	開発企業・大学
化学吸収法	専用の吸収液で空気から分離、加熱して回収	カーボン・エンジニアリング（カナダ）
化学吸着法	空気を吸着材に通し、加熱や減圧などを経て回収	●クライムワークス（スイス） ●グローバルサーモスタット（米国）
膜分離法	分離膜を通す	九州大学・双日
深冷分離法	CO_2を冷却してドライアイスに	名古屋大学・東邦ガスなど

CDR.fyiによると、DAC由来のクレジット平均価格は24年2月初旬時点で、1トンのCO_2当たり約700ドルだ。

　クレジット価格を引き下げるにはCO_2の回収コスト削減が欠かせない。三井物産戦略研究所の岡見篤史プロジェクトマネージャーは「現状では技術革新による大幅なコスト抑制は見通せておらず、大規模化が現実解」と指摘する。

　DACを生かせるビジネスモデルとして、CO_2を燃料や化学品に使う「CCU」もある。水素と混ぜた「合成メタン」を都市ガスの燃料にしたり、プラスチックや合成繊維のもととなるメタノールの原料にしたりする。

　50年にカーボンニュートラルを実現するうえで再生可能エネルギーの利用拡大が欠かせないが、それだけでは達成は難しい。このためDACへの需要が今後膨らむ見通しで、国際エネルギー機関（IEA）は同年に日本の1年間のCO_2総排出量に迫る約10億トン分のDACが必要になると予想している。

重要度 ★★★

033 CCS/CCU

CO_2を回収して埋める/都市ガス・化学品に再利用

　火力発電所や工場の排ガスなどに含まれる二酸化炭素（CO_2）を回収し、地下に埋めるとCCS（Carbon dioxide Capture and Storage）、資源として再利用するとCCU（Carbon dioxide Capture and Utilization）と呼ぶ。合わせてCCUSと表現することもある。

　CO_2の回収は液体の溶剤を使うなど複数の方法がある。CCSの場合、集めたCO_2はパイプラインや船で輸送し、地下1キロメートル以上の深さの岩盤に注入する。うまく埋めるには、ガスを通さない地層が必要となる。

　注入したCO_2は閉じ込められたり、徐々に塩水に溶けたりする。最終的に岩と反応し、鉱物を形成する。「EOR（原油増進回収）」と呼ばれる方法で古い油田にCO_2を注入すれば、油田の寿命を延ばすことができる。

　CCUには回収したCO_2をそのまま使う直接利用と、化学反応をさせて別の物質にする間接利用がある。直接利用の事例が飲料の炭酸やド

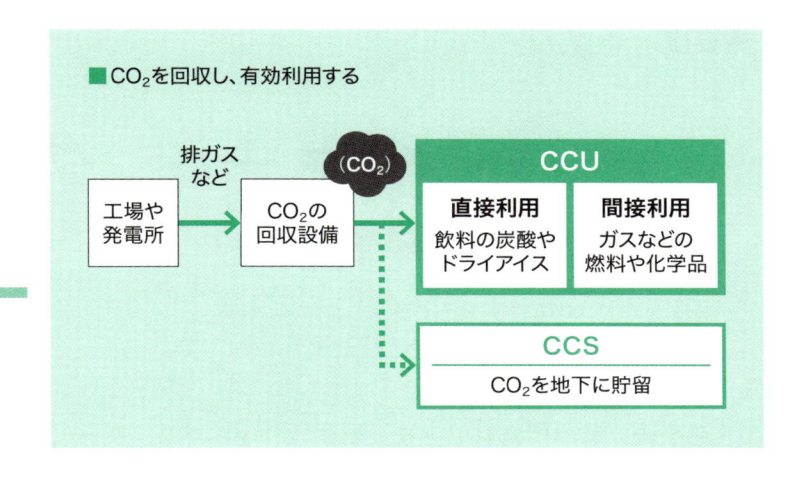

■CO₂を回収し、有効利用する

工場や発電所 → 排ガスなど → CO₂の回収設備 → (CO₂)

CCU

直接利用	間接利用
飲料の炭酸やドライアイス	ガスなどの燃料や化学品

CCS
CO₂を地下に貯留

1 はじめの一歩
2 再エネ活用の最前線
3 動き出した新エネ
4 GHG吸収への挑戦
5 カーボンクレジット
6 炭素会計を知る
7 脱炭素経営の新概念
8 世界のGX動向

ライアイスへの活用だ。

　間接利用では、例えば都市ガスの原料である天然ガスを、CO_2と水素から作る「合成メタン」に置き換える使い方がある。合成メタンは家庭や企業で使われて燃えるときにCO_2を排出するが、もともと回収されたCO_2と相殺される。

　プラスチックや合成繊維など多様な製品の原料となるメタノールを、CO_2から製造することもできる。現在はメタノールの多くが天然ガス由来になっている。住友化学は2023年、CO_2からメタノールを高い効率で製造する実証設備を稼働させた。コスモエネルギーホールディングスはCO_2と藻類を使ってバイオエタノールを製造する事業を検討している。

　カーボンニュートラルに向け、排出されたCO_2の回収や有効利用は欠かせないが、コストの削減が課題となる。CO_2の回収費用に加え、化学反応をさせる水素の製造などの費用も高い。

127

KEYWORD

034　カーボンファーミング
GHG抑制へ　耕さない農業

　大気中の二酸化炭素（CO_2）を土壌に取り込んだり、耕作に伴う温暖化ガス（GHG）の排出を削減したりして、地球温暖化の抑制を目指す農業手法。農地を耕すことで地中の炭素が大気中に放出されるため、耕さない「不耕起栽培」が基本とされる。土壌に貯留する炭素量を増やし、人間の経済活動による大気中へのGHG排出と相殺することを目指す動きもある。

　国連の気候変動に関する政府間パネル（IPCC）によると、人間の活動に伴うGHG総排出量は世界で年520億トン（2007～16年平均、CO_2換算）。このうち農業は11.9%を占める。50年までにネットゼロ（GHG排出実質ゼロ）にする目標などの達成に向け、大気中のCO_2を吸収できる土壌づくりが重要となる。

　従来の農業では農地を耕すことで不要な植物を死滅させ、大量の肥料を投入して作物を栽培しやすくしていたが、同時に地中にある炭素が大気中に放出されることにもつながっていた。カーボンファーミングでは不耕起栽培を軸に、有機肥料の活用などで温暖化につながる化学肥料の使用をできる限り削減する。土壌中への炭素貯留につながるとして、土壌改良材であるバイオ炭の利用も進む。

　カーボンファーミングに注目が集まったきっかけは15年にパリで開催された第21回国連気候変動枠組み条約締約国会議（COP21）でフラ

1 はじめの一歩

2 再エネ活用の最前線

3 動き出した新エネ

4 GHG吸収への挑戦

5 カーボンクレジット

6 炭素会計を知る

7 脱炭素経営の新概念

8 世界のGX動向

■カーボンファーミングの主な分類

- ■ 泥炭地の再湿潤化・回復でGHG排出を回避

- ■ 農業や林業、畜産業を組み合わせるアグロフォレストリー（森林農法）で土壌に炭素を蓄積

- ■ 作物の見直しや草地への転換、有機農業などで土壌の有機炭素量を維持・向上

- ■ 飼料や管理手法を見直し、家畜やふん尿から排出するGHGを削減

- ■ 農地・草地に肥料をまくタイミングや量を見直し、GHG排出量を削減

ンスが提唱した「4パーミルイニシアチブ」。全世界の土壌に貯留される炭素量を毎年0.4%ずつ増やせば、大気中に放出されるGHGを相殺できるとされている。

　欧州議会によると、カーボンファーミングは主に5つに分類される。①泥炭地の再湿潤化・回復、②農業や林業、畜産業を組み合わせるアグロフォレストリー（森林農法）、③土壌の有機炭素量の維持・向上、④家畜やふん尿の管理、⑤農地・草地に肥料をまくタイミングや量の見直し——。これらの施策により、土壌の炭素貯留を促したり、GHG排出を回避・削減したりする。

　カーボンファーミングを対象とするクレジット市場も広がりつつある。欧米では農地貯留のカーボンクレジットを取引する自主市場が生まれ、農家の新たな収入機会創出につながっている。大企業もカーボンファーミングに着目し、米マイクロソフトはアグロフォレストリーやバイオ炭のプロジェクトと契約を締結した。

　一方、カーボンファーミングによる中長期的な収穫量などへの影響はいまだ不透明な部分が大きい。土壌中の炭素量は気候などによって変動することから正確な測定手法が確立されておらず、炭素貯留量が過大に評価されてしまう懸念も残る。

KEYWORD

重要度 ★★★

035 CO₂吸収コンクリート
炭活用など3種、政府が効果算定

二酸化炭素（CO_2）を炭酸カルシウムやバイオ炭として吸収させるなどしたコンクリート。政府は製造方法によって3類型に分け、世界で初めて国内の吸収量に算入した。通常のコンクリートと同程度の強度で、建設大手が舗装材などで利用を広げている。

政府は気候変動に関する国際連合枠組み条約やパリ協定に基づいて、温暖化ガスの排出・吸収量を国連に提出している。環境省は2024年4月、コンクリートの吸収分を3類型（建設大手の計4製品）で計算し、報告した。22年度で約17トンだった。

類型の一つは「製造時CO_2固定型」で鹿島の製品が該当する。まずコンクリートの主原料であるセメントの一部を、水酸化カルシウムなどを原料とする粉末に置き換える。CO_2を注入した空間に固まり始めたコンクリートを置くと、粉末とCO_2が反応して硬化し、固定されたかたちになる。

2つ目の「CO_2由来材料使用型」は、大成建設や大林組が手掛けている。CO_2を原料に炭酸カルシウムをつくり、コンクリート材料の一部として使う。3つ目は樹木やもみ殻などを炭にして混ぜる「バイオ炭使

■CO₂吸収コンクリートの3類型

製造時CO₂固定型

鹿島「CO₂-SUICOM」はコンクリートの主原料となるセメントの一部を、CO₂を吸収する材料に置き換える

CO₂由来材料使用型

大成建設「T-eConcrete/Carbon-Recycle」は排ガスなどから得たCO₂で炭酸カルシウムを製造し、混ぜる

大林組「クリーンクリートN」も炭酸カルシウムを採用。セメント系廃棄物も原料で、廃棄物削減に貢献

バイオ炭使用型

清水建設「SUSMICS-C」は大気のCO₂を吸収した木質バイオマスを使用。難分解性のCO₂として固定

用型」で、清水建設が製品にしている。

　国内では2000年代以降にCO_2吸収コンクリートが開発されてきた。ほとんどの製品が、現場で直接使うことも、工場であらかじめ部材を製作するプレキャスト製品にすることもできる。コンクリートが破壊されても、化学的に分解しない限り、炭素は長期にわたって固定されると見込まれている。

　CO_2を減らすコンクリートのコストは高い。鹿島がCO_2の吸収と併せて、産業副産物などによるセメントの置き換えなどの方法も使ってCO_2排出量を従来の4分の1程度に抑えた製品は、価格が2倍程度となる。

　環境省は普及を後押しするため、知見やデータが整ったコンクリートの吸収量算入を進め、CO_2の排出削減・吸収量を国が認証して売買できるようにする「J-クレジット」化を検討する。国土交通省は、公共工事で環境配慮を目指したコンクリートを使うことによる同省の削減目標を詰めていく。

1 はじめの一歩

2 再エネ活用の最前線

3 動き出した新エネ

4 GHG吸収への挑戦

5 カーボンクレジット

6 炭素会計を知る

7 脱炭素経営の新概念

8 世界のGX動向

重要度 ★★★

036 ブルーカーボン

海藻が光合成　国別吸収量に反映

　昆布やアマモなど海の生態系に取り込まれる炭素を指す。海水に溶け込んでいる二酸化炭素（CO_2）が光合成で吸収され、枯れた後に海底に堆積することで、炭素を長期間貯留する効果を持つ。日本などが国連に報告する温暖化ガスのインベントリ（排出・吸収量）への反映を進めている。

　ブルーカーボンの吸収源には海草藻場やマングローブ林などがあり「ブルーカーボン生態系」と呼ぶ。海草の代表がアマモで、藻場は北海道から九州まで広く分布している。瀬戸内海では約3000年前の層からアマモ由来の炭素が見つかっている。

　ブルーカーボンに対し、森林など陸上の植物が吸収する炭素を「グリーンカーボン」と呼ぶ。日本はインベントリに、森林による温暖化ガスの吸収分を年4000万〜5000万トン計上している。ただ、山火事や伐採が目立つことなどから、ブルーカーボン生態系を充実させる対策への関心が高まっている。

　環境省によると、日本で藻場などを保全・創出する取り組みは2023年12月時点で57カ所ある。北海道増毛町では、日本製鉄が鉄分不足な

■CO₂貯留の主なプロセス

吸収源となる生態系	
海草（うみくさ）藻場	海中で花を咲かせ、種子で繁殖するアマモやスガモ。日本に広く分布
海藻（うみも）藻場	胞子によって繁殖する昆布やワカメなど藻類。岩に固着する
湿地・干潟	ヨシや塩生植物、食物連鎖でつながる生物の遺骸
マングローブ林	成長する樹木と、泥に堆積する枯れた枝や根。鹿児島県以南に分布
CO₂貯留の主なプロセス	
堆積貯留	枯れた海草などが海底に長期間残る
深海貯留	ちぎれた海藻などが流れ藻となって沖合に流れ、深海に沈下
難分解貯留	海草などが長期間分解されない細片となり、藻場外に堆積

（注）環境省などの資料を基に作成

どによる磯焼け解消に鉄鋼スラグを使い、藻場を広げている。神戸市の沖合にある神戸空港島では、護岸を緩やかな石積みにして光が届く面積を確保し、生態系を維持している。

日本は23年、インベントリにマングローブ林による吸収分として2300トンを計上した。24年には世界で初めて海草・海藻の分も反映させ、ブルーカーボン全体で約35万トンを報告した。オーストラリアや米国、マルタはマングローブ林や湿地を中心とするブルーカーボンを算出している。

ブルーカーボンを巡っては、国の認可法人であるジャパンブルーエコノミー技術研究組合が「Jブルークレジット」を認証している。経済産業省は24年4月、日本版のCO₂排出量取引制度「GX-ETS」でブルーカーボン由来のクレジットの利用を認めた。

ブルーカーボンの量はまだ少なく、今後活用を広げていくためには海藻などの大量養殖の技術や、水中ドローンを使う算出技術などの開発が必要になる。

1 はじめの一歩

2 再エネ活用の最前線

3 動き出した新エネ

4 GHG吸収への挑戦

5 カーボンクレジット

6 炭素会計を知る

7 脱炭素経営の新概念

8 世界のGX動向

037

地熱の蒸気、うなるファン
世界最大・北欧DAC施設ルポ

　大気中から二酸化炭素（CO_2）を回収するダイレクト・エア・キャプチャー（DAC）の実用化で先頭集団を走る一社がスイスの新興企業クライムワークスだ。2024年5月に新たな設備を稼働させた。そもそもDAC施設とはどのようなものなのか、現地ルポで解説する。

活火山まで50キロ

　大西洋の北の端に位置するアイスランドは人口40万人ほどの小さな島国だ。5月でも気温は10℃以下。取材中はダウンジャケットが手放せない。首都レイキャビクから車で南東に30分進むと、地熱発電会社オンパワーの施設や、立ち上る白煙のような水蒸気が見えてくる。活火山も約50キロメートルと近い。このヘトリスヘイジ地熱発電所は303メガワットと同国最大の発電能力を持つ。

　さらに一帯を見回すと、稼働を始めたばかりのクライムワークスのDACプラント「マンモス」が目に入る。フル稼働時の回収能力は年3万6000トンに達する。同社の既存施設の9倍だ。近づくと扇風機を一回り大きくしたようなファンが回り、ブーンと重低音を上げている。このファンで空気を集め、特殊なフィルターに通すことでCO_2を捕まえる。長さおよそ10メートル、貨物用と同等の大きさのコンテナにファンが12機並ぶ。

　マンモスはこのコンテナを72個も組み上げる。すぐ近くで21年から稼働し

クライマワークスのDAC施設マンモス。コンテナが「ハ」の字形に設置されている（24年5月、レイキャビク。同社提供）

ている同社のDAC施設「オルカ」のコンテナは8個なので9倍に当たる。24年5月8日時点ではこのうち12個が稼働していた。

クライムワークスのDACはスポンジのような固体の材料に空気を通す化学吸着法でCO_2を回収する。具体的な吸着材についてヤン・ブルツバッハ共同最高経営責任者（CEO）は「アミンで覆った高分子材料だ。使うのは基本的な化学物質だが、どう配合して性能を引き出すかがコア技術だ」と話し、詳細は明かさなかった。

コンテナ1個あたり、年間500トンのCO_2を回収する計画だ。コンテナは仕切りで内部が6列に分かれている。1列がCO_2を満杯に吸い込むまで90分かかる。いっぱいになると空気が入る扉を閉め、蒸気を送って温度を100℃に上げる。

この熱でフィルターに吸着したCO_2を再び離れさせ、CO_2と蒸気をまとめ

1 はじめの一歩
2 再エネ活用の最前線
3 動き出した新エネ
4 GHG吸収への挑戦
5 カーボンクレジット
6 炭素会計を知る
7 脱炭素経営の新概念
8 世界のGX動向

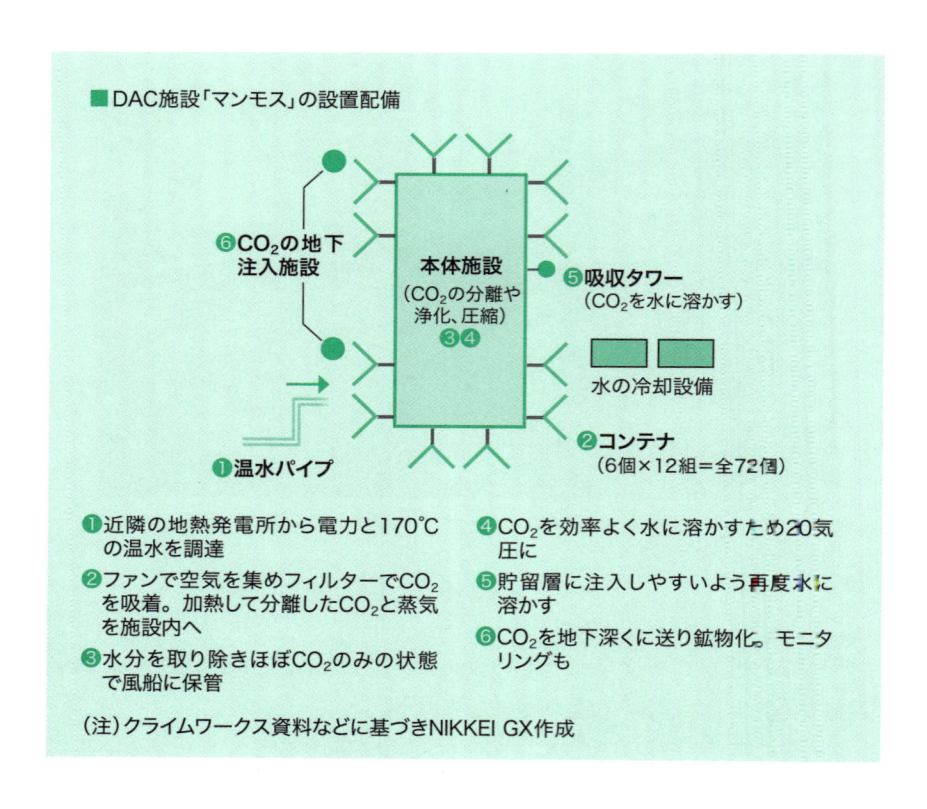

■DAC施設「マンモス」の設置配備

⑥CO₂の地下注入施設

本体施設
（CO₂の分離や浄化、圧縮）
③④

⑤吸収タワー
（CO₂を水に溶かす）

水の冷却設備

①温水パイプ

②コンテナ
（6個×12組＝全72個）

①近隣の地熱発電所から電力と170℃の温水を調達

②ファンで空気を集めフィルターでCO₂を吸着。加熱して分離したCO₂と蒸気を施設内へ

③水分を取り除きほぼCO₂のみの状態で風船に保管

④CO₂を効率よく水に溶かすため20気圧に

⑤貯留層に注入しやすいよう再度水に溶かす

⑥CO₂を地下深くに送り鉱物化。モニタリングも

（注）クライムワークス資料などに基づきNIKKEI GX作成

て施設内部に送り込む。18分ずつずらして列ごとにこの作業をするため、コンテナ1個の中で5列が常に稼働する。これを24時間体制で動かして地下にCO₂を閉じ込めていく。

パイプラインで温水調達

　熱はどこから供給しているのか。施設の奥に目をやるとすぐに分かる。1キロメートルあまりの至近距離にあるオンパワーの地熱発電所から、ジグザク

隣接する地熱発電所から温水パイプで調達

1 はじめの一歩
2 再エネ活用の最前線
3 動き出した新エネ
4 GHG吸収への挑戦
5 カーボンクレジット
6 炭素会計を知る
7 脱炭素経営の新概念
8 世界のGX動向

状のパイプがつながれている。中を通るのは170℃の温水だ。DACに欠かせない電力と熱を、近くから安く豊富に調達できる環境がある。

　マンモスの施設内部に入ると、化学品の製造工場のように銀色の配管が張り巡らされていた。手作りの倉庫のように見えたオルカに比べると、マンモスはまさに工場だ。

　屋内で進むのはCO_2を分離・浄化するプロセスだ。まず温まった状態のCO_2を冷やし、水とCO_2に分ける。集まったCO_2は一度、屋根にぶら下がる巨大風船にためている。

　この風船が2ついっぱいになると1トンだという。「施設内の空気の30倍の量を処理すると、ようやく1トンのCO_2が集まる」（ドゥグラス・チャン最高執行責任者＝COO）。大気中に約0.04%しか含まれないCO_2を回収する苦労が浮かび上がる。

大きな風船にCO_2を一時的にためる

　次にCO_2をコンプレッサーで約20気圧に圧縮する。ファン以上に轟音を出しているのが3機あるコンプレッサーだ。会話ができないほどの音量で、見学時に配られた耳栓はこのためだった。

玄武岩層に貯留、鉱物化

　工程も終盤に近づく。圧縮したCO_2を屋外の「吸収タワー」に送り、再び水に溶かす。ここでの作業は「市販の4倍強力な炭酸水を作るようなもの」（担当者）。地下深くに送るのはこの炭酸水だ。水分を分離したり溶かしたりを繰り返すのは、濃度などを調整するためだ。

　クライムワークスは、DACで回収したCO_2の利用より貯留を重視する。地下貯留ではオンパワーと同じ系列のカーブフィックスと提携する。敷地内に掘った2つの穴から、CO_2が溶けた水を同社が玄武岩層に送る。

岩の間にしみ込む過程でCO_2が反応し、深さ700メートルほどの層で、約2年かけて鉱物になるという。水の化学組成をチェックすることでCO_2が漏れていないか、モニタリングも担う。

マンモスは24年内に残りのコンテナの設置を終え、2〜3年かけてフル稼働を目指す。稼働年数は25年程度を見込む。技術革新が進んでもっと高効率のDAC施設が増え、マンモスを前倒しで閉鎖するのが理想的だという。

吸着材などで日本企業と提携

現地で強く印象に残ったのは恵まれた立地条件だ。クライムワークスはオルカやマンモスを、オンパワーがヘトリスヘイジ地熱発電所に隣接して運営する「ジオサーマルパーク」の敷地内に設けた。電力だけでなく温水、土地を一括契約で安く使える。オンパワーにとっても余った土地を新興企業に貸し、脱炭素を進められるメリットがある。

もう一つは工場のような運営体制だ。マンモスの設備投資費用は数億ドル（数百億円）といい、「収益性を考えるとCO_2を一滴残らず回収したい」（チャンCOO）。マンモスでは、様々な設備のデータを24時間体制で監視する中央管制室も設けた。実稼働時間の延長につなげる狙いだ。

ブルツバッハ共同CEOはNIKKEI GXの取材に、DACの効率を左右する吸着材などで「日本企業と複数の提携をしている。さらに協力関係を築いていきたい」と話した。クライムワークスがマンモスでDACの有用性を示せれば、サプライチェーン（供給網）に食い込む日本企業にも商機が出てきそうだ。

1 はじめの一歩

2 再エネ活用の最前線

3 動き出した新エネ

4 GHG吸収への挑戦

5 カーボンクレジット

6 炭素会計を知る

7 脱炭素経営の新概念

8 世界のGX動向

038

DACコスト、30年300ドルに低下
クライムワークスCEO

大気中から二酸化炭素（CO_2）を回収するダイレクト・エア・キャプチャー（DAC）の普及に向けた最大の課題がコストだ。実用化でトップを走るスイスのクライムワークスはどんな展望を持っているのか。

ヤン・ブルツバッハ共同最高経営責任者（CEO）はNIKKEI GXの取材で、2030年に1トン当たり300ドル（約4.5万円）程度、50年には100ドル程度にできるとの見通しを示した。多くの企業が活用しやすい水準が視野に入ってきた。

クライムワークスは北欧アイスランドで世界最大のDAC施設「マンモス」を24年5月に稼働したのに合わせ、共同CEOを務めるブルツバッハ氏とクリストフ・ゲバルド氏がNIKKEI GXの取材に応じた。

現在の回収コストは「1トン当たり100ドルより1000ドルに近い」（ブルツバッハ氏）。回収量をカーボンクレジットとして販売しても投資や運営費用の回収が難しい状況だ。これを30年に同300ドル、50年に同100〜150ドルに下げる目標を示した。コストの内訳は、初期の設備投資の償却費、エネルギー費、吸着材やその他の資材費がそれぞれ3分の1ずつを占めるという。

コスト低減のカギを握るのが技術の進化だ。21年にアイスランドで稼働した「オルカ」と24年5月稼働のマンモスが使う「第2世代」に対し、30年ごろに同社が「第3世代」と呼ぶ技術を導入する。

クライムワークスのブルバッハ共同CEO（24年5月8日、レイキャビク）

吸着材にブレークスルー

　吸着材を粒状から規則的な構造を持つ形状に変えることなどで、コンテナ1つ当たりのCO_2回収量を年間500トンから1000トン以上に増やせると見込む。新素材はCO_2の吸着が速く、使用するエネルギーも半分近く減らせるという。

　ブルツバッハ氏は、CO_2の回収効率を左右する吸着材のブレークスルーが最重要との見方を示す。そのうえで設備を共通化して量産するモジュール式の採用や、プラントの大規模化も組み合わせることでコスト低減を進める。将来の施設のCO_2回収能力は1年に50万〜100万トンと、最大3万6000トンのマンモスから14〜28倍に増やす構想だ。

　エネルギー効率も改善を急ぐ。DACは空気を集めるファンを回す電力や、

1 はじめの一歩

2 再エネ活用の最前線

3 動き出した新エネ

4 GHG吸収への挑戦

5 カーボンクレジット

6 炭素会計を知る

7 脱炭素経営の新概念

8 世界のGX動向

吸着材に付いたCO_2を再び分離するための熱に多くのエネルギーを使う。再生可能エネルギーが豊富な場所に工場を置くのが原則とはいえ、回収に電力を使いすぎれば大規模化は難しい。

マンモスではエネルギー効率の最適化にまで取り組めていない。熱も電力に換算すると、CO_2の回収1トン当たり5000〜6000キロワット時を要するという。これは業界が想定する2000〜3000キロワット時よりもかなり多い水準だ。将来の施設は省エネ化などの見直しで1500〜2000キロワット時に減らす。

次のプロジェクトで黒字化

こういったコスト削減が順調に進めば「27年以降に始める次の大規模プロジェクトは操業期間の通算で利益が出るように運営する」(ブルツバッハ氏)。この黒字化は、税控除などの公的支援策を活用したうえ、DACに基づく除去クレジットが他の種類のクレジットよりも高く売れることを前提としている。ただ、研究開発投資の先行が続くため、会社全体の営業損益を黒字化するにはさらに時間を要するという。30年以降の第4世代に相当するプラントでは、政府支援に頼らない黒字化を目指す。施設を大規模化して回収量を一気に増やす計画だ。

同社のDAC由来クレジットの購入企業には米マイクロソフトや米ボストン・コンサルティング・グループなどが名を連ねる。クライムワークスによるとマンモスの稼働年数分(約25年)の回収能力の3分の1は既に販売契約済みだ。なお、契約はどの施設で吸収したCO_2をクレジットに充てるかを決めていない。

市場創出、ムチよりもアメ

ゲバルド共同CEOは買い手の確保について「30年までは(企業や個人による)自主的な購入でよいが、30年以降は規制による市場創出が不可欠だ」と話す。企業などをクレジットの購入に誘導する規制を各国政府が導入するこ

1 はじめの一歩

2 再エネ活用の最前線

3 動き出した新エネ

4 GHG吸収への挑戦

5 カーボンクレジット

6 炭素会計を知る

7 脱炭素経営の新概念

8 世界のGX動向

に期待を示した。

　一例として日本やドイツ、米カリフォルニア州などが再エネ普及を促すために導入した固定価格買い取り制度（FIT）を挙げた。企業がDACで除去したCO_2の量に応じて政府から支払いを得ることで、DACの導入が進むだけでなく、製造業などの脱炭素化にもつながり、利点が大きいと主張する。

　CO_2排出量に応じて課税する炭素税のように、大規模排出事業者を罰する発想の仕組みにはゲバルド氏は慎重だ。「投資家は規制が毎年どれほどのキャッシュフローを生むかが分かる制度を好む」と述べた。クライムワークスのようなDAC企業が事業計画を作って資金を集める際には「ムチ」よりも排出削減者に「アメ」を配るアプローチが望ましいとの認識を示した。

最大の課題はエネルギー効率の改善

　脱炭素ビジネスに詳しいKPMG FASの山田和人エグゼクティブディレクターはDACについて「最大の課題はエネルギー効率の改善だ。いま実証段階の技術のうち、いくつかは事業化に進めない可能性もある」と指摘する。アイスランドのような恵まれた立地を除き、世界の多くではDAC由来のCO_2を貯留ではなく利用に回す必要があるとみる。

　クライムワークスのDAC施設は世界最大とはいえ、オルカとマンモスの2つをフル稼働しても回収能力は年4万トン。これを50年には10億トンと、2万5000倍に拡大する目標を掲げる。2人の共同創業者は、研究室でミリグラム・キログラム単位の実験をしていたのを万トン単位に拡大できたことから、今後も桁違いに能力を増やせると楽観的な姿勢を見せた。

　同社は太陽光発電にならってDACのコストを劇的に下げたいという。ただ、同社が注力する地下貯留の場合、回収したCO_2は実質的に使い道がなく、事業を政府などの公的制度に依存しやすくなる。DACの事業性を証明できるか。けん引役ゆえに、懐疑的な視線にも説明を果たしていくクライムワークスの責任は重い。

039

ブルーカーボン、7.8万円
高値でも買う商船三井の計算

海の藻などに二酸化炭素（CO_2）を吸収させて創る「ブルーカーボン」のクレジットは小規模ながら取引事例があり、高値がついている。2022年度分の平均取引価格は1トンあたり7.8万円。活用できる場は限られるにもかかわらず、CO_2の排出削減・吸収量を国が認証して売買できるようにする「J-クレジット」の代表的な種類の20倍以上の水準だ。購入した商船三井などの狙いは何か。

買い手は95社、1年で3倍

ブルーカーボンクレジットの取引状況は、ジャパンブルーエコノミー技術研究組合（JBE、神奈川県横須賀市）がまとめている。JBEは国土交通相が認可した唯一のブルーカーボンクレジット認証機関だ。

22年度分は8プロジェクト合計で184トン分のクレジットについて、JBEが23年1月にかけて購入希望者を公募した。平均取引金額は1トンあたり7万8063円と、1年前の前回取引に比べ7%上昇した。取引量は前回の約3倍。購入者は商船三井など95者で、こちらも3倍になった。

今回のクレジット売買は、応募口数に応じて発行クレジット量を割り当てる「総量配分方式」で実施した。一口は最小で0.1トンとし、この単価はクレジットの保有者（主にプロジェクト実施者）が決める。

個別プロジェクトごとの売買価格は非公表だが、小学校や漁業協同組合な

葉山町の岩場に生える海藻の「カジメ」（23年1月、神奈川県葉山町）＝鹿島提供

どが実施主体となった神戸港（神戸市）での藻場再生事業は、1トンあたり数十万円だったようだ。29者が公募に応じたという。

　これはクレジット価格としては極めて高い水準だ。再生可能エネルギー由来のJ-クレジットは、22年4月の入札の平均取引額が1トン当たり3278円だった。J-クレジットの中でも森林由来は単価が高いが、それでも多くは1万円台だ。

　クレジットとしての「機能」にも差がある。大企業は改正地球温暖化対策推進法（温対法）に基づいて毎年、事業活動に伴う排出量を政府に報告する義務がある。J-クレジットはここで排出量のオフセット（相殺）に使える一方、ブルーカーボンクレジットは使えない。ブルーカーボンは自社の環境報告書などで購入をアピールするといった使い方がメーンだ。

■ブルーカーボンクレジットの売買実績

プロジェクトの主体	実施場所	発行量	主な購入者
神戸市	神戸市	9.3トン	トーカロ、商船三井、フェリシモ、丸紅など15者
榛南地域磯焼け対策推進協議会	静岡県牧之原市など	49.1	東亜建設工業、中部電力、御前崎プラスチックなど26者
静岡県	静岡県御前崎市など	1	東亜建設工業、商船三井、御前崎埠頭など9者
広島市漁業協同組合	広島市	2.4	商船三井など4者
神戸市立浜山小学校など	神戸市	2.1	神戸木材運輸、イオンモール、神戸マツダなど29者
串浦の藻場を未来へ繋げる会など	佐賀県唐津市	41.1	商船三井、JFEエンジニアリングなど5者
大島干潟を育てる会	山口県周南市	32.4	東ソー、エコー、出光興産、トクヤマなど17者
葉山町漁業協同組合	神奈川県葉山町	46.6	鹿島建設、巴商会、自然電力など16者

(出所)JBE。23年1月までの公募分

地域振興など多くの「ベネフィット」

　それでも買うのはなぜなのか。前回に続き大口購入者となった商船三井の担当者は「ブルーカーボンは気候変動の緩和だけでなく、生物多様性の保全や地域社会の振興など多くのコ・ベネフィット（利点）があり重要な存在だ。普及・発展に貢献したい」と説明する。今回は7プロジェクトから計12.7トン分を購入した。

　前回購入した11トン分は、香川県から東京湾まで電動バッテリーと重油で内航船を航行した際に発生したCO_2のオフセットに使ったという。温対法などとは関係なく、あくまで社内での見なし計算という扱いだ。

今回初めてクレジット購入を決めた静岡ガス。静岡県南部における藻場再生事業で創出されたクレジット1.4トン分を買った。地域貢献担当マネジャーの石川麻友子氏は「静岡県内で初のブルーカーボンクレジットであり、我々が購入することが藻場再生事業の活動費につながる」と意義を話す。

　JBEの桑江朝比呂理事長は「生物多様性の確保や地元の自然を守るというストーリー性に付加価値がついていると思う」と話す。JBEは22年、付加価値を検証する実証実験をした。横浜港（横浜市）の藻場作りで創出された19.4トン分を半分に分割。一方は漁獲量の向上や水質改善といった脱炭素以外の効果を経済価値に換算した金額を記載し、もう一方には記載しないかたちで入札にかけた。日本沿岸域学会での講演資料によると、記載なしの方は平均価額が1トン当たり1万6500円だったのに対し、記載ありは20万4803円だったという。

　ブルーカーボンクレジットはまだ総量が少ないため、単価は高くても購入総額は限られるという面もありそうだ。商船三井の場合、平均単価で計算すると今回の合計額は100万円程度にとどまる。

活用場面の拡大も

　今回のクレジット取引は22年度にJBEが認定した21のプロジェクトのうち、8件の売り出しのみにとどまった。事業実施者から「活動資金を確保したい」との声が相次ぎ、準備が整った一部事業を先行して販売したためだ。JBEでは23年4月ごろに第2期の公募を予定している。一部の事業で、昨年度の実証のように環境価値を明示した証書を提供する可能性がある。

　日本は海洋資源に恵まれているだけに、ブルーカーボンを有効活用できれば意味は大きい。現在はクレジットの使い道が限られるが、JBEの桑江氏は「世界で実証事例が蓄積されていけば、重要な吸収源として活用されるようになるはずだ。徐々に下地は整ってきた」と述べ、非政府組織（NGO）の英CDPによる環境調査などでも使用を認められるようになるのではないかとの見方を示した。

1 はじめの一歩
2 再エネ活用の最前線
3 動き出した新エネ
4 GHG吸収への挑戦
5 カーボンクレジット
6 炭素会計を知る
7 脱炭素経営の新概念
8 世界のGX動向

5章

カーボンクレジット

大気中のCO_2を回収するDACを手掛ける企業はどうやって収入を確保するのか。CO_2を減らしたという「環境価値」をカーボンクレジットとして権利化し、企業などに販売するという事業モデルが一般的だ。クレジットを買った企業は、その分、自社の排出量を減らしたとアピールするのに活用する。植林などもCO_2の吸収量を増やすことにつながるため、クレジットの創出手段になる。

ただ、クレジットが本当にCO_2削減につながっているのかという信頼性の問題もある。どういうクレジットをどのように使うのが望ましいのか。武田薬品やアシックスの取り組みは考えるヒントになる。

重要度　★★★

040 カーボンプライシング

CO₂削減へ炭素税や排出量取引

　二酸化炭素（CO₂）排出に値段を付け、企業などの排出量削減につなげる手法を指す。代表的な手法として、政府がCO₂を出す企業に課す炭素税がある。環境に負荷をかける企業が税金を払う仕組みを通じ、新技術導入などの努力を引き出す。欧州を中心に炭素税の導入が進んできた。

　排出量取引も主要な手法の一つだ。あらかじめ個々の企業に排出量の上限を設定し、上限を超えた企業と下回った企業が取引する仕組みなどがある。世界銀行によると、世界の様々なカーボンプライシングの制度でカバーされているCO₂排出量は、世界の排出量全体の23%（2023年3月時点）に相当する。

　日本では炭素税に相当する「地球温暖化対策のための税」が12年に導入され、現在の価格は1トン当たり289円となっている。排出量取引は試行期間を経て、26年に本格導入される。20兆円規模のGX（グリーントランスフォーメーション）経済移行債では、返済財源をカーボン

1 はじめの一歩

2 再エネ活用の最前線

3 動き出した新エネ

4 GHG吸収への挑戦

5 カーボンクレジット

6 炭素会計を知る

7 脱炭素経営の新概念

8 世界のGX動向

■炭素価格の上昇シナリオ

	2030年	40	50
ネットゼロ宣言をした先進国	140	205	250
ネットゼロ宣言をした新興国	90	160	200

（出所）国際エネルギー機関（IEA）。
（注）電力・産業・エネルギー生産のCO_2の1トンあたりの炭素価格。単位はドル。ネットゼロ宣言とは、2050年のCO_2排出量を実質ゼロにするとの約束

プライシングでまかなうことになっている。

　世銀によると、23年3月時点で炭素税が最も高かったのはウルグアイで、1トン当たり155ドルだった。これにスイスの130ドル、スウェーデンの125ドルが続く。欧州や北米が高い一方、アジアの水準は低く、シンガポールは3ドルだった。

　国際エネルギー機関（IEA）は炭素価格の上昇が続くとみている。50年に排出量実質ゼロのシナリオを描く先進国では30年に1トンあたり140ドル、50年には250ドルになると試算した。

　CO_2に価格を設定する動きとして、企業が自主的に値付けして社内の指標に使う社内炭素価格（インターナルカーボンプライシング、ICP）もある。CO_2の排出をコストとみなし、企業が独自に算出する。世界で強まる排出規制をあらかじめ織り込んで、設備投資などの意思決定を進めることに使われている。

KEYWORD

重要度　★★★

041 J-クレジット

省エネや植林でGHG削減、政府が認証

　省エネルギー設備の導入や植林などによる温暖化ガス（GHG）の排出削減・吸収量を日本政府が認証する制度。企業や自治体がプロジェクト単位で制度に登録し、生み出した環境価値を売買する。累計の認証量は過去5年間で2倍になっており、東京証券取引所などで売買が広がっている。

　J-クレジットで認証の対象となるのは、プロジェクトを実施しなかった場合に想定される「ベースライン」排出量と、プロジェクト実施後の排出量の差分。効率の高い生産設備への更新や、太陽光発電設備の導入など70の技術・方法ごとに削減の算定・モニタリング手法が定められている。

　GHGを多く排出する企業は「地球温暖化対策の推進に関する法律（温対法）」で、政府への排出量の報告を義務付けられている。J-クレジットを買えば、報告する量からその分を差し引ける。企業の環境情報開示を評価する英非政府組織CDPによる調査などで、一部のクレジットを活用できることも、購入側の利点となる。

　創出する側には、クレジット売却益を投資費用の回収に充てられる

■J-クレジット創出の対象となる設備・事業の例

分野	方法
省エネルギー	効率の高い生産設備への更新、自家発電機の導入、サーバー設備の更新、EVやPHV導入、共同配送など
再生可能エネルギー	太陽光・風力などの発電設備の導入、再生エネ由来の水素やアンモニア燃料の利用など
農業や森林	家畜排せつ物管理方法の変更、農地でのバイオ炭の活用、食品廃棄物の堆肥化、植林など

などのメリットがある。J-クレジットで登録されたプロジェクトは2024年3月中旬までで累計約1100件となり、認証量は1036万トンと過去5年間で2.2倍になった。

　ボランタリー（民間）カーボンクレジットの中には温対法上の算出に使えなかったり、削減効果を疑問視されたりする例もあり、政府が認めるJ-クレジットに企業の関心が高まっている。排出削減への取り組みやすさには業種によって濃淡があり、政府は30年度の認証量で1500万トンの目標を掲げ、利用を促している。

　J-クレジットの売買は仲介事業者を通した相対取引が中心だった。東証は23年10月、J-クレジットを扱う市場を開設。取引できる登録者は現在285あり、24年6月末の累計売買高は1月末と比べ3.4倍の38万トンとなっている。

　電力取引仲介のenechain（エネチェイン、東京・港）が開く日本気候取引所や、SBIホールディングスとアスエネ（東京・港）が運営するCarbon EX（カーボンイーエックス）などでもJ-クレジットが扱われ、取引が広がっている。

1 はじめの一歩
2 再エネ活用の最前線
3 動き出した新エネ
4 GHG吸収への挑戦
5 カーボンクレジット
6 炭素会計を知る
7 脱炭素経営の新概念
8 世界のGX動向

重要度　★★★

<u>042</u> # パリ協定6条

国連公認の炭素クレジット、品質に期待

　世界全体の温暖化対策を定めたパリ協定の中でも、カーボンクレジットに関する規定を盛り込んだのが6条だ。ボランタリー（民間）クレジットは信頼性の問題が依然として取り沙汰される中、パリ協定に基づくクレジットはいわば国連公認のため、高い信頼性を持つと期待されている。発行が本格化するとクレジット市場全体の需給や価格にも影響を与える可能性がある。

　6条2項は「協力的アプローチ」として、2国間協力に基づくクレジットを規定した。日本を含む各国が実施してきた2国間クレジット制度（JCM）で生まれたクレジットは、一定の条件を満たすと2項に基づくクレジットと認められる。

　クレジットの正式名称は「国際移転緩和成果（Internationally Transferred Mitigation Outcomes）」としており、ITMOs（イトモス）という略称を使うこともある。

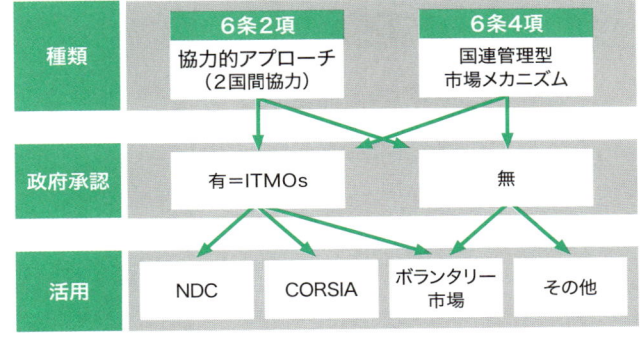

■パリ協定クレジットの種類と活用

種類	6条2項 協力的アプローチ （2国間協力）		6条4項 国連管理型 市場メカニズム	
政府承認	有＝ITMOs		無	
活用	NDC	CORSIA	ボランタリー 市場	その他

(注)環境省資料に基づきNIKKEI GX作成

1 はじめの一歩

2 再エネ活用の最前線

3 動き出した新エネ

4 GHG吸収への挑戦

5 カーボンクレジット

6 炭素会計を知る

7 脱炭素経営の新概念

8 世界のGX動向

6条4項は「国連管理型市場メカニズム」のルールを定めた。京都議定書におけるクリーン開発メカニズム（CDM）に近いもので、パリ協定締約国会合の指定機関が監督する。CDMに基づくクレジットの一部は4項に基づくクレジットと認められる。

6条に基づくクレジットは様々な使い道がある。各国政府は、自国の排出削減目標（NDC）の達成に向けて温暖化ガス排出量を相殺できる。航空会社が「国際民間航空のためのカーボンオフセットおよび削減スキーム（CORSIA）」で使えるほか、他の事業会社も活用できる。

JCMからの移管による6条クレジットの発行は始まっている。2024年11月にアゼルバイジャンで開いた第29回国連気候変動枠組み条約締約国会議（COP29）が基本的なルールで合意したこともあり、今後、取引が増える見通しだ。ただ、4項については未定の部分もあり、本格化にはなお時間がかかる。

KEYWORD

重要度 ★★★

043 オフセット

CO_2を相殺、制度ごとに算入ルール

　企業が二酸化炭素（CO_2）など、温暖化ガスの排出を他者の削減活動で埋め合わせること。カーボンクレジットを購入して相殺することが多い。企業は政府や国際団体がつくる様々な制度に沿って排出量を計算しており、制度によって使えるクレジットの種類など算入ルールが異なる。

　温暖化ガスを一定量以上出す日本企業は、地球温暖化対策の推進に関する法律（温対法）に合わせて政府に排出量を報告する義務がある。政府認証のクレジットを一定の条件の下で活用できる。省エネや植林などによる排出削減・吸収量を基に創出するJ-クレジットと、途上国への技術移転などで生み出す2国間クレジット制度（JCM）だ。

　トヨタ自動車や日本製鉄などが参加する日本版排出量取引のGX-ETSでも、J-クレジットと2国間クレジットで埋め合わせできる。

　GX-ETSでは、海外の民間認証機関などが認定するボランタリークレジットも使える。ただ、沿岸ブルーカーボンなど4種類に限るうえ、

1 はじめの一歩

2 再エネ活用の最前線

3 動き出した新エネ

4 GHG吸収への挑戦

5 カーボンクレジット

6 炭素会計を知る

7 脱炭素経営の新概念

8 世界のGX動向

クレジットが創出される場所を国内優先などと定めた。

　ボランタリークレジットは、温対法では活用できず、企業による任意の情報開示や環境配慮をPRする広告で使われることが多くなっている。

　環境情報を開示する国際的な枠組みの一つ、ISO14068ではボランタリークレジットによるオフセットが認められている。クレジットの基準について「（創出元の）活動の実態があること」「発行年は5年以内」などとした。ヤマト運輸のサービスが初の認定例となっている。

　パリ協定に沿った企業の削減目標を評価する国際団体SBTiは、クレジットを原則認めていない。SBTiの認定を受けたアシックスはパリ五輪で提供したウエアに由来するCO_2排出量を上回るクレジットを購入したが、相殺に使わなかった。

　自助努力による排出削減とクレジットでの相殺をどう進めるか、企業の判断が重要になっている。

重要度　★★★

044　CORSIA
航空由来CO_2削減スキーム、クレジット活用

　「国際民間航空のためのカーボンオフセットおよび削減スキーム（Carbon Offsetting and Reduction Scheme for International Aviation）」の略称でコルシアと読む。国連の専門組織、国際民間航空機関（ICAO）が2016年の総会で採択した。国際便に由来する世界全体の二酸化炭素（CO_2）排出量を、24年以降は19年実績の85%まで引き下げる目標を掲げる。

　航空分野でのCO_2の削減には、大きく4つの手段がある。①省エネ性能の高い新型航空機の導入②運航方式の改善③持続可能な航空燃料（SAF）の活用④カーボンクレジット活用によるオフセット（相殺）だ。CORSIAはこのうち、SAFとクレジットの活用についてのルールをまとめたものだ。

　35年までの期間を3つのフェーズに区切って段階的に規制を本格化する。21年から23年は「パイロットフェーズ（試行期間）」。削減基準（ベースライン）は19年の排出実績の100%とした。19年実績を超えた場合はクレジットを使ったオフセットが求められる。

■CORSIA枠組みへの参加国は年々拡大する

2021〜23年 パイロットフェーズ 【19年実績が基準】	自発的参加（21年88カ国、22年107カ国、23年115カ国）。日本も参加

2024〜26年 フェーズ1 【19年の85%が基準】	自発的参加（24年125カ国）

2027〜35年 フェーズ2 【19年の85%が基準】	小規模排出国、後発開発途上国など一部を除く全国連加盟国が参加。中印も参加

　ここで使えるクレジットの種類はICAOが決める。高い信頼性が要求され、フェーズ1での使用が認められたクレジットはまだごくわずかだ。

　21年や22年は新型コロナウイルス禍の影響で世界の航空需要が急減し、各国の航空会社にオフセット義務は発生しなかったようだ。

　24年から26年までが「フェーズ1」。削減基準が19年実績の85%と強化される。ここまでは任意参加だ。27年以降の「フェーズ2」になると一部の例外を除くすべてのICAO加盟国に参加義務が発生する。

　21年は88だった参加国が22年は107カ国、23年に115カ国、24年に125カ国と年々増える。中国やインドは27年から参加する見込みだ。

　世界の航空需要は40年まで年率3%程度で右肩上がりに高まると、国際航空運送協会（IATA）は予測する。アジアや中東だけでなく欧米でも長期的には航空需要が拡大すると見込んでおり、CO_2排出量も増える見通しだ。19年比85%という削減基準を突破するのは時間の問題で、カーボンオフセットの活用は不可欠となる。

1 はじめの一歩
2 再エネ活用の最前線
3 動き出した新エネ
4 GHG吸収への挑戦
5 カーボンクレジット
6 炭素会計を知る
7 脱炭素経営の新概念
8 世界のGX動向

159

KEYWORD

045　ICVCM・VCMI
クレジットの信頼性基準定める国際団体

　いずれもカーボンクレジットの信頼性を高めるために発足し、独自基準を設定した国際団体だ。基準を満たすものには認証ラベルを発行する。ICVCMはクレジットの創出プロセスに焦点を定めるのに対し、VCMIはクレジットの使い方が対象だ。

　ICVCMはThe Integrity Council for the Voluntary Carbon Marketの略称だ。元イングランド銀行総裁のマーク・カーニー氏らが、ボランタリー（民間）クレジット市場の拡大を目指して2020年に設立したTaskforce on Scaling Voluntary Carbon Markets（TSVCM）の傘下組織。21年に設立された。

　ホームページでは資金の提供者として、米アマゾン・ドット・コムの創業者によるベゾス・アース・ファンドや、英チルドレンズ・インベストメント・ファンド財団（CIFF）が紹介されている。会長（Chair）のアネット・ナザレス氏は米証券取引委員会（SEC）などで勤務経験がある人物だ。

　信頼性が高いクレジットとはどのようなものか、基本的な考え方を「コアカーボン原則（Core Carbon Principles、CCP）」として10項目で整理。この考え方に適合しているかどうかを2段階で判断する。

1 はじめの一歩

2 再エネ活用の最前線

3 動き出した新エネ

4 GHG吸収への挑戦

5 カーボンクレジット

6 炭素会計を知る

7 脱炭素経営の新概念

8 世界のGX動向

■ICVCMのコアカーボン原則（CCP）

ガバナンス	排出量へのインパクト
1. 効果的なガバナンス	5. 追加性
2. 追跡可能性	6. 永続性
3. 透明性	7. 確実な排出量削減と吸収量定量化
4. 独立した第三者による検証・監査	8. 二重計上の禁止

持続可能な開発
9. 持続可能な開発の影響と保全措置
10. ネットゼロ移行への貢献

　一つはクレジットの認証機関を対象にするもので「プログラムレベル」の評価と呼ばれる。2つ目は温暖化ガス（GHG）を削減する具体的な手法を対象とする「カテゴリーレベル」の評価だ。CCPの承認を受けたクレジット認証機関が、CCPの承認を受けた手法で創出されたクレジットを認証した場合に、信頼性が高いと判断される。

　VCMIはVoluntary Carbon Markets Integrity Initiativeの略称で21年に発足した。英ビジネス・エネルギー・産業戦略省などが出資。企業などがクレジットを適切に扱っているかなどを認証する基準を「Claims Code of Practice」としてまとめた。GHG削減をクレジットに依存すると、自社の排出量削減努力を怠ることにつながりかねないという問題意識が根底にある。

　評価対象となる企業は、意欲的な中長期の排出削減計画を自ら設定し、毎年の排出量が計画に沿っていることが前提となる。そのうえで、足元の排出量に対してどの程度のクレジットを購入・償却したかによって3段階のラベルを用意した。ただ、クレジットの償却は排出量を相殺（オフセット）したとはみなさないとしている。

046

クレジット信頼性ラベル始動
米国産4割、ICVCMの思惑は

ボランタリー（民間）カーボンクレジットの信頼性確保に向けた新たな仕組みが運用段階に入った。国際団体ICVCMが独自基準に適合するクレジットに承認ラベルを発行する取り組みについて、山田和人・KPMG FASエグゼクティブディレクターが解説する。

ICVCMは2024年6月にクレジットを創出する方法論としてまず2種類を承認した。承認対象を分析すると、米国産のクレジットが多く含まれていることが分かった。米国政府を巻き込みたいICVCMの思惑を反映している可能性がある。

2種類の方法論を承認

ICVCMは信頼性の高いクレジットの評価枠組みとして、10項目から成る「コアカーボン原則（Core Carbon Principles、CCP）」を23年に策定した。クレジット認証機関と、クレジット創出の方法論をそれぞれ評価し、いずれもCCPに適合していると認めれば信頼性ラベルを発行する。

認証機関に対する承認は「プログラムレベル」と呼び、まず24年4月にスイスのゴールドスタンダードなど3機関にラベルを認めた。今回は「カテゴリーレベル」として方法論に対して初の承認を出した。「埋立処分場からのメタンガス回収プロジェクト」と「オゾン層破壊物質（ODS）の破壊プロジェクト」の2種類だ。

■CCP適格ラベル第1弾の概要

クレジット創出の方法論（カテゴリー）	認証機関（プログラム）	推定クレジット量	実施国
オゾン層破壊物質の破壊	ACR、CAR	1200万t	米国、カナダ、フランス、タイ
埋立処分場からのメタンガス回収	ゴールドスタンダード、ベラ、ACR、CAR	1500万t	米国、中国、ブラジル、南アフリカ、エクアドル、トルコ、タイ、チリ、ガーナ

（注）ICVCM資料、KPMG FASの分析に基づきNIKKEI GX作成

　ラベルを得た認証機関がラベルを得た方法論に基づいて認証したクレジットは、ICVCMが信頼性を認めたことになる。今回の承認により2700万トンのボランタリーカーボンクレジットに適格ラベルが付与されたとICVCMは説明している。

CDMと同じ滑り出し

　今回承認した2種類は、非常に費用対効果が良い手法だ。メタンガスの温暖化係数は二酸化炭素（CO_2）の約25倍、オゾン層破壊物質は1万倍以上だ。再生可能エネルギー導入や省エネ推進などによりCO_2を削減するプロジェクトに比べ、メタンガス回収やODS破壊プロジェクトは大量のカーボンクレジットを得やすい。

　京都議定書時代のクリーン開発メカニズム（CDM）の黎明期、実は国連も全く同じ決定をしていた。03年7月の第10回CDM理事会において、世界初のカーボンクレジットを生むプロジェクト候補として、フロンガスの一種であるHFC23の破壊と、埋立処分場からのメタンガス回収の方法論が承認されたのだ。

　投資効率を重視した結果、初期のCDMで生成されたカーボンクレジットの大半は、HFC23の破壊、メタン回収、亜酸化窒素回収など、非CO_2系の費

1 はじめの一歩

2 再エネ活用の最前線

3 動き出した新エネ

4 GHG吸収への挑戦

5 カーボンクレジット

6 炭素会計を知る

7 脱炭素経営の新概念

8 世界のGX動向

用対効果が良いプロジェクト由来のものになった。しかし、最も大量に存在しているGHGはCO_2であり、国連の気候変動に関する政府間パネル（IPCC）にも示されているとおり、CO_2削減こそ温暖化対策の本丸である。ICVCMもCDM理事会と同じ道をたどるのか、異なる道を歩むのか、次の公表を待って考察したい。

マーク・カーニー氏の意向反映か

　実際に適格ラベルを認められたカーボンクレジットの詳細を独自に調べてみたところ、排出削減プロジェクトの実施国を見て驚いた。ODS破壊とメタン回収ともに米国が多かった。6月末までに手元の集計で確認できただけで、件数ベースで全体の37%を米国が占め、国別では最多だった。

　例えば、メタン回収プロジェクトは米国では10を超える州で実施され、10万トン以上の適格ラベル付きクレジットが発行済みだ。CCPでは様々な場面で先住民族や地域コミュニティー（IP&LC）、生物多様性などの重視を強調している。また、一定の経済水準以上の地域で実施されたプロジェクトは対象にならないという趣旨の記述もある。そのため、米国のプロジェクトが最も多く適格クレジットとして承認されるという事態は想定していなかった。

　ICVCMの方法論承認の数日前である5月末、米政府は「自主的カーボン・マーケットに関する共同政策声明」を公表していた。イエレン財務長官やグランホルム・エネルギー長官など政府要人の連名で、同声明に対する米国の狙いと、その「本気度」がうかがえる。

　これを受けてICVCMの仕掛け人であるマーク・カーニー氏など欧米有力者の3人が連名で米国の参加を歓迎し、世界的な政策協調の必要性を訴える書簡を公表した。米国政府の原則を基盤とし、統一基準としてICVCMを用いるべきであるとしたのだ。

　カーニー氏は当初、欧州主導の流れを作っていたが、バイデン政権誕生後、米国を引き込む方向に変わっていった。カーニー氏の意向が、米国で生成さ

1 はじめの一歩

2 再エネ活用の最前線

3 動き出した新エネ

4 GHG吸収への挑戦

5 カーボンクレジット

6 炭素会計を知る

7 脱炭素経営の新概念

8 世界のGX動向

れる多くのクレジットにCCP適格ラベルを与えた今回の選定結果に反映されたのではないか。今後はCO_2を大気から直接回収するDACや農業分野など「米国が進めたいものの、商業ベースにはのりにくいプロジェクトのCCP適格ラベル化」が一層進む可能性もある。

価格に大きな変動はなし

CCPラベルが付与されたクレジットは価格が上昇し、市場では徐々に価格の二極化が進む可能性もあると考えていた。ただ、ICVCMの発表から3週間たった時点では、世界のクレジット価格に大きな変動は出ていない。

要因の一つとして、クレジットの信頼性が問われるきっかけとなった、途上国の森林由来のREDD＋（レッドプラス）のプロジェクトが今回の承認対象にならなかったことがありそうだ。REDD＋のクレジット価格は相対的に低いため、今後、適格ラベルが付与され信頼性が確保されれば価格上昇の端緒となる可能性がある。

承認された2種類とも、森林プロジェクトと比べるとモニタリングが容易であることも価格変動につながらなかった要因として挙げられる。もともと信頼性の問題が少なかったため、クレジット市場でのサプライズにつながらなかったのだろう。

今後の注目点はREDD＋のほか、大気中のCO_2を直接回収・貯留するDACCSや、バイオマス発電設備からのCO_2を回収・貯留するBECCSなどの方法論が承認されるかどうかだ。ICVCMはCCPの中で、脱炭素以外の要素も勘案するとしている。特に重視するのが先述のIP&LCへの貢献で、REDD＋はこの意味で不可欠のカテゴリーだ。

やまだ・かずひと　30年超にわたりコンサルティング大手で気候変動対策に関する業務に従事。国連気候変動枠組条約CDM（クリーン開発メカニズム）理事会の小規模CDMワーキンググループ委員など歴任。専門は地球温暖化・気候変動の緩和策および水質、土壌などをはじめとする環境問題全般。2022年KPMG FAS入社、エグゼクティブディレクター。

047

パリ2024は「環境五輪」
アシックス、CO$_2$削減＋クレジット

2024年のパリ五輪は、二酸化炭素（CO$_2$）排出半減など環境面で意欲的な目標を掲げた。日本とオーストラリアの選手団にウエアなどを提供したアシックスはこの方針に賛同。ウエアに由来するCO$_2$の削減に加え、カーボンクレジットを購入した。ただ、クレジットはCO$_2$の相殺には使わず、あくまで環境への貢献と位置付けたのが特徴だ。

ロンドン・リオの半分が目標

「パリ2024は、近代史上最も炭素排出量の少ないオリンピックとパラリンピックを開催するという野心を持っています」。フランスの環境エネルギー管理庁（ADEME）は24年6月、このようなコメントを発表した。

パリ五輪組織委員会によると、12年のロンドン五輪と16年リオ五輪の排出量は平均で350万トン。今回はこの半減を目指す。競技場の新設を最低限に抑え、フランス国内の移動ではなるべく低炭素な手段を使うよう関係者に呼びかけている。このほか、森林再生プロジェクトなどへの資金提供による排出量のオフセット（相殺）も活用する。

かつて公式サイトに掲載していた「クライメット・ポジティブ」や「カーボンニュートラル」といった言葉がいまでは見当たらないのは、こういった表現の使用に慎重になっている欧州の状況を反映したようだ。環境負荷の抑制に意欲的に取り組む姿勢は変わっていないとみられる。

1 はじめの一歩

2 再エネ活用の最前線

3 動き出した新エネ

4 GHG吸収への挑戦

5 カーボンクレジット

6 炭素会計を知る

7 脱炭素経営の新概念

8 世界のGX動向

五輪マークが設置されたエッフェル塔（写真＝Jumeau Alexis/ABACA via ロイター）

軽量化などで34%排出削減

　アシックスは「CO_2排出量が世界最小」とするスニーカーを発表するなど、これまでも低炭素製品作りを手掛けてきた。今回はシューズに加えてウエアでも初めてCO_2排出量を計測。これを上回る量のクレジットを購入した。

　アシックスは日本とオーストラリアの選手団にウエアやシューズなどを提供した。このうち、日本の選手団に提供したジャケットやパンツなど全12種類と、オーストラリアの選手団が表彰式で使うウエアなど3種の延べ15種類のCO_2排出量を計算したところ、合計122トンだった。

　1人分では日本選手団が用いるトップスとボトムスの場合で計14.3キログラム。東京大会の際に比べ34%削減したという。軽量化を進めたほか、材料に使うリサイクル素材を増やし、工場の再生可能エネルギー導入比率を引き

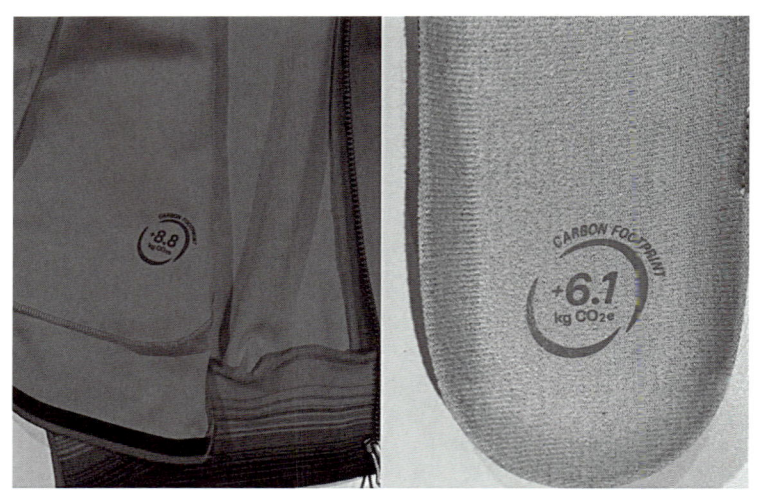

アシックスは選手団に提供したウエアなどにCO_2排出量を表示

上げた。

ブルーカーボンクレジット購入、相殺はせず

　クレジットはアスエネ（東京・港）とSBIホールディングスが運営する私設市場「Carbon EX」を通じて200トン分を購入した。種類は、パキスタンでのマングローブの植樹や再生・回復を進めるプロジェクトに由来するブルーカーボンクレジット「デルタ・ブルー・カーボン」だ。最低購入量が200トンだったという。

　クレジットは品質重視で選んだ。4つほど残った最終候補から、期待される炭素の貯留期間が長く、吸収率も高いという理由で決めた。1トン当たりの単価は1万円弱。

　クレジットで実際の排出量から相殺する企業もあるが、アシックスは「計

測対象のウエアの排出量はあくまで122トンで変わらない。クレジット購入は環境への貢献」（サステナビリティ部の新屋みなみ氏）という立場だ。科学と整合する温暖化ガス削減目標の設定を推奨する国際団体「SBTi」から認定を受けているため、クレジットによる相殺を原則として認めないSBTiの考え方に従った。

　アシックスとカーボンクレジットの関わりでは、保険事業などを手掛ける子会社アシックス・プレイシュアで6トン程度の購入実績があるという。スポーツ保険にJ-クレジットを付帯して提供した。この際もCO_2排出量から相殺していない。

クレジット使用、共通ルールはなし

　クレジットの使い方に対する共通ルールはまだない。例えばヤマト運輸の「カーボンニュートラル配送」は国際規格「ISO14068」に準拠して情報開示を進めつつ、排出量を相殺している。ただ、この場合も相殺をアピールできるのは消費者や取引先などが対象だ。

　地球温暖化対策の推進に関する法律（温対法）に基づく政府報告では、今回同社が使ったボランタリークレジットによる相殺はできない。J-クレジットなどは使えるが、相殺前の「基礎排出量」と相殺後の「調整後排出量」両方の報告が求められる。

　また、SBTiはクレジット原則禁止の考え方を変更する可能性を示している。企業は今後、自らの判断が重要になってくる。アシックスでクレジットの購入などを担当した新屋氏は、パリ五輪以降にクレジットを購入する具体的な計画はないとしたうえで「カーボンクレジットの扱い方に関するポリシーを策定する必要がある」と話した。

1　はじめの一歩

2　再エネ活用の最前線

3　動き出した新エネ

4　GHG吸収への挑戦

5　カーボンクレジット

6　炭素会計を知る

7　脱炭素経営の新概念

8　世界のGX動向

048

クレジットの優良な使い手とは VCMI幹部に聞く新基準

　カーボンクレジットの優良な使い手を認証する国際団体VCMIが、第4の認証基準の準備を進めている。公表済みの3つの基準とは違い、温暖化ガス（GHG）の排出削減ペースが自社目標に達していない企業でも利用できるのが特徴だ。新基準を作る狙いや具体的な考え方について、2024年8月にVCMIのリディア・シェルドレイク政策・パートナーシップ部長に聞いた。

第4の基準「スコープ3柔軟性クレーム」

──第4の基準「スコープ3柔軟性クレーム（以下、スコープ3クレーム）」をつくる狙いは。

　「VCMIは23年11月に『Claims Code of Practice（CCP）』の最終版をまとめ、クレジットを使う企業を評価するための3つの基準『プラチナ』『ゴールド』『シルバー』を公表した。また、第4の基準となる『スコープ3クレーム』を開発する方針もここで示している。この成果に対しては英国政府が支持を表明。米国政府も24年5月にクレジット使用の原則を発表した際、ICVCMとVCMIに言及した」

　「我々が目指すのは国際的に認知される、信頼性が高い評価基準の作成だ。既に多くの企業がクレジットを活用しているが、メディアなどの監視の目を気にするあまり口に出していない。VCMIの認証を得ることで企業は自信を持ってクレジットの利用を説明できる。第4の基準ができればより多くの企業

がVCMIの枠組みを使えるようになる」

「スコープ3クレームは、企業がより大きな行動に踏み出すことを可能にする。また、信頼性が高いクレジット市場の活用を後押しし、GHGの削減や除去に取り組むプロジェクトに資金を供給することにつながる」

目標未達の企業が対象

──なぜスコープ3に特化しているのですか。

「多くの企業が、削減目標の達成に向けた軌道から外れているからだ。排出量自体を減らす直接的な努力を優先しつつも（クレジットの売買に代表される）炭素市場をツールとして使うことで、排出削減に向けた行動を企業に促す必要がある」

──スコープ3クレームは削減目標が未達でも利用できるとのことですが、具体的にどのような場合が対象になるのでしょう。

「既存の3つの基準と同様に、科学に基づいたGHG削減目標を公表していることが前提になる。自社目標に向けて順調に排出量を減らすには、25年のスコープ3は85トンに抑える必要があるA社が、実際には95トン排出してしまったケースで考えてみよう」

「スコープ3クレームは、目標の未達幅に相当する量のクレジットを購入して償却（retire）した企業を対象とする。ただ、使用できるのは当該年のスコープ3排出量の50％までという制限がある。A社の場合は95トンの半分の47.5トンが上限となるが、未達幅は10トンなので、適格となる」

「一方、A社と同じ排出削減目標を持つB社が、25年に実際には175トン排出したとする。この場合にクレジットを使える上限は87.5トン。未達幅は175トンから85トンを引いた90トンなので、クレジットでは補いきれない。B社は認証を受けられない」

1 はじめの一歩
2 再エネ活用の最前線
3 動き出した新エネ
4 GHG吸収への挑戦
5 カーボンクレジット
6 炭素会計を知る
7 脱炭素経営の新概念
8 世界のGX動向

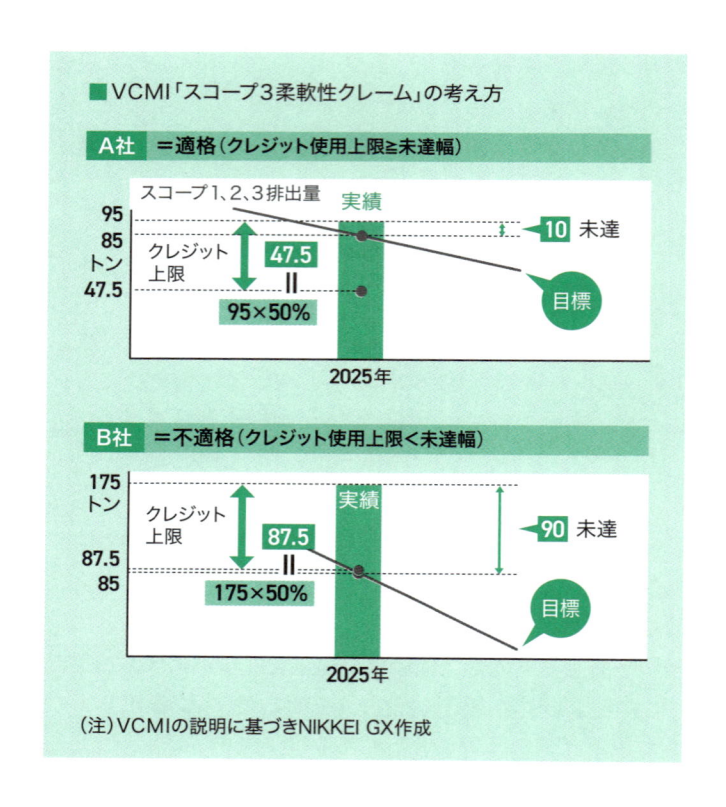

■VCMI「スコープ3柔軟性クレーム」の考え方

A社 ＝適格（クレジット使用上限≧未達幅）

スコープ1、2、3排出量　実績
95
85
トン
47.5
クレジット上限　47.5　＝　95×50%　10 未達　目標
2025年

B社 ＝不適格（クレジット使用上限＜未達幅）

175
トン
クレジット上限　実績
87.5　＝　175×50%
85
90 未達　目標
2025年

（注）VCMIの説明に基づきNIKKEI GX作成

排出量の相殺ではない

──スコープ3目標の未達にクレジットで対応することを否定的にみる向きもあります。

　「スコープ3クレームも『ガードレール』を設けている。未達を補うのにクレジットを使うのは、使い始めて10年または35年までのいずれか早い方を期限とした。しかも、使用量は毎年減らすよう求めている。あくまで『プラチナ』など3基準に到達するための橋渡しという位置付けだ」

1 はじめの一歩

2 再エネ活用の最前線

3 動き出した新エネ

4 GHG吸収への挑戦

5 カーボンクレジット

6 炭素会計を知る

7 脱炭素経営の新概念

8 世界のGX動向

──クレジットを使う（use）という表現は、排出量の相殺（offset）とは違う意味だという理解で正しいですか。

「そのとおりだ。使用は、目標への未達幅と同量の高品質なクレジットを償却することを意味する。脱炭素戦略の代替になるものではなく、追加的に使うものだ」

──スコープ3クレームについて9月から意見公募を始めます。

「これまでも多くの専門家やステークホルダーの声を聞いて開発してきた。今回、我々の改善作業により方法論が実質的に変わったため、改めて意見を募集する。要求事項や開発事項が明確で効果的であり、透明性がさらに強化されることを確認する」

「具体的なトピックスとしては、方法論のほか、見せかけの環境対応『グリーンウォッシュ』を防ぐための措置などがある。24年末までに基準の草案を完成させ、25年から認証を始める計画だ」

既存基準は目標達成＋クレジット購入が対象

──既存の3基準についても具体的な計算方法を説明してください。

「これらはスコープ1、2、3の排出量が自社の削減目標をクリアしている企業向けのものだ。25年の排出目標が200トンで、実際には190トンに抑えたC社のケースで考える」

「C社は自社目標をクリアしたとはいえ、最終的には排出量を実質ゼロにすることを目指している以上、25年時点ではまだ減らし切れていないと言える。190トンを『残留排出量（remaining emissions）』ととらえ、この量に応じてクレジットを購入・償却した企業が認証対象となる」

「3つの基準のどれに該当するかは、クレジットの量によって決まる。例えば『シルバー』は残留排出量の10％以上50％未満と規定している。C社の場合は19トン以上95トン未満のクレジットを使った場合に対象になる」

認証獲得は2社

——3つの基準については23年11月に公表してから、24年夏までに認証を得た企業がまだ少数にとどまっています。

「現時点で認証を得たのは米ベイン・アンド・カンパニーとブラジルのナチュラ・コスメティコスの2社だ。VCMIの認証は排出削減目標ではなく排出実績に基づくため、どうしても時間がかかる」

「企業の関心は高く、23年には12〜13社が『アーリーアダプター』として（基準を作る）私たちの活動に加わった。24年に入ってから実施したウェビナーには300〜400社が参加している」

——認証を得る企業が増えてくる時期はいつごろになりそうでしょう。

「今後6〜12カ月ぐらいだとみている。既に多くの企業が基準への適格申請をする準備ができている。革新的な企業数社が一歩踏み出し、VCMI認証を得ることが事業にいい影響をもたらすと示せば、後に続く企業が出てくるだろう」

——日本企業の反応は。

「今回、来日を機に複数の企業とミーティングをした。気候変動対策で先進的な取り組みをしている企業もあるので、VCMIの認証も率先して活用してほしい」

> **Lydia Sheldrake** 英国政府で5年間、気候変動や貿易を担当したほか、VCMIへの出資者の一つである英チルドレン・インベストメント・ファンド財団（CIFF）で企業の気候変動対策の水準を引き上げるプログラムなどについて助言。23年1月からVCMIの政策・パートナーシップ部長。英オックスフォード大修士（気候変動とマネジメント）。

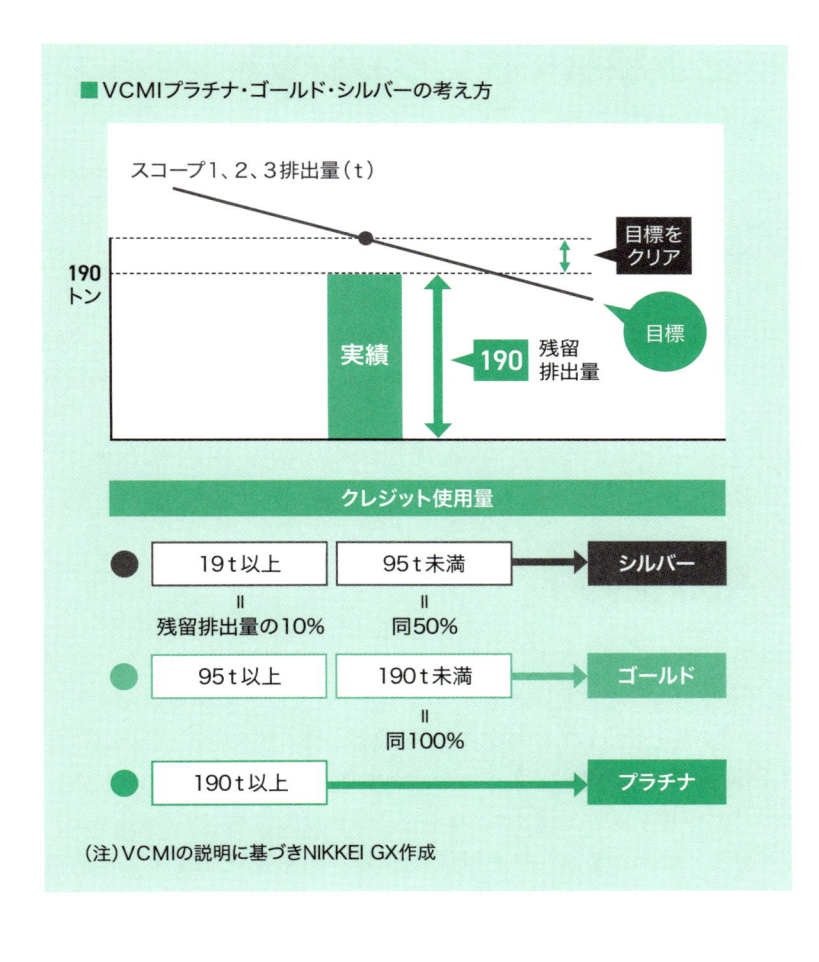

■VCMIプラチナ・ゴールド・シルバーの考え方

スコープ1、2、3排出量（t）

目標を
クリア

190
トン

実績　　190　残留
　　　　　　　排出量

目標

クレジット使用量

●	19t以上	95t未満	→ シルバー
	＝残留排出量の10%	＝同50%	
●	95t以上	190t未満	→ ゴールド
		＝同100%	
●	190t以上		→ プラチナ

（注）VCMIの説明に基づきNIKKEI GX作成

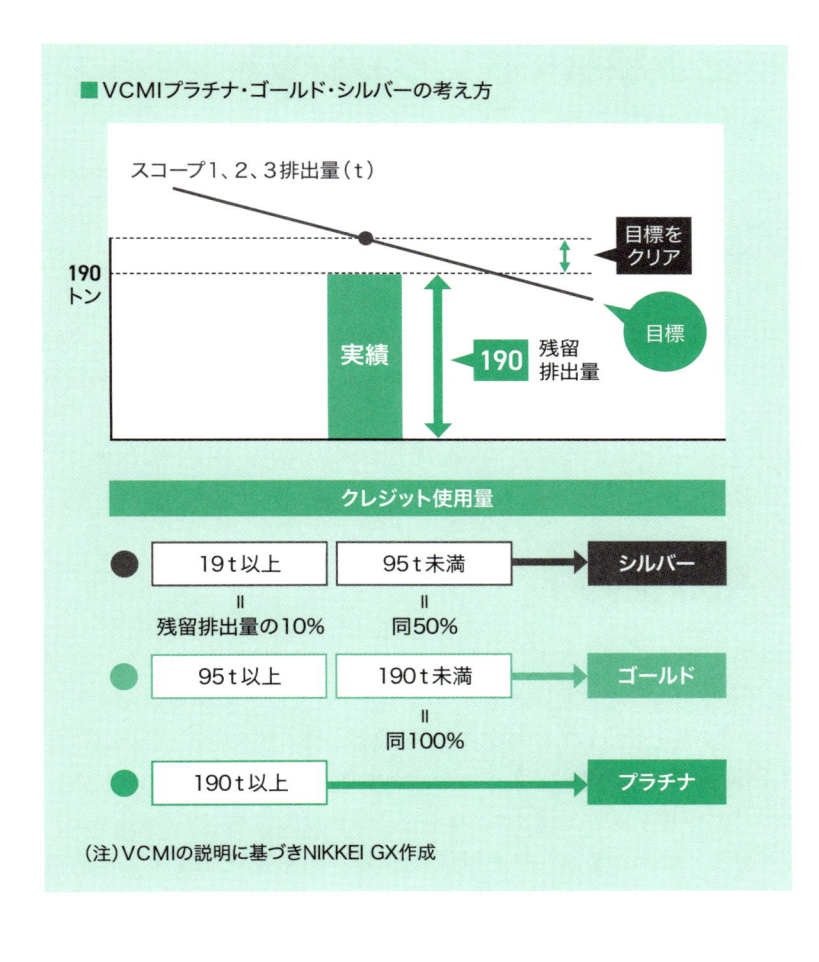

1 はじめの一歩
2 再エネ活用の最前線
3 動き出した新エネ
4 GHG吸収への挑戦
5 カーボンクレジット
6 炭素会計を知る
7 脱炭素経営の新概念
8 世界のGX動向

049

国内排出量取引に民間クレジット
ブルーカーボンやCCU

日本版の二酸化炭素（CO$_2$）排出量取引制度「GX-ETS」で利用できるカーボンクレジットにボランタリー（民間）クレジットが加わった。CO$_2$を回収して利用する「CCU」や、海の炭素吸収「ブルーカーボン」由来のクレジットが、一定の条件付きで認められた。日本でもボランタリークレジットの創出や売買が増える見通しだ。

「適格クレジット」の要件見直し

経済産業省主導で企業の自主的な脱炭素取り組みを推進するGXリーグが2024年4月、「GX-ETSにおける適格カーボン・クレジットの活用に関するガイドライン」を公表した。GXリーグ内に「適格カーボン・クレジットWG（ワーキンググループ）」を設置し、多くの企業が参加して検討を進めていた。

GX-ETSは23年度から25年度までの3年を、試行期間に相当する第1フェーズと位置づける。参画企業は25年度単年度と3年間の総計、それぞれの国内排出量削減目標を設定。達成できなかった場合は、目標を超過達成した企業からの排出枠購入や、経産省が認めた「適格カーボン・クレジット」の調達、または未達理由の説明が求められる。

経産省はこの適格カーボン・クレジットの要件を大幅に見直した。これまでは政府が運営する認証制度に基づいて発行されるJ-クレジットと2国間クレジット（JCM）の2種類のみが認定されていた。

プロジェクトの場所や実施者に要件

今回、沿岸部での炭素吸収「沿岸ブルーカーボン」やCCU、バイオマス発電にCO_2の地下貯留を組み合わせた「BECCS」、大気からCO_2を直接回収して地下貯留する「DACCS」の4種類を新たに追加した。

この4種類ならすべて使えるというわけではなく、様々な要件を設定した。同じカテゴリーの排出削減プロジェクトが国内と海外両方に存在する場合は、国内案件を優先する。例えばブルーカーボンは既に国内で取り組みが始まっているため、海外で創出されたブルーカーボンクレジットは実質的に対象とならない。

プロジェクトの実施者についても海外案件では細かく規定した。GXリーグ参画企業が排出削減プロジェクトの立ち上げ初期から継続して関与することなどを求めた。他者が創出したクレジットを事後に購入するだけでは認められない。国内プロジェクトは制限なしとした。

品質は「国際状況を踏まえ」事務局判断

クレジットの信頼性を確保するため「国際的な議論の状況を踏まえプロジェクトの追加性、永続性などについて一定の品質基準を満たしていることを要件とする」との規定を入れた。

具体的にどういう認証機関の認証を得れば基準を満たしたことになるのかは明記されていないが、経産省担当者は「国際民間航空機関（ICAO）がまとめた『国際民間航空のためのカーボン・オフセットおよび削減スキーム』（CORSIA、コルシア）の認証プロジェクトは適格クレジットの対象となる」と説明した。ICAOは国連傘下機関で、コルシアは国連など国際機関や国が管理する公的な「コンプライアンス・クレジット」の一種であるとの認識からだ。

CORSIAは23年までがパイロットフェーズ（試験導入期間）で、24年以降に

1 はじめの一歩

2 再エネ活用の最前線

3 動き出した新エネ

4 GHG吸収への挑戦

5 カーボンクレジット

6 炭素会計を知る

7 脱炭素経営の新概念

8 世界のGX動向

フェーズ1の本運用となっている。担当者は「23年度までに始まった排出削減プロジェクトはパイロットフェーズの要件を満たしていれば適格と認められる」との認識を示した。

CORSIA以外では、CCSでの認証実績の多い民間クレジット認証団体ACRや世界最大手のベラ（Verra）、スイスのゴールドスタンダードの認証状況なども参考にしながら、最終的に適格かどうかをGXリーグ事務局が判断するという。

当面はブルーカーボンのみ

要件緩和により最初に新たな適格クレジットとして認められる可能性が高いのが沿岸ブルーカーボンだ。国土交通相が認可するジャパンブルーエコノミー技術研究組合（JBE、神奈川県横須賀市）で認証スキームが確立され、すでに国内でクレジット創出・販売実績がある。ガイドラインには「プロジェクトの運営主体に日本政府が関与していること」とJBEを意識したとみられる文言がある。

適格クレジットの要件見直しについて京都大学の諸富徹教授は「当面はブルーカーボン以外はすぐさま申請が出るとは思えない」と話す。CCUなどは商業ベースで動いているものがほとんどないからだ。「クレジットの活性化というよりは、政府として企業に先端GX分野への取り組みを一段と推進してほしい、という象徴的なメッセージを出した」とみる。

GX-ETSのフェーズ1はあくまで試行期間。経産省は排出量取引市場の本格稼働は26年度以降を予定する。枠組み自体を抜本的に見直す。適格クレジットについては25年度までの取り組みや国内外の議論の状況を踏まえ、扱いを検討していく。

1 はじめの一歩

2 再エネ活用の最前線

3 動き出した新エネ

4 GHG吸収への挑戦

5 カーボンクレジット

6 炭素会計を知る

7 脱炭素経営の新概念

8 世界のGX動向

■新たな適格クレジットの要件

プロジェクトの実施場所	国内	海外（JCMでの実施が困難なプロジェクトに限定）	
クレジットの方法論	❶CCU ❷沿岸ブルーカーボン ❸BECCS ❹DACCS		
クレジットの品質	A	プロジェクトの追加性や永続性、二重計上の回避などで国際的な基準に準拠	
	B	運営主体が国の認可を受けているなど、プログラム運営に日本国政府が関与（A、Bのいずれかを満たす）	
実施者	制限なし	❶GXリーグ参加企業等が❷プロジェクト立ち上げ初期から❸継続して❹関与した事業であること	

実施者とは

❶ GXリーグ参画企業など	GXリーグの参画企業などやその子会社、また参画企業からの出資合計が51%以上
❷ プロジェクト立ち上げ初期	初回のクレジット発行完了後の出資は対象外など
❸ 継続	出資や技術供与がなくなった場合は、その直前のモニタリング期間に発行されたクレジットのみ対象
❹ 関与	GXリーグ参画企業などの出資比率が20%以上相当、あるいは技術供与により日本の環境・経済への好循環が認められること

<u>050</u>

武田薬品、炭素クレジットでの相殺中止
直接削減を拡大

　武田薬品工業は毎年の温暖化ガス（GHG）排出量をボランタリー（民間）カーボンクレジットで相殺するのを中止する。信頼性や透明性を高めるため、高品質クレジットの購入は続けるものの、直接的な排出削減にシフトする。ジョハンナ・ジョビン・エンバイロンメント＆サステナビリティグローバルヘッドがNIKKEI GXに説明した。ボランタリークレジットの活用方法にルール化されていない面が大きく、企業は独自の判断を迫られている。

「カーボンニュートラルでは削減できていない」

　「当社はカーボンニュートラルの維持に努めてきましたが、2024年度からはカーボンオフセットの購入を通じた実現を目指すのではなく、炭素除去プロジェクトへの投資へと移行します」。クリストフ・ウェバー社長最高経営責任者（CEO）は24年6月の株主総会に際し、株主向けにこのようなレターを送った。

　その狙いや具体的な取り組みについて、ジョビン氏がこのほど取材で説明した。「以前、カーボンニュートラリティーは国際的なコンセンサスだった。だが近年はサイエンス・ベースド・ターゲット・イニシアチブ（SBTi）が広がり、検討したところ（クレジットを使う）カーボンニュートラルでに実際には排出を削減できていないという認識を持った」と語る。

　武田薬品は19年度以来、カーボンニュートラルを毎年維持してきたという。

武田薬品の環境戦略
を統括するジョハンナ・
ジョビン氏

19年度の場合でスコープ1〜3排出量は450万トン。クレジット430万トンとグリーン電力証書の活用で差し引きゼロという計算だ。過去数年、日本で有数のクレジットの買い手だった。

今後は、こういったクレジットの使い方をやめ、これまでも掲げていた「40年度までのネットゼロ」という長期目標にフォーカスする。

武田薬品も認定を受けているSBTiのネットゼロは、クレジットによる相殺を原則として認めない。自らの努力で排出量を最大限減らしたうえで、全体の約10%に当たる残余排出量についてのみ高品質のクレジットによる「中和」を許容する。この他、自社排出量の相殺ではなく、地球全体の排出削減に貢献するためのクレジット購入は「バリューチェーンを超えた緩和（Beyond Value Chain Mitigation、BVCM）」として肯定的に位置付けている。

ジョビン氏は「今後はオペレーションそのものの脱炭素に投資する。パートナーと組んでバリューチェーン全体の排出量を下げる。こうすることで気候変動の戦略は強化され、信頼性や透明性も上がる」と話した。

リムーバル系クレジットは購入

クレジットの購入は続ける。「気候変動に対応するうえで市場メカニズムも

1 はじめの一歩
2 再エネ活用の最前線
3 動き出した新エネ
4 GHG吸収への挑戦
5 カーボンクレジット
6 炭素会計を知る
7 脱炭素経営の新概念
8 世界のGX動向

もっと知りたい >>> カーボンクレジット

■ 武田薬品のクレジット使用のスタンス

	23年度まで	24年度以降
目的	毎年のカーボンニュートラル	中長期のネットゼロ
種類	森林破壊抑制などアボイダンス系、植林などリムーバル系	植林、DACなどリムーバル系
用途	GHG排出量の相殺	中和やバリューチェーンを超えた緩和

(注)武田薬品の説明に基づきNIKKEI GX作成

有効な手法の一つだ。我々のような企業が参加することに意義がある」(ジョビン氏)。ただし種類は、植林や大気中の二酸化炭素（CO_2）を直接回収するDACなど、信頼性が高いとされる「リムーバル系」を中心とする。

従来は森林破壊の抑制や、調理器「クックストーブ」の燃料転換などに由来する「アボイダンス系」のクレジットも購入していたが「疑問符の付くものもあり、透明性やアカウンタビリティー（説明責任）に欠ける側面があった」と振り返る。

クレジットの購入量については、スコープ1〜3の排出量の1割まで投資するという。これまでより減るのかという問いに対してジョビン氏は「投資のストラテジーが異なるため単純に比較できない」と話した。

環境配慮設計を徹底

自社からの排出削減に向けては、ビルや工場での再生可能エネルギーへの転換をグローバルで進める。シンガポールではビル全体の使用量を上回る電力を創出する「ポジティブ・エネルギー・ビル」を新設。米カリフォルニア州の拠点では太陽光発電設備を導入した。省エネも進め、23年度にはスコープ1、2の排出量合計では16年比で53％減らした。

23年度時点でGHG排出量の9割近くを占めるスコープ3の削減では、ライ

1 はじめの一歩

2 再エネ活用の最前線

3 動き出した新エネ

4 GHG吸収への挑戦

5 カーボンクレジット

6 炭素会計を知る

7 脱炭素経営の新概念

8 世界のGX動向

フサイクル全体で環境への影響を最小限に抑えるように製品やサービスを設計する「サステナビリティ・バイ・デザイン（環境配慮設計）」の原則を徹底する。研究開発（R&D）や製剤の領域などで、原材料などを適切な購入元から買ったり、使用量を減らしたりする。

24年10月には米マサチューセッツ州のボストン・メディカル・センターとGHG排出削減に向けた連携を発表した。医療用資材や包装の廃棄物の削減可能性などを探る。ジョビン氏は「スコープ3の削減に向け、ヘルスケアのバリューチェーンの中で新しいソリューションを見つけたい。方法が見つかれば他の医療機関にも展開できる」と話す。

使い方は企業ごとに差

排出量取引制度などで使うコンプライアンスクレジットとは違い、ボランタリークレジットは主に消費者向けのマーケティングや任意開示などに活用することが多い。そのため、具体的な使い方は企業によって大きく分かれる。

ヤマト運輸はクレジットでGHG排出量を相殺した「カーボンニュートラル配送」を提供している。一方で米グーグルは武田薬品と同様に「23年からはカーボンニュートラルを維持しない」と24年の環境報告書で宣言しており、相殺には使わない方針とみられる。

武田薬品やグーグルのような動きが続くと、クレジット市場全体にも影響が及ぶ。従来はアボイダンス系が需要の中心だった。最近はリムーバル系への投資が増えており、こうした需要シフトの加速につながる。

カーボンクレジットの創出や売買の支援を手掛けるサステナクラフト（東京・千代田）の末次浩詩CEOは「リムーバルクレジットの価格は既に上昇し始めており、ブラジルの植林プロジェクトでは1トン当たり40〜50ドルという例も出てきた。アボイダンス系との差が広がっている」と指摘する。需給逼迫が反映されているほか、クレジットの信頼性確保に向けた方法論の改定で創出プロジェクトのコストが上昇している影響もあるという。

051

再エネJ–クレジット価格、1年で2倍
GX-ETSで先高観

温暖化ガス（GHG）削減量を環境価値として国が認証するJ–クレジットで、複数ある種類のうち一部の価格が高騰している。東京証券取引所では二酸化炭素（CO_2）1トン分が2025年1月時点で6000円台と、市場取引が本格的に始まった23年秋から1年強で2倍になった。日本版排出量取引制度（GX-ETS）のスタートで需要が増え、価格上昇が予想されるとして、あらかじめ確保しておく動きが出ていると市場関係者は話す。

新規購入企業が増加

J–クレジットはGHG削減方法によって複数の種類がある。高騰しているのは太陽光発電の導入などに由来する「再生エネ（電力）」クレジットだ。23年秋は3000円台前半だった。2000円を割る水準まで下落した時期もある。

「再生エネ由来のJ–クレジットは供給以上に需要が多い状況だ。新規に購入を希望する企業も増えている」。東証の市場取引でマーケットメーカー（値付け業者）を務めるみずほ銀行の佐村英郎次長はこう分析する。

東証などで市場取引が本格的に始まる前、J–クレジットは相対取引のほか政府による年2回程度の入札で売買されていた。再生エネ発電由来と省エネ由来の区分が導入された18年の入札では、再生エネの平均価格は約1700円。方法論や制度の変更などがあり単純比較はできないが、現在は当時と比べて3倍以上になっている。

1 はじめの一歩

2 再エネ活用の最前線

3 動き出した新エネ

4 GHG吸収への挑戦

5 カーボンクレジット

6 炭素会計を知る

7 脱炭素経営の新概念

8 世界のGX動向

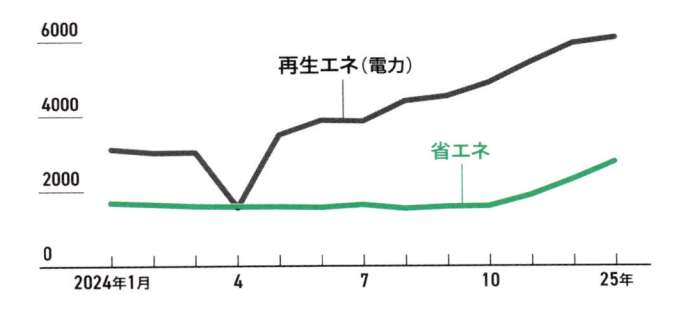

■ J-クレジットの東証での取引価格

26年度から参加義務

高騰の背景には需要の高まりがある。J-クレジットは23年度に試行期間が始まったGX-ETSで活用が認められた。排出量取引への参加は現在は任意だが、26年度からの本格運用段階では一定の企業に参加義務が発生し、削減目標が未達の場合は罰則も付く見通しだ。クレジットを必要とする企業が増える可能性がある。

J-クレジットは有効期限がないため将来の使用に向けて保管しておける。転売も可能なため「将来の高騰に備えて事前に買う動きもある」（みずほの佐村氏）という。

売買環境が改善された面もある。市場が開設され他社の取引価格が分かるようになったことで「売り手の言い値で買うことも多かった」（関係者）という相対取引に比べて透明性が高まった。東証以外にも複数の企業が独自の取引市場を開設している。

省エネ由来のJ-クレジットも24年秋ごろから値上がりしているが、足元で3000円程度と再生エネ由来より安い。再生エネ由来と異なり英CDPの調査や

SBTイニシアチブによる認定などには使えない弱点がある。「方法論や生み出すのにかかるコストが違うため、以前から再生エネ由来よりも安かった」と、クレジットや非化石証書の取引市場を運営するCarbon EXの陰山貴之執行役員は指摘する。同社はSBIホールディングスとアスエネ（東京・港）の共同出資会社だ。

非化石証書は使い勝手に弱点

企業が購入することで自社のGHGを減らしたとみなせる仕組みはJ-クレジット以外にもある。政府が管理する非化石証書を買えば系統電力を使っていてもその分は電力由来の排出量を差し引ける。日本品質保証機構が運営するグリーン電力証書も同様だ。

中でも、固定価格買い取り制度（FIT）の対象発電所に由来する「FIT非化石証書」は売れ残りが続いている状態だ。日本卸電力取引所（JEPX）で実施される年4回の入札を利用すれば、最低価格の1キロワット時あたり0.4円で購入できる状況だ。二酸化炭素（CO_2）1トン分に換算すると900円程度のため、J-クレジットの「再生エネ（電力）」より大幅に安い。

ただ、非化石証書の有効期間は取引した年度末まで。翌年度以降の備えとしては使えず、原則として転売もできない。購入する機会は年4回の入札が基本のため、買いたいときにすぐに確保できるわけではないといった側面もある。

バランスを見て調達する需要家も

FIT非化石証書はいずれ供給量が大きく減ることから、活用をためらう企業もありそうだ。12年に始まったFIT制度による支援期間は20年。新規の認定は大きく絞り込まれているため、今後はFIT切れ発電所が相次ぎ、証書も減る見通しだ。

Carbon EXの陰山氏は「非化石証書とJ-クレジットのバランスを見て調達

する需要家もいる」と分析する。価格は安いが柔軟な調達はできず、年度を またいでは使えない非化石証書をベースにしつつ、年度末などの段階で不足 があればJ-クレジットで残りを相殺するといった使い分けが進むとみる。

グリーン電力証書はFIT非化石証書と比べ供給量が少ないうえ価格も高い とみられる。自然エネルギー財団の資料によると、大量に購入をした場合で も1キロワット時あたり2〜4円程度と、FIT非化石証書の最低価格の5〜10倍 の水準だ。

価格は高止まりか

価格高騰が続く再生エネ由来のJ-クレジットだが、今後の価格はどうなる のか。みずほの佐村氏は「買い手が多い状況が続き、高止まりしそうだ」と話 す。当面の上限は、非化石証書の最高落札価格（1キロワット時当たり4円）に 相当する1トン8000円付近になるとみる。

非化石証書の入札倍率も価格に影響を与えそうだ。23年度は売り入札に対 して実際に購入された非化石証書の割合は、FIT由来のもので26%だった。今 後倍率が1倍に近づけば、不足に備えてJ-クレジットを確保する動きがさら に強まる可能性もある。政府によるJ-クレジットの売り出しの時期や量も、 変動要因になりそうだ。

1 はじめの一歩

2 再エネ活用の最前線

3 動き出した新エネ

4 GHG吸収への挑戦

5 カーボンクレジット

6 炭素会計を知る

7 脱炭素経営の新概念

8 世界のGX動向

6章

炭素会計を知る

温暖化ガスの排出量はどのように計算し、どこまで開示すべきなのか。デファクトスタンダードも公的な制度も年々、整備が進んでいる段階だ。

関連する様々な概念の中でも特に重要な割に初心者にはわかりにくい「スコープ3」については、15あるカテゴリーごとに企業が実際にどのように計算しているのかを紹介する。

重要度 ★★★

052 GHGプロトコル

排出量計算の国際基準、改定が進行中

　世界の主要企業が採用する温暖化ガス（GHG）排出量の算定・報告に関する事実上の国際基準。米環境系シンクタンク世界資源研究所（WRI）と持続可能な開発のための世界経済人会議（WBCSD）が共同運営する「GHGプロトコルイニシアチブ」が策定、運営している。

　2004年に発行したコーポレートスタンダードでスコープ1～3の基準を設けた。3種の文書で具体的な算定方法を規定している。スコープ1は自社の事業から出る排出量、スコープ2は購入した電力などに由来する排出量を計算する。スコープ3は調達した部材や、販売した製品を購入者が利用することなどに伴う排出量で、サプライチェーン全体が対象になる。

　英CDPやSBTイニシアチブ（SBTi）など企業の気候変動対策計画の評価に関わる有力機関がこの基準に準拠するよう求めており、多くの日本企業もこの基準に沿って関連情報を開示している。

　現在、改定作業が進んでおり、25年をめどにパブリックコメントを

1 はじめの一歩

2 再エネ活用の最前線

3 動き出した新エネ

4 GHG吸収への挑戦

5 カーボンクレジット

6 炭素会計を知る

7 脱炭素経営の新概念

8 世界のGX動向

■ GHGプロトコルの4文書

名称	主な改定検討・開発項目	状況
コーポレートスタンダード（Scope1～3を規定）	算定対象とする組織の範囲	04年発行、改定中
Scope2ガイダンス	再生エネのアワリーマッチング、追加性	15年発行、改定中
Scope3スタンダード	マスバランス方式	11年発行、改定中
【追加】土地セクター・炭素除去ガイダンス	田畑・森林などの排出量算定	開発中

募る方針だ。

　例えばスコープ2の領域では、証書を通じて再生可能エネルギーを調達する場合の「アワリーマッチング」の導入を検討している。正式に決まると電力の使い手企業は、自社が電力を使った時点から1時間以内に発電された再生エネに由来する証書を購入するよう求められる。

　再生エネの利用に「追加性」の要件が導入されるかどうかも論点の一つだ。新たに設置された発電所からの調達を重視するもので、古い電源から調達した場合は追加性がないとして再生エネを使ったと認められなくなる可能性がある。

　新たな基準の追加も予定されている。「土地セクター・炭素除去ガイダンス」と呼ばれるもので、田畑や森林といった土地からの排出が対象になる。植物が大気からCO_2を取り込んだ場合などが該当する「除去」という概念も導入される方向だ。

KEYWORD

053　スコープ3

調達・供給先のCO_2排出量　削減圧力強まる

　原材料調達から製造、物流、販売、使用、廃棄に至るナプライチェーン（供給網）全体の温暖化ガス排出量のうち、スコープ1（自社の直接排出）やスコープ2（自社の間接排出）以外の部分を指す。従来は自社の排出量（スコープ1、2）が重視されていたが、最近は供給網も含めて管理することが求められ、スコープ3を開示・削減する圧力が強まっている。

　国際的な温暖化ガス排出量の算定・報告の基準であるGHGプロトコルでは、事業者自らが工場やオフィスなどで燃料の燃焼や工業プロセスにより直接排出した二酸化炭素（CO_2）量をスコープ1とする。スコープ2は他社から供給された電気や熱・蒸気の使用に伴う間接排出のことで、電力会社が電気をつくるために排出したCO_2を含む。

　スコープ3は自社の事業活動に関連する他社の排出分で、スコープ1と2以外の間接的な排出分を指す。素材の調達など上流から、出荷以降の工程など下流まで含まれる。スコープ3は15のカテゴリーに分類され、購入した製品やサービス、事業から出る廃棄物、販売した製品の廃棄、輸送や配送のほか、資本財も対象となる。

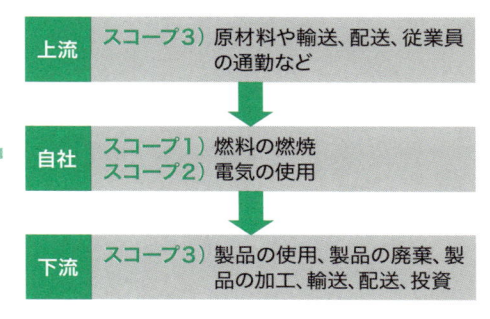

■サプライチェーン全体で排出量を管理

上流	**スコープ3）** 原材料や輸送、配送、従業員の通勤など
自社	**スコープ1）** 燃料の燃焼 **スコープ2）** 電気の使用
下流	**スコープ3）** 製品の使用、製品の廃棄、製品の加工、輸送、配送、投資

　以前からスコープ1とスコープ2の削減目標を掲げる企業は多かったが、足元ではスコープ3も含めてCO_2排出量を開示・削減するように求められている。気候変動に関する企業や自治体の取り組みなどを調査・分析する非政府組織（NGO）の英CDPや、グローバル・リポーティング・イニシアチブ（GRI）基準などでも、スコープ3の開示を要求している。

　東京証券取引所のプライム市場では、気候変動リスクの情報開示が求められている。スコープ1や2だけでなく、スコープ3の削減に向けた情報開示を推奨している。

　大企業がスコープ3の削減目標を設定すれば、自社だけでなく、取引先の中小企業なども含めた業界全体で削減が進む効果がある。例えば素材企業がCO_2を削減すると、その素材を使って部品を作る事業者、製品の利用企業それぞれのスコープ3が減る。

　一方、取引先が多岐にわたる場合はスコープ3の算出が難しく、推定値を活用する企業もある。出張時に利用した経路から排出CO_2を算出するサービスなど、関連ビジネスも広がってきている。

1 はじめの一歩
2 再エネ活用の最前線
3 動き出した新エネ
4 GHG吸収への挑戦
5 カーボンクレジット
6 炭素会計を知る
7 脱炭素経営の新概念
8 世界のGX動向

重要度　★★★

CFP

製品の総CO_2排出を計算　原料調達から廃棄まで

Carbon Footprint of Products の略。製品の原材料調達から生産、廃棄に至るまでの二酸化炭素（CO_2）排出量の総量を表す。製品の環境負荷を示す基準の一つとして素材メーカーなどで算定してきた。消費者の環境意識の高まりから、消費財メーカーにも広がりつつある。

計算方法は「原材料の調達」「生産」「流通・販売」「使用・維持管理」「廃棄・リサイクル」の5つの段階のCO_2排出量を算定し、合計する。BtoB（企業間取引）製品の場合は、原材料調達から生産までの排出量を指す場合も多い。

工程ごとの排出量は、「活動量」と呼ばれる重量や距離などのデータに単位あたりの温暖化ガス排出量の「排出係数」を掛けて求める。

活動量には実測値を使用するのが原則。排出係数は実測値の使用が難しい場合、外部のデータベースの利用も認められている。LCA活用推進コンソーシアムのデータベースIDEA（イデア）や、環境省のデータベースが使われることが多い。

家庭で製品を使用する際に出るCO_2など実際のデータを使った算定が難しい部分は、仮定のシナリオを設定して計算することもある。例えば衣類は製品が廃棄されるまでの家庭での洗濯回数を想定し、消費電力からみなしの排出量を算定することがある。

算定に関してISO14067やGHGプロトコルといった国際的な規格

1 はじめの一歩

2 再エネ活用の最前線

3 動き出した新エネ

4 GHG吸収への挑戦

5 カーボンクレジット

6 炭素会計を知る

7 脱炭素経営の新概念

8 世界のGX動向

■ CFPの計算方法

段階	計算対象となる要素の例	計算方法の例
原材料の調達	繊維や鉄などの原材料の調達	1つあたりの原材料使用量×排出係数
生産	工場などでの生産で使う電力	電力使用量×排出係数
流通・販売	輸送に使うエネルギー	輸送距離×製品の重量×排出係数
使用・維持管理	製品使用時に必要な電力	想定される使用回数×電力使用量×排出係数
廃棄・リサイクル	焼却	1つあたりの重量×排出係数

はあるが、具体的な算定方法までは定められていない。算定する目的に合わせて、どの程度客観性や正確性を保った計算をするかを各算定者が決める必要がある。

環境省と経済産業省は2023年3月、CFPの算定指針を発表。国際基準を満たしながら実務的にも分かりやすい算定方法を示した。5月にはCFPの算定に取り組む企業に向けて「実践ガイド」を公表。具体的な算定手順や効果的な開示方法、企業の取り組み事例などを紹介する。

CFPを算定・開示することで、環境負荷の低い製品の購入を消費者に促すことにつながる。製品のサプライチェーン（供給網）の排出量が可視化され、排出削減にも取り組みやすくなるとされる。

政府は公共調達の条件にCFPの算定を加える。23年度はタイルカーペット、24年度はコピー機で算定を必須条件とし、文具やオフィス家具、照明器具などにも対象を拡大したい考え。

国の指針ではメーカーが異なる製品のCFPを比較するため、業界別に統一した算定ルールの整備が求められている。化学業界は業界団体が主導してCFP算定に関するルールやガイドラインを作っている。

欧州は、食品や衣料品などの分野でもルール整備に向けた検討が進んでいる。消費財も様々な製品に算定を広げ、製品を選ぶ基準の一つとして示すことが急がれる。

重要度　★★★

055　TCFD

気候変動の財務影響を開示　資金調達を有利に

「気候関連財務情報開示タスクフォース（Task Force on Climate-related Financial Disclosures）」の略称。気候変動が金融市場に重大な影響を及ぼす可能性があるとの認識が広がり、主要国の金融当局で構成された金融安定理事会（FSB）が2015年に設立した。

17年に世界の金融機関や企業に対し、気候変動が財務に与える影響を分析・開示するよう求める提言をした。

具体的には(1)ガバナンス(2)戦略(3)リスク管理(4)指標と目標——の4つの項目について開示が推奨されている。

企業に対しては、投資家などが参照するための情報開示を求めている。どのような経営体制で気候関連のリスクを分析して実際の経営に反映しているか、期間ごとに分けた経営への影響を考えているか、などの内容が含まれる。

リスクだけでなく、経営改革などの機会についても開示する。規制が強まる中で、低炭素商品やサービスの需要が高まる可能性などが挙げられる。

■TCFDの開示推奨項目

ガバナンス	気候関連のリスク・機会に対する取締役会の監督や経営陣の役割など組織のガバナンス
戦略	リスク・機会が事業や戦略、財務に及ぼす影響
リスク管理	気候関連のリスクの評価・管理方法
指標と目標	気候関連のリスクを評価・管理する際の指標や目標（温暖化ガス排出量など）

日本では19年、環境省や金融庁、経済産業省などが連携し、企業や投資家が情報開示のあり方を議論する「TCFDコンソーシアム」を立ち上げた。20年には業種ごとの対応方法や事例集をまとめた。

各国政府が提言に基づく開示の義務化を検討することも後押しとなり、支持する機関数は増えている。TCFDコンソーシアムによると、23年11月24日時点で世界で4932の企業や金融機関などがTCFDへの賛同を示している。このうち日本は最多となる1488の企業や機関が賛同を表明している。

21年のコーポレートガバナンス・コード（企業統治指針）の改定を受け、東京証券取引所のプライム市場の上場会社はこの提言に沿った具体的な情報開示が求められている。

積極的に対策に取り組んでいる企業は、投資家から経営リスクが低いとみなされて資金を集めやすくなるなどの利点がある。ただ細かな開示項目が定められておらず、開示内容が企業によって異なっている点が課題になっている。

1 はじめの一歩

2 再エネ活用の最前線

3 動き出した新エネ

4 GHG吸収への挑戦

5 カーボンクレジット

6 炭素会計を知る

7 脱炭素経営の新概念

8 世界のGX動向

重要度　★★★

TNFD

水や生態系のリスク・機会開示　TCFDの自然版

「自然関連財務情報開示タスクフォース（Taskforce on Nature-related Financial Disclosures）」の略称。水や原材料の供給、災害の緩和など、水資源や土壌、生態系に関して企業が受ける財務的影響やその対応についての開示を求める。東証プライム上場企業が開示を求められている「気候関連財務情報開示タスクフォース（TCFD）」の自然版と言える。

TNFDは企業が開示に取り組むための様々な枠組みを提供している。開示する項目では「ガバナンス」「戦略」「リスクとインパクト管理」「指標と目標」の4つを柱とする。自然関係の影響やリスクについて、全社での意思決定をする機関はどこか、どのような指標で判断するかなどを示すことが求められる。

開示の準備を進める手法としては、「LEAPアプローチ」が公開されている。自然との接点を発見する「Locate」、企業活動の影響を診断する「Evaluate」、企業活動のうち開示すべき重要なリスクや機会を評価する「Assess」、分析結果を踏まえて今後達成すべき目標のために準備する「Prepare」の頭文字をとって、LEAPと名付けられた。

国内でも一部企業が基準案に沿って既に開示を始めている。NECが

1 はじめの一歩

2 再エネ活用の最前線

3 動き出した新エネ

4 GHG吸収への挑戦

5 カーボンクレジット

6 炭素会計を知る

7 脱炭素経営の新概念

8 世界のGX動向

2023年7月に公表したリポートでは、中国とタイ、フィリピンの計4拠点で水資源や排水などの水関連リスクがあると確認し、特に11年に大規模な洪水被害にあったタイの拠点については対策を記載した。自然に関する成長機会についての説明にも力を入れた。

　花王はアクセンチュアと共同で検討したリポートを公開した。世界各地から原料を調達し、多くの消費者に製品を届ける日用品メーカーという業態から、全世界の陸地の15%に関与している可能性があると分析。水やパルプ生産林などの項目に分けて生物多様性について評価し、資源を有効活用できる洗浄成分を実用化した事例などの事業機会を紹介した。

　フレームワークの最終提言が公開されたことで、企業は開示に取り組みやすくなった。国際的な環境評価団体の英CDPはTNFDとの整合性を確保し、24年以降、開示システムに反映する方針だ。国際サステナビリティ基準審議会（ISSB）は生物多様性に関する開示基準設定を検討しており、将来的にTNFDを取り込む可能性がある。国内では東証プライム市場の上場企業がTCFD提言に沿った開示が求められているように、今後はTNFD開示の要求が高まる可能性がある。

KEYWORD

057 CSRD

EUのサステナ開示法令、日本企業も対象に

「Corporate Sustainability Reporting Directive（CSRD、企業サスティナビリティー報告指令）」の略称。欧州連合（EU）によるサステナビリティーの開示に関する法令で、一定の規模以上の企業に課す。気候変動だけでなく、汚染や生物多様性、自社やバリューチェーンなど幅広い項目の開示を求める。労働者保護や人権なども含まれる。

EUはNFRD（非財務情報開示指令）で、非財務情報の開示を求めていた。NFRDは開示をする企業数や情報量が不十分だったため、投資家などがサステナビリティーに関わる情報によりアクセスできるよう、CSRDは詳細に開示項目を規定した。

CSRDは2023年1月に発効しており、24年から適用が始まった。適用範囲が広く、日本企業のEU域内の現地子会社が一定規模以上の場合

1 はじめの一歩

2 再エネ活用の最前線

3 動き出した新エネ

4 GHG吸収への挑戦

5 カーボンクレジット

6 炭素会計を知る

7 脱炭素経営の新概念

8 世界のGX動向

■CSRDの適用基準

	適用時期 （会計年度）	適用条件
NFRD適用企業	2024年	事業年度の平均従業員数が1000人以上であり、かつ以下のいずれかの基準に該当する
NFRD適用でない大会社	27年	①事業年度の純売上高が5000万ユーロ以上 ②事業年度末の総資産が2500万ユーロ以上
EU域外企業	28年	EU域内市場での純売上高が2年連続で4億5000万ユーロ以上であり、かつ①大会社に該当するEU子会社、②売上高5000万ユーロを超えるEU支店がある

（注）25年2月の欧州委員会の簡素化案を基に作成

は開示が求められる。さらにEUでの売上高が一定以上の場合、日本の親会社グループも間接的に開示要求の対象となり、グループ全体での連結の開示が必要となる。

　情報の信頼性を確保するために、開示内容に対して第三者保証も求められる。

　もっともCSRD対応の負担が重いとの声が相次ぎ、EUの執行機関である欧州委員会は25年2月に簡素化案を公表した。開示義務の適用基準を引き上げ、対象企業を8割減らすほか、一部企業については適用時期を延期する。報告内容も見直す方針だ。

　今後、簡素化案をEU内で議論する。適用対象や時期などをさらに修正する可能性がある。

058

GHGプロトコルに「土地」追加
商社・食品・農林業など影響

多くの企業が温暖化ガス（GHG）排出量の計算に使う事実上の国際基準「GHGプロトコル」に新たな概念が加わる。土地利用に伴う排出量も把握するよう求めるほか、空気中の二酸化炭素（CO_2）を除去した場合に排出量からの相殺が可能になる。こういった内容を盛り込んだ新指針の最終版が出るのに先行し、草案に基づいて試算をした住友林業の取り組みを通じて具体像を探った。

従来は化石燃料由来を想定

新たな指針の名称は「土地セクター・炭素除去ガイダンス（Land Sector and Removals Guidance）」。基準を管理するGHGプロトコルの推進組織が2022年9月に草案を発表した。最終版は企業などの意見を踏まえてまとめる。

最大の注目点が計算対象の拡大だ。従来法は、工場や設備といった「地面でない場所（非土地）」から大気中に出る温暖化ガスが対象で、化石燃料の使用に伴う排出量などが想定されてきた。新指針は田畑や森林といった土地からの排出が対象になる。

加えて「除去」という概念が新たに登場する。植物が成長に伴い大気からCO_2を取り込んだ場合などが該当する。技術開発が進むダイレクト・エア・キャプチャー（DAC）によって大気中から直接回収されるCO_2も対象になるとみられる。除去量は土地由来の排出量の相殺に使える。

■GHGプロトコル新指針のイメージ（住友林業のケース）

		スコープ1	スコープ2	スコープ3
従来	化石燃料由来の排出量	**a** 管理・保全する森林で使った車両の燃料から出た排出量	**d** 購入する電力からの排出量	**g** 販売した住宅の居住時の排出量

＋

		スコープ1	スコープ2	スコープ3
新指針	土地の利用変化や管理に伴う排出量	**b** 管理・保全する森林の①伐採による炭素固定量の減少分②土地の用途変更に伴う排出量	**e** 購入する電力からの排出量	**h** 調達した木材の①伐採による炭素固定量の減少分②育った森林で、土地の用途が変わって出た排出量
	除去量	**c** 樹木の成長に伴うCO_2吸収量	**f**	**i** 調達した木材が育った森林での吸収量

↓

新指針に基づく合計	**a** + **b** − **c** 　　**d** + **e** − **f** 　　**g** + **h** − **i**

（注）土地の除去量は土地の排出量だけを相殺できる。例えばcがbより大きくてもaからは差し引けない。
化石燃料由来の排出量だけの合計（a+d+g）も従来通り算定する必要がある。
住友林業の説明などを基にNIKKEI GX作成

1 はじめの一歩
2 再エネ活用の最前線
3 動き出した新エネ
4 GHG吸収への挑戦
5 カーボンクレジット
6 炭素会計を知る
7 脱炭素経営の新概念
8 世界のGX動向

住友林業、パイロットテストに参加

GHGプロトコルの推進組織は23年にかけて、100社規模でパイロットテストを実施した。草案に基づき企業の使い勝手などを確かめるためだ。参加社の一つが住友林業。21年度時点のスコープ1について新たな排出量を試算した。

住友林業は除去量を、自社の森林がどれだけの炭素を蓄えているかを示す「炭素固定量」を基に求めた。21年度末の量から20年度末の量を差し引いた分を、1年間で新たに吸収した量と位置付けるものだ。

炭素固定量自体は新指針とは関係なく、もともと自主的に計算して開示していた。計算に当たっては、まず自社で蓄積したデータに基づき、カエデやヒノキといった樹種ごとに木の体積が1年でどれだけ増えたかを把握する。ここに、樹種別の体積当たりの炭素固定量を掛け合わせる。体積当たりの固定量は国立環境研究所がまとめた係数を使う。

土地由来の排出量は、樹木の伐採に伴うCO_2排出を計算した。成長プロセスで取り込んだCO_2は伐採した時点ですべて大気に戻るとみなし、21年度に伐採した量などのデータから排出量を導いた。

「森林分野への投資機会増える」

海外にある自社の森林で、現在は事業に使っていないものは計算の対象外とした。どういった樹種がどれくらいあるのかを把握していないためで、今後データがそろえば計算するという。

スコープ3について新指針に対応する排出量や除去量を求めるには、外部調達した木材の排出量や除去量が対象になる。木材の調達先から森林のデータを入手する必要が出てくる。

パイロットテストで試算した排出量や除去量を住友林業は公表していない。ただ、国際基準に基づいて除去量を示すことで「森林分野全体への投資機会につながり、森林保全や植林など林業の活性化などに貢献できる」（サステナ

ビリティ推進部の森田潤グループマネージャー）とみている。

SBTiが対応要請

新指針が草案の内容のまま確定すれば企業への影響は大きい。農業、林業、鉱業などの1次産業や商社のほか「農作物を取り扱う食品や飲料、衣類、植物由来の成分を使う日用品、それらを販売する小売りなど、幅広い業種に影響する」とみずほリサーチ＆テクノロジーズの山本麻紗子氏は指摘する。

影響の内容や幅は企業によって差がつきそうだ。森林を持つ場合は「除去量」で土地由来の排出量を圧縮できるため、新指針で計算するインセンティブになる。一方、除去量を使えない企業にとっては、単純に排出量が増えるケースが多いとみられる。

科学的知見と整合する排出削減の目標設定を求める国際イニシアチブ「SBTi」は、既に認定企業の一部に対し、24年中に新指針に対応するよう求めている。住友林業はパイロットテスト後にスコープ3も含めた新指針に基づく排出量の計算を実施。これに基づき24年1月、自社の中長期の目標がSBTiの「ネットゼロ基準」に適合していることの認証を申請した。

ただ、地球温暖化対策の推進に関する法律（温対法）など法制度の面では、新指針の考え方が反映されるとしても相当の時間がかかるとの見方が出ている。

新指針に基づく具体的な計算方法については、まだ不透明な部分が残る。最終版のとりまとめに向け、正確さと算出しやすさの折り合いをどうつけるかなどが議論される見通しだ。

1 はじめの一歩
2 再エネ活用の最前線
3 動き出した新エネ
4 GHG吸収への挑戦
5 カーボンクレジット
6 炭素会計を知る
7 脱炭素経営の新概念
8 世界のGX動向

059

サステナ情報開示
欧州や日本で義務化

世界各地でサステナビリティー情報開示の制度化が進んでいる。欧州では
ESG（環境・社会・企業統治）の全範囲に及ぶ新しい開示制度を導入し、日本
でも2025年3月に開示基準が確定した。時価総額の大きい企業から順次義務化
される見通しだ。米国では24年3月に気候関連開示の最終規則が固まったもの
の、政権交代に伴い施行されない見通しとなるなど、揺り戻しも起きている。

欧州は開示情報の範囲広く

欧州連合（EU）の新たなサステナビリティー開示制度「企業サステナビリ
ティー報告指令（CSRD）」は、域内各国が開示規制を作る大本の指令だ。具
体的な開示要求は欧州サステナビリティー報告基準（ESRS）で定める。

欧州の開示は投資家だけでなく、労働者や消費者など多様なステークホル
ダーに向けた開示を意図し、テーマも幅広い。環境分野は気候変動や生物多
様性など、社会分野は自社従業員やバリューチェーン上の労働者、消費者な
どに及ぶ。

日本企業も人ごとではいられない。EU域内で一定規模以上のビジネスを
手掛けている場合は域外企業でも開示が求められるためだ。総資産や売上高、
従業員数などで決まり、まず該当する欧州子会社の開示が求められ、その後
は親会社の連結ベースでの開示が必要になる。

ただEUの執行機関である欧州委員会は25年2月、CSRDの対象企業を減ら
し、適用時期を延期する方針を発表した。これまでEUは厳しい規制を課す

1 はじめの一歩
2 再エネ活用の最前線
3 動き出した新エネ
4 GHG吸収への挑戦
5 カーボンクレジット
6 炭素会計を知る
7 脱炭素経営の新概念
8 世界のGX動向

■ 世界主要地域のサステナ開示制度概要

地域	グローバル	日本	欧州	米国（施行を停止）
規則／基準	ISSB基準	SSBJ基準	CSRD/ESRS	気候関連開示規則
対象企業	──	プライムの一部から開始。将来はプライム全上場企業で検討	EU内上場企業、EU内で一定規模以上の企業（日本など域外企業も含む）	米SEC登録企業
開示情報の想定利用者	投資家	投資家	投資家＋社会全般	投資家
開示テーマの範囲	サステナビリティー全般（現在のテーマ別基準は気候のみ）	サステナビリティー全般（現在のテーマ別基準は気候のみ）	サステナビリティー全般	気候関連
温暖化ガス開示範囲	スコープ1〜3	スコープ1〜3	スコープ1〜3	スコープ1、2

（注）PwC Japan監査法人の資料を参考に作成

ことで脱炭素と経済成長の両立を目指してきたが、企業の負担が重いとの声に配慮したかたちだ。

日本では基準が確定

　日本でも25年3月にサステナ開示基準が確定した。サステナビリティ基準委員会（SSBJ）が、国際サステナビリティ基準審議会（ISSB）が作ったグローバル基準をベースに開発した。

　日本では23年3月期の有価証券報告書からサステナ開示が求められるようになったが、一部の人的資本の情報以外は何をどのように開示するかは企業に委ねられていた。SSBJ基準は今後有報に組み込まれ、情報の比較可能性が

高まる。SSBJの気候関連開示基準はISSBと同様、温暖化ガス排出量として
スコープ1〜3を求める。

　強制適用となる対象企業や適用時期は金融庁が議論している。金融庁の案
では、27年3月期に時価総額3兆円以上の東証プライム上場企業が適用対象と
なり、時価総額1兆円以上の企業や5000億円以上の企業に順次拡大する。

米国は施行を停止

　米証券取引委員会（SEC）は24年3月に気候関連開示の最終規則を公表した。
温暖化ガス排出量の開示はスコープ1、スコープ2を求める。

　ただ開示を強制することを問題視する声は多く、規則公表後に差し止めを
求める訴訟が起き、SECは規則の施行の一時停止を余儀なくされた。さらに
気候変動に懐疑的なトランプ氏が大統領に返り咲き、開示規則は施行されな
いままになる可能性が高いとみられている。

　ISSBは気候関連の次に開発すべきテーマ別基準について議論している。24
年4月には生物多様性と人的資本の開示についての調査プロジェクトを始め
ると公表した。既存の基準を土台として開発する方法や他の基準との整合性
を高める方法を検討したうえで、基準開発に進む見通しだ。

日本ではサステナビリティ基準委員会（SSBJ）が開発したサステナ開示基準が確定した

1 はじめの一歩
2 再エネ活用の最前線
3 動き出した新エネ
4 GHG吸収への挑戦
5 カーボンクレジット
6 炭素会計を知る
7 脱炭素経営の新概念
8 世界のGX動向

060

SSBJの国内基準、独自規定が減少 ISSBと整合性高まる

分解サステナ開示基準㊤　あずさ監査法人・関口智和氏

　サステナビリティ基準委員会（SSBJ）が2025年3月にサステナビリティー情報開示の国内基準を確定・公表した。国際基準や欧州連合（EU）の基準がある中、日本企業はどのように対応すべきか。IFRSサステナビリティ開示基準の導入推進グループのメンバーを務める、あずさ監査法人の会計・開示プラクティス部長、関口智和氏のインタビューを基に、3回に分けて解説する。

　SSBJが24年3月に公表した公開草案はIFRS財団傘下の国際サステナビリティ基準審議会（ISSB）が開発した基準をベースにし、企業の負荷を軽減するため日本独自の規定が幾つか盛り込まれていた。ただ、25年3月に公表した確定版では独自規定が減り、ISSB基準と内容について大きな差異はない。金融庁のワーキンググループでは、時価総額3兆円以上の東証プライム上場企業に対して27年3月期からSSBJ基準に基づく開示を義務付け、適用対象を順次拡大する方向で議論が進んでいる。

ISSB基準がベースラインに

　米国やEUではサステナ情報の開示規則や基準を独自に開発する動きがあるが、日本や英国など多くの国々ではISSB基準をベースに国内の開示制度が検討されている。また、企業の環境情報開示を評価する非政府組織（NGO）

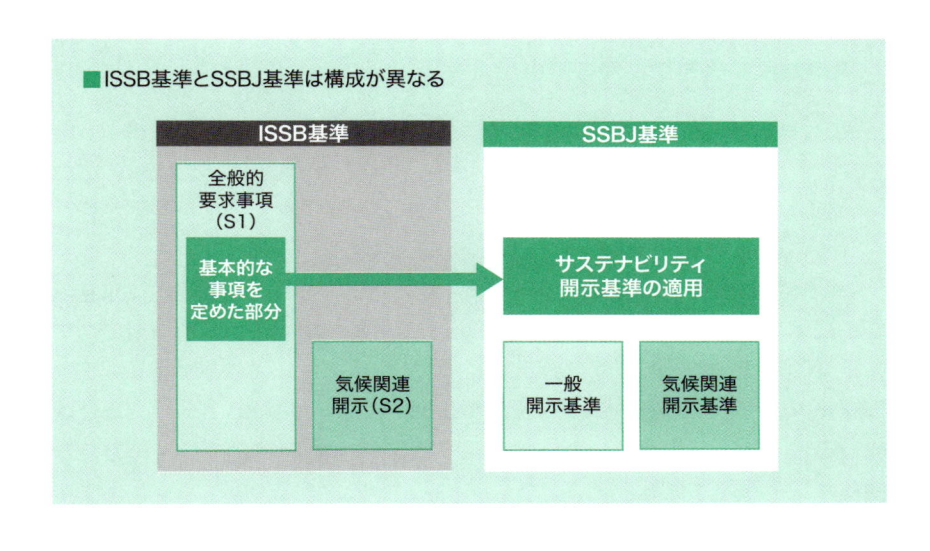

■ISSB基準とSSBJ基準は構成が異なる

ISSB基準	SSBJ基準
全般的要求事項（S1） 基本的な事項を定めた部分	サステナビリティ開示基準の適用
気候関連開示（S2）	一般開示基準　気候関連開示基準

1 はじめの一歩

2 再エネ活用の最前線

3 動き出した新エネ

4 GHG吸収への挑戦

5 カーボンクレジット

6 炭素会計を知る

7 脱炭素経営の新概念

8 世界のGX動向

のCDPが実施するサーベイ（調査）でも、ISSB基準との整合性が考慮されている。ISSB基準が実務上、世界のサステナ情報開示のベースラインになりつつある。

　SSBJはISSB基準から構成を大きく変えている。ISSB基準は、IFRS S1号「サステナビリティ関連財務情報の開示に関する全般的要求事項」と、IFRS S2号「気候関連開示」の2本建てで構成されている。それに対して、SSBJ基準はS1号からサステナ関連財務開示を作成する際の基本となる事項を定めた部分を「サステナビリティ開示基準の適用」として切り出し、「一般開示基準」「気候関連開示基準」との3本建てになった。このためSSBJ基準を初めて読んだ方は、ISSB基準と大きく異なるという印象を抱くかもしれないが、SSBJ基準とISSB基準の内容はおおむね整合的と言える。

もっと知りたい >>> 炭素会計

適用対象が当初想定から減少

SSBJは当初、基準が全ての上場企業に適用されるという前提で議論をしていた。そのため、草案ではISSB基準をそのまま適用する余地を残しつつ、企業の負荷を抑えられるように柔軟性を持たせるため、多くの独自規定が検討されていた。

しかし、その後のワーキンググループで、少なくとも当初は適用対象を限定的にすることが明らかになった。これを踏まえ、SSBJ基準の独自規定は相当限定的になった。例えば、公開草案ではGHGプロトコルと異なる方法で温暖化ガス（GHG）を測定する場合、報告期間についてISSB基準の定めとは異なる取り扱いが提案されていたが、確定基準ではISSB基準の定めと整合的になるようにされた。

まずギャップ分析

SSBJ基準に準拠した開示を検討する際は、まず既存の開示情報の棚卸しを実施し、SSBJ基準で要求されている情報と比べて不足している項目を洗い出すギャップ分析から始めるべきだろう。

以前から連結ベースでGHG排出量を算出していた企業でも、ギャップ分析をしてみると、実際には測定対象とする拠点などに漏れがあるケースが多い。連結財務諸表の作成では重要性が低いため非連結としていた子会社が、GHG排出量では集計の必要があるケースも考えられる。

せきぐち・ともかず 1995年慶大経卒、朝日監査法人（現あずさ監査法人）入所後、2000年からアーサーアンダーセンニューヨーク事務所に赴任。金融庁や国際監査・保証基準審議会（IAASB）などで国内外の会計・監査制度の立案や監査基準の開発などに携わる。16年から現職。金融庁の金融審議会／サステナビリティ情報の開示と保証のあり方に関するワーキンググループで専門委員を務める。

1 はじめの一歩

2 再エネ活用の最前線

3 動き出した新エネ

4 GHG吸収への挑戦

5 カーボンクレジット

6 炭素会計を知る

7 脱炭素経営の新概念

8 世界のGX動向

061

欧州CSRD、水資源・汚染など幅広く開示
適用時期は修正

分解サステナ開示基準㊥　あずさ監査法人・関口智和氏

　欧州連合（EU）では2024年度から企業サステナビリティー報告指令（CSRD）に基づく開示制度が始まった。CSRDに基づいて開示すべき情報を具体的に定める欧州サステナビリティ報告基準（ESRS）では、ダブル・マテリアリティーの考え方に基づき、開示すべきサステナ課題を決定することが要求されるなど、幅広い情報の開示が求められる。IFRS財団傘下の国際サステナビリティ基準審議会（ISSB）が開発した基準と、ESRSの双方に準拠した開示を検討する企業は、両者の違いに注意する必要がある。

環境・人へのインパクトも考慮

　CSRD／ESRSでは気候関連に加え、水・海洋資源、汚染、生物多様性、自社の従業員などについて開示すべき項目が詳細に定められている。また企業に対する財務上の影響だけでなく、環境や人に対するインパクトの観点も踏まえた情報開示が必要となる。さらに各項目について比較的詳細な開示情報が求められる。

　一方、ISSB基準ではもっぱら財務上の影響の観点から開示すべき情報が決められ、現時点では気候関連以外に個々のサステナ課題に関する開示基準が定められていない。このようにCSRDによって要求される開示情報は全体的に幅広いため、ESRSとISSB基準の両者に対応にする企業は相違部分に苦慮するケースが多いかもしれない。

■ESRSで開示が求められる分野は幅広い

	テーマ	開示項目数
横断的基準	全般的要求事項	0
	全般的開示項目	12
環境（E）	気候変動	9
	汚染	6
	水と海洋資源	5
	生物多様性とエコシステム	6
	資源の使用とサーキュラーエコノミー	6
社会（S）	自社の労働力	17
	バリューチェーンにおける労働力	5
	影響を受けるコミュニティー	5
	消費者および最終顧客	5
ガバナンス（G）	企業行動	6
合計		82

　CSRDは開示項目や第三者保証を受ける義務などを定める指令で、開示すべき具体的な情報はESRSで定められている。ESRSはEU域内の大会社向け基準、中小企業向け基準、セクター別基準、EU域外企業向けなど複数の種類が想定されており、開発が順次進められている。ESRSの適用にあたっては判断に迷う点も多く、様々な実務的な課題が指摘されている。

適用ガイダンスを公表

　これを踏まえ、欧州においてサステナ開示基準の開発を担っている欧州財務報告諮問グループ（EFRAG）は、ESRSの適用ガイダンスを公表している。その一つが24年5月に公表したマテリアリティー評価に関するガイダンスで、

13項目のポイントが示されている。ESRSの適用準備に当たって、これらのガイダンスは大いに参考となるだろう。

　CSRDは23年1月に発効し、EU域内の各国の法制化を経たうえで、規制市場に上場する会社から適用が開始されている。それ以外の企業についても、25年度から「大会社」に該当する欧州子会社を対象として開示が要求されるほか、28年度からは間接的ではあるが、EU域外に所在する親会社グループも開示要求の対象となる予定だった。

　CSRDの適用時期は、日本のサステナビリティ基準委員会（SSBJ）が開発する基準の適用時期に比べて早いため、CSRDに照準を合わせてサステナ情報開示の拡充を検討する大企業も多かった。

適用企業を8割削減

　しかし、EUの行政機関である欧州委員会は25年2月末、大会社に対する開示義務化の時期を遅らせるほか、適用対象の企業を8割減らす提案を発表した。25年度から開示が必要とされていた日本企業の欧州子会社は、適用時期が2年間延期となり、開示が求められるのは27年度以降となる可能性がある。

　このため25年3月時点の情報に基づくと、時価総額3兆円以上のプライム市場に上場する日本企業にとっては、SSBJ基準に準拠した開示が最も早くなることが予想される。

　いずれにしろ、今後サステナ関連情報の開示拡充を要求される可能性がある日本企業は、SSBJ基準やESRSに準拠したマテリアリティー評価に着手し、ざっくりでもどういう対応が必要となるかの検討が必要だろう。これに加えて、バリューチェーン上の企業から、いつどのような情報を入手することが必要となるかを検討することが望ましいと考えられる。

1 はじめの一歩
2 再エネ活用の最前線
3 動き出した新エネ
4 GHG吸収への挑戦
5 カーボンクレジット
6 炭素会計を知る
7 脱炭素経営の新概念
8 世界のGX動向

062

サステナ課題、財務諸表に反映
脱炭素未達なら引当金も

分解サステナ開示基準⑦　あずさ監査法人・関口智和氏

　財務諸表にサステナビリティー関連の取り組みをどう反映すべきかが課題として浮上している。IFRS（国際財務報告基準）解釈指針委員会は、温暖化ガス（GHG）削減目標を公表した企業が、どのような要件に当たるとカーボンクレジット購入の引当金を計上する必要があるかを明らかにした。サステナ関連情報の開示が進むのに伴い、財務諸表に表示される情報とどう整合性を取るべきかを検討する動きが広がりそうだ。

情報の整合性に厳しい目

　サステナ関連情報は従来、非財務情報として開示され、財務諸表との関係はあまり意識されていなかった。サステナ関連の課題はゆっくり進むため、何をもって会計処理の対象とする事象が発生しているとみなすのか、判断しにくいことが一因だ。

　しかし、GHG排出量の削減に向けて様々な規制が強化され、消費者ニーズも変化している。多くのGHG排出を伴う商品が売れなくなり、既存の製造設備について減損が必要になることも増えており、企業価値を評価するうえでもサステナ関連情報の重要性は増している。

　非財務情報におけるサステナ情報の開示が進むにつれ、実際にサステナ課題を財務諸表にどう反映するかについて、実務では様々な論点が浮上してい

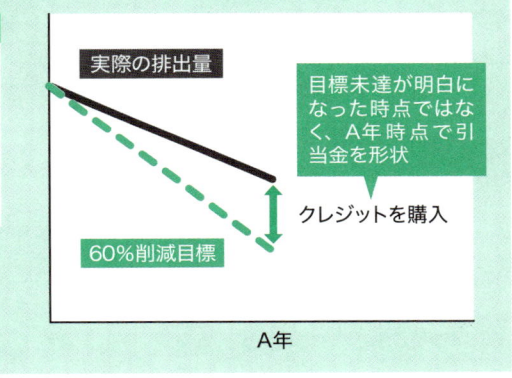

■GHG削減目標が未達の場合の会計処理

企業のコミットメント

● A年までに段階的に年次の
GHG排出量を最低60%削
減する

● A年以降、達成できない場
合はクレジットの購入など
を通じてオフセットする

（注）IFRS解釈指針委員会のア
ジェンダ決定を基に作成

実際の排出量

目標未達が明白に
なった時点ではな
く、A年時点で引
当金を形状

クレジットを購入

60%削減目標

A年

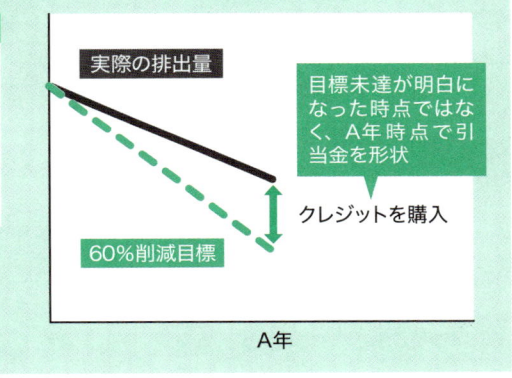

る。

　一つが、電力の供給と環境価値の提供を切り離したうえで、環境価値のみ
を発電事業者から需要家に移転する「バーチャルPPA（電力購入契約）」に関
する点だ。バーチャルPPAでは、発電事業者と需要家との間で固定価格を設
定し、PPA契約上の固定価格と電力価格との差額を差金精算することが一般
的だ。

　バーチャルPPAについては会計上、金融派生商品（デリバティブ）に該当
するものと考えるかどうかを含め、様々な議論がある。企業会計基準委員会
（ASBJ）は2025年3月、実務対応報告公開草案第70号「非化石価値の特定の購
入取引における需要家の会計処理に関する当面の取扱い（案）」を公表してお
り、会計上の取り扱いを明らかにしようとしている。

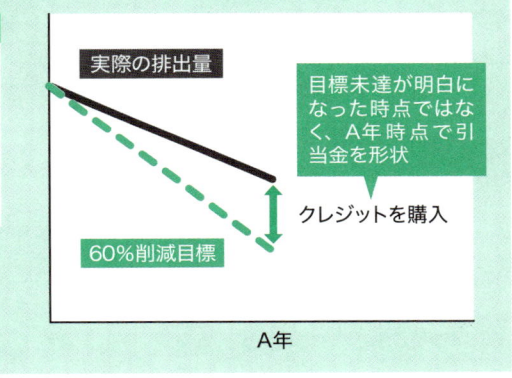

1 はじめの一歩

2 再エネ活用の最前線

3 動き出した新エネ

4 GHG吸収への挑戦

5 カーボンクレジット

6 炭素会計を知る

7 脱炭素経営の新概念

8 世界のGX動向

■IASBでの審議状況

項目	主な対応
開示例の開発	公開草案で、IFRS会計基準の付随文書として開示例を含めて提示する
見積もりの開示	公開草案で、見積もりについて追加の開示要求は提案しない
資産の減損	IFRS解釈指針委員会で議論（必要なしとの方向）
引当金	IFRS解釈指針委員会でアジェンダ決定（Agenda Decision）を作成
財務諸表における表示	IFRS第18号を公表（情報の集約と分解の考え方を明確化）
ESGリンク債	今後、適用ガイダンスを追加する予定
PPA	公開草案を公表
信用減損	IFRS第9号の適用後レビューを実施中

（注）2024年5月時点

クレジット購入費用を引き当て

　またIFRS解釈指針委員会は24年4月、GHG削減目標を公表している企業が目標達成のためにカーボンクレジットを購入せざるを得ない場合、どのような要件に合致すると引当金を計上する必要があるかを、「アジェンダ決定」という形で明らかにしている。従来は、目標年度より前にカーボンクレジットの購入なしに削減目標を達成できないと見込まれる場合、その時点でクレジットの購入費用を引当金に計上すべきだという見方があった。

　これに対し、IFRS解釈指針委員会は目標年度までは引当金を計上することにならない一方、目標年度に引当金を計上すべき場合がある旨を明らかにしている。このため削減目標の公表次第では、引当金の計上が必要になることには注意が必要だ。

　IFRSを開発する国際会計基準審議会（IASB）は、気候関連リスクを財務諸

表にどう反映すべきかを明らかにするため、会計基準の見直しを実施すべきかについて幅広く審議してきた。IASBは審議を踏まえ、24年7月に気候関連リスクなどに関する注記例について公開草案を公表し、公開草案に寄せられたコメントを踏まえて審議を進めている。IASBは今後、寄せられたコメントを踏まえて修正したうえで、これらの注記例を公表することを予定している。

サステナ関連情報の開示が拡充されると、財務諸表における開示情報とサステナ報告との間で整合していない部分が明らかになってくるだろう。また、気候変動対策の取り組みが増えると、これをどのように収益や費用などのかたちで会計処理に反映すべきかについて、悩みも多くなりそうだ。サステナ関連の取り組みが活発化する中、これらを財務諸表にどのように反映するかは、一層重要になっていくものと考えられる。

1 はじめの一歩

2 再エネ活用の最前線

3 動き出した新エネ

4 GHG吸収への挑戦

5 カーボンクレジット

6 炭素会計を知る

7 脱炭素経営の新概念

8 世界のGX動向

063

大林組、低炭素コンクリを独自計算

　サプライチェーン全体の温暖化ガス排出量「スコープ3」の開示が一部の企業に義務化される。スコープ3を構成する15種類のカテゴリーごとに、企業の取り組み状況や課題を連載で探る。初回はカテゴリー1。調達した製品やサービスの製造や輸送などが対象だ。

排出量の8割占める5項目を調査

　大手ゼネコンは建設資材を商社やメーカーから購入し、建築・土木事業を元請け事業者として手掛けることから、二酸化炭素（CO_2）排出量はスコープ3のカテゴリー1が最も多い。大林組は2022年度（速報値）にグループ全体で378万4200トンを排出し、そのうちカテゴリー1が177万9800トンと47％に上った。

　カテゴリー1の排出量を大林組は、コンクリート、鉄骨、鉄筋、セメント、水の5項目について調べた。調達物品はこれ以外にもガラスやカーテンウオール、扉など多岐にわたるが、効率性の観点から対象を絞り込んだ。建築・土木現場で用いる資材からの排出量はこの5項目が7〜8割を占めるという。政府の算出ガイドラインは、必ずしも全項目を調査・開示する必要はないとしている。

　大林組は具体的な計算では、「LCA活用推進コンソーシアム」のデータベース「IDEA（イデア）」のCO_2排出係数（原単位）を資材の調達量に掛け合わせ

1 はじめの一歩

2 再エネ活用の最前線

3 動き出した新エネ

4 GHG吸収への挑戦

5 カーボンクレジット

6 炭素会計を知る

7 脱炭素経営の新概念

8 世界のGX動向

る。幅広く使われている「普通コンクリート」の場合、排出係数はコンクリート1立方メートル当たり279.23キログラムだ。イデアは環境省の算定報告基準にも準じていることから、第三者からの認証を得やすいと判断した。

鉄骨は高炉鋼と電炉鋼、セメントも通常のポルトランドセメントと高炉スラグを用いた場合で係数を使い分けた。外部調達する5項目に9種類の係数を使う。

建築学会指針を活用

例外的にイデア以外の係数を使うのが、大林組が独自に開発して生産を外部企業に委託しているコンクリート「クリーンクリート」だ。セメントに、高炉や火力発電で生成される副産物を混ぜ、一般に流通している材料で配合率を工夫して普及しやすくした。普通コンクリートと比べCO_2排出量を最大8割減らせるという。

大林組では22年度に生コンクリートを451万8000トン使っているが、そのう

ちクリーンクリートは5万6000トンで1%程度だ。10年の開発以来、21年度末までに34万立方メートルを現場で使っているという。

イデアにはこの製法に対応した係数がないため、建築学会の指針に従って独自に算出した。結果は1立方メートル当たり104キログラム。イデアの普通コンクリートに比べると約7割少ない。この係数を使うことで、より実態に近い排出量を把握できるようにした。

クリーンクリート以外でも、イデアの係数に頼らず二酸化炭素（CO_2）排出量を個別に把握できる資材はある。第三者機関が環境負荷などを明示する「EPD認証」を取得している鉄骨などだ。ただ、「現時点ではイデアの係数を使う場合に比べて排出量の差が数％程度しかない」（環境経営統括室長の藤生直人氏）ため使わなかった。

海外子会社分の精度が課題

係数を掛け合わせる対象は、調達金額を使う選択肢もあるが採用しなかった。データを準備しやすいメリットがある一方で、資材価格が上昇すると使用量が同じでも計算上のCO_2排出量が増えるといった欠点があるためだ。調達した資材の重量や体積を使う方法を選んだ。

資材調達は全国9カ所にある支店が担うものと、本社がメーカーや商社から一括購入するものの2種類がある。いずれも次年度以降の単価交渉などに使うために調達量を集約して蓄積する仕組みがあったことから、CO_2排出量を把握するための新たな現場負担は「ほとんど増やさずにすんだ」（藤生氏）。

今後の課題は海外子会社分の把握だ。連結売上高の2割以上を占めるが、正確な数量を把握できないことから現在は詳細な排出量を計算できていない。海外分を含めた開示に向けて、合理的な集計方法を検討していく。

1 はじめの一歩

2 再エネ活用の最前線

3 動き出した新エネ

4 GHG吸収への挑戦

5 カーボンクレジット

6 炭素会計を知る

7 脱炭素経営の新概念

8 世界のGX動向

分解スコープ3 カテゴリー2（資本財）

064

東急不動産、資材単位で精度高く

カテゴリー2は、工場設備や賃貸物件など資本財の建設・製造が対象だ。

東急不動産ホールディングス（HD）の2022年度の二酸化炭素（CO_2）排出量188万トンのうち、スコープ3カテゴリー2は27万トンと14%を占めた。同社の場合、自社保有の賃貸オフィスビルやリゾートホテルなどの建設に伴う排出量がカテゴリー2に分類される。顧客に販売する分譲マンションや、ファンドに売却するビルや物流施設など、継続保有を前提としない資産に関する排出はカテゴリー1「購入した製品・サービス」の扱いだ。

完成時に一括計上、年によってブレ

カテゴリー2の割合は平均すると15%前後だが、年によって大きく変化する。複数年度にわたる投資の場合は、完成時にまとめて計上するためだ。再開発プロジェクトなどで大型物件が完成した年は、排出量が大きく膨らむ。東京・竹芝で地上40階建ての複合ビルなどが完成した20年度のカテゴリー2は39万トンで、22年度より5割多い。傘下の事業会社の東急不動産は、全国93カ所で太陽光や風力などによる発電所を開発・運営している。これらの設備も完成時には、建設に由来する排出量がカテゴリー2に計上される。

全体としてはもちろんCO_2排出量の削減につながる。これらの再生可能エネルギーでつくった電力を自社で使い、外部からの電力調達を減らせばスコープ2が減るからだ。実際、保有する全施設で再生エネ電力への切り替えが完

了した22年度の排出量を前年度と比べると、カテゴリー2は15万トン増える一方でスコープ2は11万トン減った。カテゴリー2の増加は一過性だが、スコープ2の削減効果は次年度以降も続く。

業界でマニュアル、排出2割減も

　カテゴリー2の具体的な計算には従来、環境省がまとめたCO_2排出係数（原単位）を採用していた。設備投資の金額当たりの排出量を、投資する業種ごとに規定したもので、東急不動産の場合は「不動産仲介および賃貸」の「100万円当たり3.42トン」。これに工事金額を掛け合わせる方法だ。

　ただ、この方法では環境負荷の小さい資材や建設手法を導入しても、計算には反映されない。低炭素だがコストは高い資材を使った場合は、計算上の排出量はむしろ増えてしまう。

　そこで大手デベロッパーなどで構成する不動産協会は23年6月、ビル建築時の温暖化ガス排出量の算定マニュアルを作成した。鉄やコンクリートといっ

た原材料に加え、電気・空調設備といった項目ごとに細かく排出係数を設定することで、実態に近い排出量を計算できるようにした。

東急不動産サステナビリティ推進部の古賀喜郎室長は「過去の物件に適用してみたところ、従来の工事金額ベースの計算に比べて排出量が1〜2割減ったケースもあった」と話す。23年度から大規模物件を中心に順次適用を始める計画だ。

課題は計算の効率化

計算上ではなく、実際に排出量を減らす取り組みも進めている。建築家の隈研吾氏がデザインを監修する分譲マンション「ブランズ千代田富士見」(東京・千代田)では、床などに使う合板にCO_2排出量の少ない建材を採用した。オフィスビル「九段会館テラス」など、従来の設備を生かすことで新たな資材投入を抑える「再生建築」も、カテゴリー1、2の削減につながる。

課題は効率よく排出量を計算する仕組み作りだ。工事金額ベースの従来の計算に比べ、業界マニュアルに沿った新手法は算出方法が複雑になるのは避けられない。物件の規模や共用部の設備など、案件によってバラつきがある中で具体的にどう計算するのかなど、マニュアルでは明示されていない部分もある。

東急不動産をはじめとする不動産大手はオフィスビルをはじめ、住宅や商業施設、ホテルなど多様な物件を手掛けることもあり「排出量の計算に人手や時間が足りなくなるのではという懸念もある」(古賀氏)。建設を請け負うゼネコン大手と情報共有の面で連携を強化し、環境データ集約の負担を減らせるかがカギを握る。

建設はCO_2が多く出る産業の一つだ。実態に近い排出量を把握できる計算方法が浸透すれば排出削減の意欲を高めることになり、社会全体の脱炭素にもつながる。省エネ補助金などの公的支援を通じて、不動産業界の取り組みを後押しすることも選択肢になる。

1 はじめの一歩

2 再エネ活用の最前線

3 動き出した新エネ

4 GHG吸収への挑戦

5 カーボンクレジット

6 炭素会計を知る

7 脱炭素経営の新概念

8 世界のGX動向

065

M&A拡大のイオン、省エネ共有

　カテゴリー3は電力やガスに由来する排出量のうち、化石燃料の採掘や輸送といった上流で発生するものが対象だ。

子会社100社のデータ集計

　イオンは2021年度の二酸化炭素（CO_2）排出量のうち、スコープ3が70%を占めた。中でもプライベートブランド（PB）の調達などカテゴリー1（購入製品）が総排出量の39%、総菜の加工センター建設などカテゴリー2（資本財）が13%だった。カテゴリー3は3%にすぎないが、ここでも削減が続く。

　エネルギー由来の排出はスコープ2でも把握する。スコープ2は、電力会社が発電のために化石燃料を燃やすことで発生するCO_2などが対象だ。スコープ3カテゴリー3は同じ電力会社が使う燃料でも、発電所に届くまでのプロセスで発生した分を計算する。具体的には、電力などの使用量にCO_2排出係数（原単位）を掛けて求める。

　イオンは23年2月末時点で301社ある連結子会社のうち、エネルギー使用量の大きい約100社分について、電力のほか、都市ガスや灯油など4種類の燃料の使用実績を集計。係数はLCA活用推進コンソーシアムのデータベース「IDEA（イデア）」を採用する企業が多いが、「過去からの継続性を維持するため」（イオン）環境省の係数を使う。

1 はじめの一歩

2 再エネ活用の最前線

3 動き出した新エネ

4 GHG吸収への挑戦

5 カーボンクレジット

6 炭素会計を知る

7 脱炭素経営の新概念

8 世界のGX動向

算出対象5%増、排出量は8%減

　排出しているCO_2の絶対量をイオンは開示していない。ただ、カテゴリー3に限っていえば17年に比べると8%減ったという。

　一方で、排出量の算出対象会社数はこの5年で5%増えた。傘下のドラッグストア最大手、ウエルシアホールディングスが17〜21年の間に9社を子会社化。食品スーパーでは19年にマックスバリュ東海がマックスバリュ中部を吸収合併するなど、積極的な再編を仕掛けてきた結果だ。

　排出量が増えてもおかしくない状況にもかかわらずカテゴリー3を減らせたのは、省エネルギータイプの冷凍・冷蔵ケース導入が大きい。21年度までに総合スーパーや食品スーパー、ドラッグストアの累計1224店舗に設置した。空調設備も人工知能（AI）が時間と来店客数を学習して冷暖房を調節するタイプに切り替えを進めている。両方を組み合わせることで「3〜4割の省エネにつながる」と、イオン環境・社会貢献部の担当者は話す。

電力消費、日本全体の1%

イオンが排出削減を進める原動力は「グループの店舗の電力消費は日本全体の消費量の1%を占める」という責任感だ。30年度までに国内の店舗で使う電力の50%を再生可能エネルギーに切り替え、40年度には店舗で排出する温暖化ガスをゼロにする目標を掲げる。スコープ1とスコープ2は、これで大幅に減る。

スコープ3排出量の過半を占めるカテゴリー1の削減にも本腰を入れ始めた。21年には、供給網上の排出量の管理・削減に向けてPB「トップバリュ」などの委託製造を担う主な取引先に対してアンケートを実施。原材料調達から廃棄・リサイクルまでのCO_2総排出量を示す「カーボンフットプリント（CFP）」の算定を目指している。

一部の商品では、脱炭素の度合いを「見える化」した表示ラベルを貼る取り組みを進める。「取引先からデータを集める必要があり、各社の協力が不可欠だ。サプライヤーとは対等な立場で一緒に脱炭素を目指していく」と環境・社会貢献部の担当者は話す。島根県や三重県でイチゴ栽培過程の脱炭素化を始めている。

1 はじめの一歩

2 再エネ活用の最前線

3 動き出した新エネ

4 GHG吸収への挑戦

5 カーボンクレジット

6 炭素会計を知る

7 脱炭素経営の新概念

8 世界のGX動向

066

ライオン、船舶活用で45%削減

　いずれも輸送・配送に伴う排出量で、カテゴリー4は製品を作るのに使う部材調達など上流側、カテゴリー9は販売した製品が消費者の手元に渡るまでの下流側が対象だ。

改良トンキロ法、積載率も反映

　メーカーや小売業は製品や原材料の輸送・配送の機会が多いことから、カテゴリー4やカテゴリー9の比重が相対的に高めになる。ライオンは2022年に503万3000トンを排出し、そのうちカテゴリー4は3.9%に当たる19万6000トン、9は0.2%の8000トンだった。

　カテゴリー4の算定方法は大きく3種類がある。①燃料購入使用量を基にした燃料法②燃費と輸送距離を基にした燃費法③重量と輸送距離を基にしたトンキロ法だ。燃料法が最も高い精度で計算できるが、車両の燃料使用量の把握が必要となるため難度も高い。

　ライオンは基本的にトンキロ法を使う。運んだ物の重量と輸送距離に、「LCA活用推進コンソーシアム」のデータベース「IDEA（イデア）」の二酸化炭素（CO_2）排出係数（原単位）を掛け合わせる。

　製品出荷に伴う物流は自社が荷主になるため実際の移動距離を把握できるが、原材料調達に関する物流の場合は推計値を使う。出荷元の工場を特定し、ナビゲーションシステムで推測する。サステナビリティ推進部の末武貴氏は

「荷主のサプライヤー側にデータを提供してもらう体制をいかに作るかが、いまの課題だ」と指摘する。

　出荷物流の中でもトラックを使う場合は「改良トンキロ法」を用いる。トラックの積載率を反映できるのが特徴だ。23年1月には、トラックの荷台や製品の大きさなどを入力すると最適な荷物の積み方を調べられる構造計画研究所の計算エンジンAdNeS（アドネス）を導入。積載率8割以上の車両の割合を従来の37%から52%に高めた。改良トンキロ法を使うと、こういった工夫がスコープ3の削減につながる。

　さらに効果的だとライオンがみているのが、輸送手段をトラックから舶舶などに切り替えるモーダルシフトの拡大だ。20年には、花王との共同運送を通して東京港と徳島港の間でフェリーによる海上輸送を開始した。輸送コストは23%減、CO_2排出量は45%削減できたといい、当初は週1回だったところを22年から週2回に増やしている。

輸送シナリオに基づき仮定

卸先から消費者までの輸送が対象のカテゴリー9は、カテゴリー4に比べて計算のハードルが高くなる。他社製品と混載されるケースが多いのに加え、店舗の在庫状況に応じて配送先を変更することも珍しくない。荷主は自社ではなく卸先になるため、そういった実態の把握が難しい。

環境省はガイドラインで輸送距離や積載率、輸送手段を仮定する製品種別の「輸送シナリオ」を使うことを認めている。ライオンは衣料用洗剤のシナリオに基づき輸送距離を100キロメートルと仮定して算定する。

ライオンはカテゴリー4と9を含む製品のライフサイクル排出量を、30年までに17年比で30%削減する目標を掲げる。CO_2排出量を自社の基準で仮想的に費用換算するインターナルカーボンプライシング（ICP）制度を22年から導入。水準は1トン当たり6100円に設定した。コストや製品の品質確保とバランスを取りながら、排出削減を進める方針だ。

1 はじめの一歩

2 再エネ活用の最前線

3 動き出した新エネ

4 GHG吸収への挑戦

5 カーボンクレジット

6 炭素会計を知る

7 脱炭素経営の新概念

8 世界のGX動向

067

DNP、リサイクル分のみ係数区別

カテゴリー5は、事業から出た廃棄物が対象だ。

全カテゴリーから削減余地探る

大日本印刷（DNP）の2022年度の二酸化炭素（CO_2）排出量513万トンのうち、スコープ3カテゴリー5は2.7万トン。全体の0.5%にすぎないカテゴリーまで計算しているのは、排出量の計算を始めた当初の目的が「排出の現状を知り、削減余地がどこにあるかを考える」ことにあり、全カテゴリーを対象としたためだ。

主力事業はディスプレーなどに使う高機能フィルムやICカードの製造、印刷だ。フィルムや紙の廃棄物が多く出るため「カテゴリー5は比較的大きな割合を占めると考えていた」（サステナビリティ推進委員会事務局の鈴木由香・副局長）。

リサイクルの取り組みが進んでおり、実際には少なかった。構成比が大きいのは原料のフィルムや紙などの調達がかかわるカテゴリー1「購入した製品・サービス」や、最終製品の輸送に由来するカテゴリー9「輸送下流」だ。それでも、カテゴリー5の開示も続けている。

カテゴリー5の計算対象は、国内外の約70の製造拠点からの廃棄物だ。オフィスから出る量はそれほど多くないとの判断から、含めていない。廃棄物の輸送に由来する排出量は、スコープ1に計上している。

具体的な排出量は、廃プラスチックや汚泥など9種類の廃棄物の量にCO_2排

1 はじめの一歩

2 再エネ活用の最前線

3 動き出した新エネ

4 GHG吸収への挑戦

5 カーボンクレジット

6 炭素会計を知る

7 脱炭素経営の新概念

8 世界のGX動向

出係数（原単位）を掛け合わせて求める。工場廃棄物はもともと処理方法や量が細かく規制されているため、必要なデータは社内にそろっていた。

イデアにない分は政府指針から

22年度の場合、係数は合計21種類を使っている。廃棄物の種類のほか、焼却や埋め立て、リサイクルといった処理方法によって使い分ける。基本的には「LCA活用推進コンソーシアム」のデータベース「IDEA（イデア）」の係数を参照しているが、例外がリサイクルに回す廃棄物だ。例えばプラスチックが挙げられる。

イデアの廃プラに関する係数は焼却と埋め立てしかないため、この項目は環境省・経済産業省が定めた「サプライチェーンを通じた温室効果ガス排出量算定に関する基本ガイドライン」の係数を採用した。具体的な値はプラスチックの場合で廃棄物1トンあたり0.136キログラム。イデアの「焼却する廃プラ」の係数に比べると10分の1以下だという。

■大日本印刷のCO$_2$排出構成（22年度）

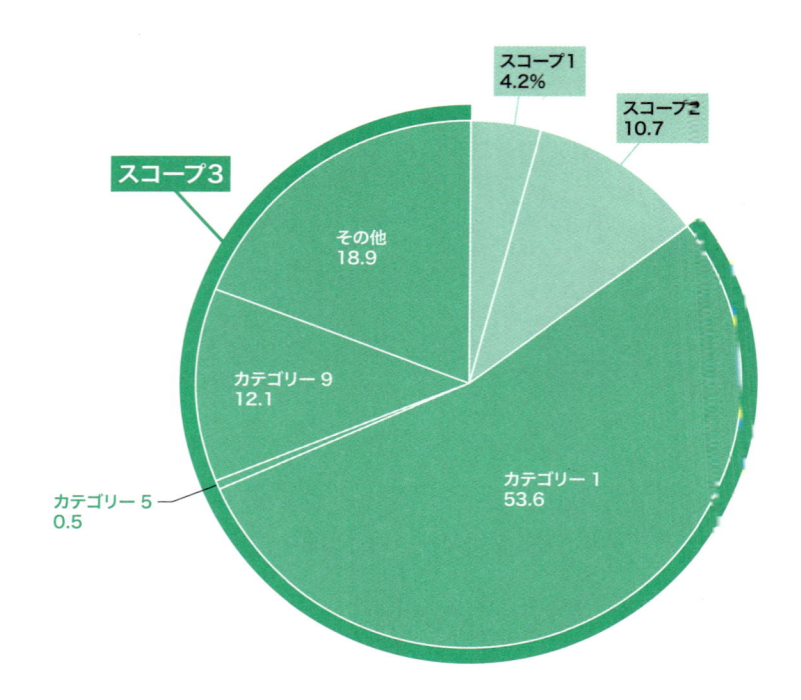

スコープ1
4.2%

スコープ2
10.7

スコープ3

その他
18.9

カテゴリー9
12.1

カテゴリー5
0.5

カテゴリー1
53.6

　DNPが15カテゴリーの内訳付きでCO$_2$排出量の公表を始めたのは、13年度の環境報告書からだ。対象は10年度分まで遡った。日本企業の中で先頭集団に位置する同社からみた今後の課題は、係数の改善だ。

　リサイクルする廃プラの係数は、政府ガイドラインにはあるとはいえ1種類のみだ。同じリサイクルでも熱で溶かすなどして再利用する「マテリアル」

サイクル」と、分子レベルまで化学的に分解する「ケミカルリサイクル」ではCO_2排出量も変わってくる。鈴木氏は「リサイクル品の扱いは（製品調達の面で）入り口となるカテゴリー1にもかかわる。循環型社会の時代におけるライフサイクルアセスメントを見据えると、係数の影響は大きいのではないか」と指摘した。

1 はじめの一歩

2 再エネ活用の最前線

3 動き出した新エネ

4 GHG吸収への挑戦

5 カーボンクレジット

6 炭素会計を知る

7 脱炭素経営の新概念

8 世界のGX動向

068

サイバーエージェント、乗り物別に算出

カテゴリー6は、従業員の出張に伴う排出量が対象だ。店舗や工場を持たないIT（情報技術）企業は人が競争力の源泉になるのと同様に、二酸化炭素（CO_2）排出量の面でも従業員の動きにかかわる部分の割合がメーカーなどに比べて大きくなりがちだ。

グループ74社分、旅費交通費から計算

サイバーエージェントは2022年度の総排出量3万4174トン（スコープ2がマーケット基準の場合）のうちスコープ3が占める割合は60%超。カテゴリー6は4172トンで全体の12%だった。

出張に伴う排出量の算定は①利用した交通手段ごとの移動距離や燃料使用量②交通費の金額③従業員数などのうち、いずれかにCO_2排出係数（原単位）を掛け合わせるのが代表的な方法だ。宿泊に伴う排出量を含めるかどうかについては、政府のガイドラインは企業の任意としている。

サイバーエージェントは旅費交通費の金額に、政府のデータベースの排出係数を掛けて計算する。対象は自社と連結子会社73社。CO_2排出量の計算対象とする連結子会社は99社あるが、このうち26社は「交通手段別のデータが収集できないため」（同社）カテゴリー6の計算では除外した。旅費交通費に占める26社の割合は14%にとどまる。

旅費交通費には一部、区分できない宿泊費が含まれているケースがあると

1 はじめの一歩

2 再エネ活用の最前線

3 動き出した新エネ

4 GHG吸収への挑戦

5 カーボンクレジット

6 炭素会計を知る

7 脱炭素経営の新概念

8 世界のGX動向

いう。

排出実績に第三者保証

22年度のカテゴリー6の排出量は21年度より8割多い。スコープ1、2、3の合計も3割超増えた。気候変動対応は「重要な経営課題の一つとして認識」(同社)しているが、現時点では事業の成長を優先しているという。スコープ1、2を含め、温暖化ガス排出量をゼロにする目標時期の設定もしていない。

ただ、開示には力を入れている。気候関連財務情報開示タスクフォース(TCFD)の提言に沿ったリスク分析結果などのほか、カテゴリーごとの計算方法についても詳細な説明をホームページに記載している。22年度のCO_2排出量については、KPMGあずさサステナビリティの第三者保証を受けた。

069

アステラス、SBT対応で海外分も算出

　カテゴリー7は、従業員が通勤に使う交通機関から排出される二酸化炭素（CO_2）排出量が対象だ。

「交通手段ごと」から簡略化

　アステラス製薬はスコープ3カテゴリー7「雇用者の通勤」に由来するCO_2排出量の集計範囲を、2022年度分から海外拠点に拡大した。契機となったのは企業の脱炭素計画を評価する国際組織「SBTイニシアチブ（SBTi）」の認証を23年1月に再取得したことだ。この際、スコープ3の各カテゴリーにおいてもグローバルベースの対応を求められたという。

　海外分も含めるのに伴って計算方法を簡略化した。「通勤する従業員の人数」と「代表的な出社率を加味した出社日数」と「CO_2排出原単位（係数）」を掛け合わせて拠点ごとに排出量を計算し、合算する。

　出社率は、オフィス系の拠点では東京本社の値をグローバルで一律に使う。東京本社のデータが最も信頼性が高く、出社率も高いため保守的な計算ができるとみている。足元の出社率は3割弱で推移している。工場や研究所の出社率は100%とした。係数は環境省のデータベースなどを活用する。

　21年度までは、電車やバス、自家用車、自転車など従業員が実際に使っている交通手段ごとに係数を使い分けていた。海外の従業員を対象にこういったデータを把握するのは難しい。アステラスの総排出量に占めるカテゴリー

7の割合は0.4%にすぎないため、算定方法を簡素化しても影響はそれほど大きくないことも変更の判断につながった。

在宅勤務の浸透で排出減

新たな方法で過去の排出量も計算し直したところ、15年度に5092トンあったカテゴリー7の排出量は20年度には2328トン、22年度は2119トンまで減った。

「在宅勤務を可能とする『ハイブリッドワーキング』制度の浸透が、環境負荷軽減に一定の貢献をしていると考えている」と飯野伸吾サステナビリティ部門長は話す。新型コロナウイルス禍の収束後も同制度は継続している。

アステラスは自社の排出分や電力使用などに由来するスコープ1、2の排出量を30年度までに15年度比で63%減、スコープ3は同37.5%減とする目標を掲げる。そのうえで50年には実質ゼロにする方針だ。

目標達成に向けて、23年度からは役員報酬のインセンティブ目標にサステナビリティー指標を追加した。この指標はスコープ1、2を対象にしているが、将来的にはスコープ3も対象となる見通しだ。

1 はじめの一歩
2 再エネ活用の最前線
3 動き出した新エネ
4 GHG吸収への挑戦
5 カーボンクレジット
6 炭素会計を知る
7 脱炭素経営の新概念
8 世界のGX動向

070

リコーリース、係数更新でCO_2半減

　カテゴリー8は、リースで借りた資産の自社利用、カテゴリー13はリースで貸した資産を顧客が使うことに伴う排出量が対象だ。リースで借りた資産の利用に由来する排出量は、スコープ1（自社からの排出）やスコープ2（エネルギー由来の排出）に含め、スコープ3のカテゴリー8には計上しないケースが多い。ここでは、主にカテゴリー13を取り上げる。

2013年度以来、初の見直し

　リース企業は製品をメーカーなどから購入して顧客に貸し出す事業形態のため、二酸化炭素（CO_2）排出量はスコープ3のカテゴリー13と、購入した製品に由来するカテゴリー1が多くなる。リコーリースは2021年度の排出量97万1115トンのうち、カテゴリー13が25%、カテゴリー1も含めると全体の95%を占めた。

　カテゴリー13の排出量は、前の年の半分に減った。計算の前提となるCO_2排出係数（原単位）などを「13年度にスコープ3の開示を始めて以来、初めて更新した」（経営企画部ESG推進室の直井啓子スペシャリスト）結果、実態に近い計算ができるようになった。

　リコーがリースしているのはコピー機や複合機、パソコンなどオフィス機器のほか、医療機器、太陽光発電設備と幅広い。CO_2排出量はそれぞれの製品の消費電力に、系統電力1キロワット時当たりの排出係数を掛けて求めるの

1 はじめの一歩

2 再エネ活用の最前線

3 動き出した新エネ

4 GHG吸収への挑戦

5 カーボンクレジット

6 炭素会計を知る

7 脱炭素経営の新概念

8 世界のGX動向

が原則だ。

　約7000億円あるリース資産のうち、1000億円弱は同社に33.7%を出資するリコー製の複合機など。グループ企業だけに、製品ごとの消費電力データなどを把握しやすい。

消費電力、代表的な製品から推計

　一方、残る他社製品については精緻な計算が難しい。製品を購入するメーカーの開示情報に依存するだけでなく、代理店を間に挟む「ベンダーリース」が多いため、リコーリースが契約の細部を把握するには膨大な手間が発生するからだ。契約件数は年間で約13万件に上り、供給先は中小企業も多い。

　そこで各カテゴリーの中で最も取引の多い製品を代表として選び、カテゴリーの平均値として推計する方法を採用している。例えばパソコンの場合、まず代表的な機種の消費電力を調べる。一日8時間、年間240日使う場合の電力量と、電力のCO_2排出係数を掛け合わせることで年間のCO_2排出量を計算す

る。これを取引金額に応じて、他の機種にも適用する仕組みだ。

21年度分の計算では、この「代表的な製品の消費電力」と電力の排出係数を更新した。各製品の省エネ性能が10年弱の間に向上した分だけ消費電力は低下。電力の排出係数は環境省が公表する「代替値」を使っているが、こちらも小さくなった。従来は1キロワット時当たりのCO_2が0.55キログラムだったのが0.433キログラムになった。

スコープ3の開示を始めた当時は、「手探り状態」（直井氏）で計算していた。消費電力が不明な製品に対して、複合機以外でもリコー製品の排出係数を適用したケースもあるという。例えば、大型印刷機など産業工作機械のカテゴリー分類に太陽光発電設備を入れていた。

21年度分はカテゴリー1でも同様に計算方法の見直しを進めた結果、スコープ3全体の排出量は20年度に比べて3割減少。30年度までの中長期目標で掲げていた15年度比で20％削減という目標を、7年前倒しで達成してしまった。

省エネ製品の取り扱い拡大

今後の課題は、より正確な算出手法を確立することで削減に向けて数値を追えるようにすることだ。

ただ、リースの場合、CO_2排出量は顧客がどういった製品を選ぶかによる部分が大きい。三菱HCキャピタルはカテゴリー13について「顧客（お客さま）による選定となり、当社グループが排出や排出削減に影響を及ぼすことは難しく、また、必要なデータの収集が困難なため、排出量の算定をしておりません」としている。こういった対応は、政府指針でも認められている。

リコーリースは、排出削減に向けて活動しているメーカーとより多く取引するなど、省エネ性能に優れた製品の割合を増やす方針だ。

1 はじめの一歩

2 再エネ活用の最前線

3 動き出した新エネ

4 GHG吸収への挑戦

5 カーボンクレジット

6 炭素会計を知る

7 脱炭素経営の新概念

8 GXの世界動向

分解スコープ3 | カテゴリー10（販売した製品の加工）

071

JX金属、難題に挑んだ危機感

カテゴリー10は販売した製品を、購入企業が加工することに伴う排出量が対象だ。鋼材や化学品といった産業素材は、多くの企業による中間加工を経て自動車などの最終製品になる。それぞれの加工工程で出る二酸化炭素（CO_2）の合計値が、カテゴリー10の排出量だ。

化学・石油元売り大手は非開示

原料の上流を手掛ける素材企業は、正確な算出が難しい。例えば石油化学の場合、エチレンやプロピレンといった基礎化学品を年間で何十万トンも国内外に販売する。最終用途は車、家電、日用品など幅広く、それぞれ異なる複数の加工をするためすべてを確認するのは現実的でない。

実際、三菱ケミカルグループをはじめとする化学やENEOS（エネオス）ホールディングスなど石油元売り大手の多くは、合理的な計算が難しいとしてカテゴリー10を算出対象外としている。環境省がまとめた指針も、販売先の加工工程を把握できない場合、十分な根拠を示せば算定対象から除くことを認めている。

主力品の電気銅に限定

非鉄大手のJX金属は、2021年度実績分から開示に踏み切った。本川淑子技術本部主席技師は「コンサルティング会社からも『（カテゴリー10は）計算し

なくてもよいのでは』との話があったが、想定値を使ってでも算定する姿勢を示すことが重要だと考えた」と説明する。

カテゴリー10の排出量は38.3万トンで、スコープ1〜3全体の467.8万トンの8.2%だった。計算は主力品の電気銅に限定した。21年度の生産量は国内トップ級の38万3000トン。同社が生産するすべての金属製品のうち重量ベースで9割近くを占める。取り扱う製品の種類が少ないため、素材を手掛ける他社に比べて推計をしやすかった面がある。

外販する電気銅はすべて電線に使われたと仮定して、排出量を計算した。電線に加工するには高温で銅を溶かして再び成形するといった工程がある。CO_2の量は論文で紹介されている排出係数と、電気銅の年間販売量から算出した。

精度には課題

　ただ、実際の電気銅の用途は電線だけでなく、モーターや車部品などにも使う。業界団体の統計から、総需要に占める電線の割合は半分程度だと同社はみている。本川主席技師は「算定精度には課題がある」と認めつつ、現状でも「およそどのくらい排出しているかの目安になる」と話す。

　岡大輔ESG推進部長は「銅箔などの先端素材を使う顧客から、カーボンフットプリント（製品のCO_2排出量）を下げてほしいという要望がここ1年で増えている。対応できなければ将来のビジネス機会を失ってしまう」と危機感を持つ。

　まずは、排出量の構成比が大きいカテゴリー1やカテゴリー4の削減をいかに進めるかが重要になる。銅鉱石から銅を抽出し、輸送するプロセスの改善などが課題だ。3番目に多いカテゴリー10でも、素材を加工する下流企業と連携するなどで精緻な計算ができるようになれば、バリューチェーン全体で最適な削減手法を検討しやすくなる。

1　はじめの一歩

2　再エネ活用の最前線

3　動き出した新エネ

4　GHG吸収への挑戦

5　カーボンクレジット

6　炭素会計を知る

7　脱炭素経営の新概念

8　世界のGX動向

072

パナソニックHD、エアコン100分類

カテゴリー11は、自社製品を消費者などが使う際に出る温暖化ガスの量をカウントする。家電メーカーや自動車会社は、比率が高くなりやすい。

総排出量の4分の3

パナソニックホールディングス（HD）は2022年度のカテゴリー11が二酸化炭素（CO_2）換算で9503万トンと、排出量全体の74%にのぼる。同カテゴリーの半分近くがエアコンと照明由来だという。

製品使用時のCO_2排出量を開示し始めたのは、会社名が松下電器産業だった04年。対象は当初、エアコンや洗濯機など16品目だった。22年度分は、業務用冷蔵ショーケースなど法人向け製品も含む33品目まで拡大。製品排出量全体の90%以上をカバーしている。数値は楠見雄規社長と各事業会社のトップが参加する会議に報告され、削減策の立案に役立てる。

計算方法は①製品1台あたりの年間消費電力量②年度内の販売台数③製品寿命④消費する電力のCO_2排出係数の掛け算だ。

原則として、補修用の部品を保有する期間を製品寿命とみなす。部品の保有期間は製品ごとに異なり、冷蔵庫は9年、テレビは8年。大半は6〜10年程度だ。CO_2の排出係数は、製品を使う地域の電源構成が左右する。

冷蔵ショーケースなどに使う冷媒のフロンも大気中に漏れる可能性があるため、カテゴリー11に計上している。フロンは、温室効果がCO_2の数百〜1万

1 はじめの一歩

2 再エネ活用の最前線

3 動き出した新エネ

4 GHG吸収への挑戦

5 カーボンクレジット

6 炭素会計を知る

7 脱炭素経営の新概念

8 世界のGX動向

倍程度にのぼる。業界の標準データなどに基づいて排出量を計算しており、22年度はCO_2換算で903万トンとカテゴリー11の10%を占めた。

業務負荷が増え不満の声も

「なるべく実態に近い精度の高い数字が求められている」（同社）として計算に工夫を凝らす。象徴的なのがエアコンだ。年間消費電力量と製品寿命、出荷先などに基づいて約100個のグループに分類してきめ細かく計算する。出荷先を勘案するのは国によって電源構成が違うため、電力の排出係数は8種類を使い分ける。

22年度のカテゴリー11の排出量は、前の年度より17%増えた。16年に買収した業務用冷蔵設備の米ハスマンなどを新たに算定対象に加えたためだ。総務や広報などを担うパナソニックオペレーショナルエクセレンス（PEX）の品質・環境本部の楠本正治本部長は「買収した子会社が経営の独自性を保つ中、データを把握するのに時間がかかった」と明かす。

カテゴリー11の集計が難航するのは、海外子会社だけではない。新製品の場合、PEXの担当者が省エネ性能や機能を踏まえて事業部と話し合い、年間電力消費量や排出量などを決める。「納期が迫ってそれどころじゃないんだよ」。事業会社の担当者からは、業務負荷の増加に不満の声が上がることもある。楠見社長は環境を経営の中心に据える姿勢を鮮明にし、データ収集を後押しする。

モーターなどに対象拡大検討

今後は、算定対象をさらに広げることも視野に入れる。現在、対象外になっているのは電池や電子材料、建材など。「顧客企業の最終製品に組み込まれるため消費者が使用する際の状況やデータを把握しづらく、排出量の算定式を作るのが難しい」（パナソニックHD）ためだ。今後は、モーターやコンプレッサーなどに対象を広げることを検討する。

24年度には、カテゴリー11の排出量を22年度の2割弱に相当する1608万トン減らす目標を掲げる。空調機器にアンモニアや水などの自然冷媒を使ったり、照明の明るさを自動制御するといった省エネ技術を磨いたりする方針だ。

1 はじめの一歩

2 再エネ活用の最前線

3 動き出した新エネ

4 GHG吸収への挑戦

5 カーボンクレジット

6 炭素会計を知る

7 脱炭素経営の新概念

8 世界のGX動向

073

資生堂、廃棄量でなく原材料から

カテゴリー12は、販売した製品の使い手が容器や製品そのものを廃棄することで発生する温暖化ガスが対象だ。排出量を算定する企業の手を離れたところで発生するため、同じ廃棄物でも製造プロセスで発生する端材などを対象とするカテゴリー5に比べて正確な把握が難しい。

製品が含む炭素、すべて大気に

資生堂は2022年の温暖化ガス排出量155.6万トンのうちスコープ3が9割以上を占めた。最も多いのが調達した原材料などに由来するカテゴリー1で、総排出量の約6割を占める。カテゴリー12は6%だった。

カテゴリー12の排出量は、製品を作るために調達した原材料に着目して算出している。化粧品やシャンプーといった製品は消費者が通常どおり使った場合でも排水処理などの過程で分解され、成分として含まれていた炭素は全量が二酸化炭素（CO_2）として大気に放出されるという考え方だ。

具体的には、独自に算出した原材料1キログラム当たりの排出係数を調達量と掛け合わせて求める。例えば、化石資源由来のエタノールは1キログラム当たり1.91キログラムのCO_2を排出するという計算になる。植物由来の場合は排出ゼロとみなす。

容器や包装に由来する排出量も調達した原材料を基点として、回収輸送や焼却、埋め立て過程の排出量を出す。焼却される割合を実際に把握するのは

難しいため、サステナブル経営推進機構（東京・千代田）の「エコリーフ環境ラベルプログラム」の廃棄シナリオにある数値を使う。例えば、使用済みプラスチック容器は66%が焼却されると想定している。リサイクルする場合は、カテゴリー12には計上しない。

カテゴリー12の一般的な計算方法は、製品の廃棄量や出荷量に排出原単位を掛け合わせるやり方だ。排出原単位は、環境省やサステナブル経営推進機構のデータベースを活用する場合が多い。

原材料の調達量に基づく資生堂の方法は手間がかかるものの「排出量の（把握に）漏れがなく、生産や流通ロスの削減努力などをスコープ3の削減として見える化できるメリットがある」（担当者）。

詰め替え拡大で排出削減

CO_2の排出削減に向けて資生堂は、詰め替え容器や、容器の一部を再利用する付け替えタイプの普及に力を入れる。この取り組みなどにより、22年は

通常の容器で販売した場合と比べて4200トンの排出を減らせたという。このうち廃棄段階の削減量は1300トンだった。リサイクルがしやすい単一素材容器の展開も進める。

　さらなる排出削減には技術革新が不可欠だ。中核ブランドの「SHISEIDO」は23年、化粧水の付け替え容器にボトル製造と中身の充填を同時にできる技術「リキフォーム」を採用した。中身の充填時の圧力を利用して容器を成形するものだ。容器サプライヤーから資生堂の工場に空ボトルを運ぶ必要をなくしたほか、容器の厚みを減らす設計によりプラスチックの使用量を削減した。

　資生堂はスコープ1、2の排出量を30年に19年比で46.2%減、スコープ3は55%減とする目標を掲げる。スコープ3が大半を占める同社にとっては、社会全体が変わらないと減らない部分もある。輸送時の排出削減などには、サプライヤーや輸送事業者の協力が欠かせない。

1 はじめの一歩
2 再エネ活用の最前線
3 動き出した新エネ
4 GHG吸収への挑戦
5 カーボンクレジット
6 炭素会計を知る
7 脱炭素経営の新概念
8 世界のGX動向

074

ワタミ、直営店データから面積係数

　カテゴリー14はフランチャイズチェーン（FC）を持つ企業の場合、FC加盟事業者の排出量が対象になる。FCは外食やサービス、小売りといった業界で多く採用されており、日本フランチャイズチェーン協会によると国内の店舗数は約25万にのぼる。業態によっては直営はごく一部で、外部企業や個人事業主が経営する店舗が大部分を占めるケースも多い。二酸化炭素（CO_2）の総排出量を正確に把握するには、FC全体の状況をつかむ必要がある。

「鳥メロ」など140店

　ワタミは「ミライザカ」や「鳥メロ」といった店舗名で全国に外食店を約340店展開。このうち140店は直営ではなく、加盟者が運営している。

　スコープ1〜3の排出量の開示を始めたのは2019年から。22年度のカテゴリー14は3857トンと全体の1.6%を占めた。新型コロナウイルス禍の影響から21年度は4860トンと前の年より約3割減少。22年度も宴会需要の低迷などで店舗数が減り、前年実績を2割ほど下回った。

　排出量の計算には、直営店のデータに基づくCO_2排出原単位（係数）を使っている。直営店の業態別に電力・ガスに由来するCO_2排出量を調べ、店舗の床面積で割ることで1平方メートル当たりの係数を算出。これを、似た業態の加盟店にも当てはめている。

　床面積当たりの原単位は21年度の実績をベースに作成し、22年度分の計算

1 はじめの一歩

2 再エネ活用の最前線

3 動き出した新エネ

4 GHG吸収への挑戦

5 カーボンクレジット

6 炭素会計を知る

7 脱炭素経営の新概念

8 世界のGX動向

でもそのまま使った。店舗が大きく増減した場合に更新する方針だ。

FC契約見直し検討

ただ、カテゴリー14排出量を精緻に出すには、加盟店が実際に使った電力やガスなどの量を確認する必要がある。現在は加盟店がワタミにこういったデータを開示するかどうかは任意のため把握が難しいことから、直営店のデータから原単位を作成する方法を選んだ。

今後は、データを開示するようフランチャイズチェーン（FC）契約を見直すなどの検討を進める方針だ。将来は子会社であるワタミエナジーの電力に切り替えることで、FC店舗全体の電力使用量を把握することも目指す。

ワタミは自社のCO_2排出量について外部の調査機関である、ソコテック・サーティフィケーション・ジャパン（東京・千代田）の認証を得るようにしている。23年1月にワタミの本社やワタミファームなどをソコテックの担当者が訪れて、適切性や正確性などを評価。是正すべき点や一段と明確にすべき理

由などについて指摘を受けて、改善を進めている。

外食初の「RE100」参加

ワタミは18年には事業活動で使う電力を再生エネでまかなう国際的な企業連合「RE100」に参加するなど、再生可能エネルギーに向けた取り組みを進めてきた。同社によると、外食チェーンとして初めてという。

50年のカーボンニュートラルを目標に掲げる。大分県の臼杵市に木質バイオマス発電所を建設したり、本社ビルや愛知県津島市にある食品工場「ワタミ手づくり厨房 中京センター」などの電力を再生エネに切り替えたりするといった対策を進めている。

FCの二酸化炭素排出量を開示することでスコープ3のカテゴリーごとの見える化を進め、カーボンニュートラルの実現に弾みをつけたい考えだ。

加盟店からの排出分はスコープ1（自社からの排出）やスコープ2（エネルギー由来の排出）に含めるケースもあり、コンビニエンスストア大手はカテゴリー14をゼロとしているところが多い。

1 はじめの一歩

2 再エネ活用の最前線

3 動き出した新エネ

4 GHG吸収への挑戦

5 カーボンクレジット

6 炭素会計を知る

7 脱炭素経営の新概念

8 世界のGX動向

分解スコープ3 | **カテゴリー 15（投資）**

075

日本生命、「炭素強度」でGX

　カテゴリー15は、投資先の二酸化炭素（CO_2）排出量が対象だ。ファイナンスド・エミッションとも呼ばれる。金融機関では排出量の大半を占めることが珍しくなく、ネットゼロの実現に向けて対応が不可欠の分野だ。投資先であれば非上場の中小企業の排出量なども反映されるため、社会全体で脱炭素を進められるかが重要になる。

CO_2排出量全体の99%

　日本生命保険はCO_2排出量を2種類に分けて公開している。「資産運用領域」の排出量がカテゴリー15に当たり、2021年度実績は1538万トンだった。カテゴリー15以外のスコープ3とスコープ1、2は「事業活動領域」との位置付けで、22年度は17万5190トン。年度は異なるが、単純に合計するとカテゴリー15が排出量全体の99%を占めることになる。

　投資と一口に言っても形態は多岐にわたる。日本生命が現在、カテゴリー15の計算対象にしているのは上場企業の株式、社債、不動産の3種類だ。少額でも投資しているすべての案件を含める。金融向けの炭素会計基準を定めるPCAFのガイドラインにのっとった対応だ。

　22年度の場合、対象は公開株式1421社、社債436社、国内外の株式や債券などに間接投資するためのファンド1万1055社、不動産は1088件。投資先の重複を考慮すると、計算対象は全体で1万3077件にのぼった。

　具体的な排出量の計算は、株式や社債の場合、投資先企業の排出量に自社の持ち分割合を掛け合わせて求める。個社の排出量データは外部ベンダーから購入。持ち分割合は対象企業の株式時価総額と有利子負債を合計して企業価値を出し、自社の投資額を企業価値で割って算出する。不動産への投資に由来する排出量は、物件のエネルギー使用量にCO_2排出係数と持ち分割合を掛けて計算する。

ダイベストメントではなく対話

　カテゴリー15を減らすために日本生命が重視するのが投資先との対話だ。すでに70〜80社と実施しており、実施対象は排出量ベースで約8割にのぼるという。CO_2削減のロードマップ策定を求めるほか、事業のあり方についても意見交換をする。21年には議決権行使の基準にESG（環境・社会・企業統治）の観点を加え、22年から状況次第で取締役の選任などに反対できるようにした。

2 再エネ活用の最前線

3 動き出した新エネ

4 GHG吸収への挑戦

5 カーボンクレジット

6 炭素会計を知る

7 脱炭素経営の新概念

8 世界のGX動向

投資由来の排出量を手っ取り早く減らすには、排出量が多い企業への投資を引き揚げるダイベストメントという選択肢もある。ただ、それでは「自分の庭をきれいにしているだけで社会全体の脱炭素にはつながらない」とESG投融資推進室の河合浩専門課長は話す。

カテゴリー15には課題もある。例えば鉄鋼や化学といったCO_2を大量に排出する産業が脱炭素に向けた投資をする際に、金融機関が投資資金を供給するケースだ。金融機関は持ち分が増えた分だけカテゴリー15の排出量が増えるため、資金提供をためらわせる要因になる。産業全体の脱炭素にマイナスになりかねない。

そこで日本生命は「インテンシティ（炭素強度）」も公開している。投資先の総排出量（カテゴリー15）を日本生命の総投資額で割って求めるもので、数字が小さいほど投資の「質」が高いことを意味する。カテゴリー15が一時的に増えても総投資額と同じ割合での増加であればインテンシティは変わらず、中長期で投資先の排出量が減ればインテンシティも低下していく。

21年度のインテンシティは1億円当たり61トンで前年度から15%減った。30年度までにカテゴリー15の総排出量を10年度比で45%以上、インテンシティを20年度比で49%以上削減する目標を掲げる。

融資や国債にも拡大

カテゴリー15の算出には改善余地がある。投資先企業の開示時期がばらばらなうえ、排出量を開示していない企業の分は業界平均を使って排出量を推計するなど不正確な要素が多い。非開示の企業には、開示している企業の事例を紹介するなどして対応を働き掛ける。

日本生命は気候変動を資産運用上の重大なリスクととらえる。投資先の脱炭素が遅れると自社のポートフォリオの価値の毀損にもつながるからだ。CO_2削減に貢献するイノベーションなどへの資金提供と、排出開示を求める働きかけを通じて排出量を減らしていく方針だ。

7章

脱炭素経営の新概念

GXを経営に落とし込むため様々な概念が登場している。「削減貢献量」は、脱炭素に寄与する製品でも販売量が増えると自社の温暖化ガス排出量は増えてしまうジレンマに対応するための考え方だ。温暖化ガス排出量をコストしてとらえて投資判断などに活用する「インターナルカーボンプライシング（ICP、社内炭素価格）」の導入企業も増えてきた。

重要度 ★★★

076 GXリーグ

日本版の排出量取引、日鉄など約750社参画

　温暖化ガスの排出削減と経済成長を両立させるため、企業の排出量取引などを進める官民の枠組みを指す。GX人材の要件作りと取り組みの一つ。企業が自主的に参加し、2024年5月時点の企業数は国内の温暖化ガス排出量の5割以上をカバーする754社となっている。

　日本政府は20年、国の排出量を50年に実質ゼロにするカーボンニュートラル宣言を公表した。これを受けて23年4月、経済産業省が主導してGXリーグを発足させた。トヨタ自動車など製造分野に限らず航空、金融などから幅広い企業が参加。日本製鉄やENEOSといった排出量の多い企業も名を連ねる。企業は25年度や30年度の排出削減目標・実績をリーグのプラットフォームに開示することが求められる。

　リーグの主要テーマの一つが、日本版の排出量取引制度「GX-ETS」。GX-ETSは25年度までの3年間を試行期間に相当する第1フェーズと位置付けている。期間中の削減目標を達成できなかった場合に、目標以上に削減した企業からの排出枠購入や、国が認めた「適格カーボンクレジット」の調達などが求められるようになる。

1 はじめの一歩

2 再エネ活用の最前線

3 動き出した新エネ

4 GHG吸収への挑戦

5 カーボンクレジット

6 炭素会計を知る

7 脱炭素経営の新概念

8 世界のGX動向

■GXリーグの概要

発足	2023年4月
参画企業数	トヨタ自動車や日本製鉄、ENEOSなど754社（24年5月中旬時点）
国の排出量のカバー率	5割を超す
主な活動	▼ 25年度や30年度の排出削減目標を設け、進捗を公表
	▼ 排出量取引制度を開始。クレジットとしてブルーカーボンも一定の条件で使える
	▼ GX人材の要件を定義し、育成や評価を後押し
	▼ 参画企業とスタートアップの連携支援、業界の垣根を越えた参画企業間の情報交換

　リーグでは適格カーボンクレジットについて、民間が認証するボランタリークレジットも条件付きで利用できることにした。国が認めるJ-クレジットなどに加え、海で吸収されるブルーカーボン由来のクレジットも対象とした。

　今後必要になるGX人材の要件定義もリーグで進め、24年5月に公表した。排出量の算定を担う「アナリスト」、削減計画を立てる「ストラテジスト」など4類型の区分とし、アナリストとストラテジストについては4つのレベルを設けた。育成や評価を通じて、企業の変革を後押しする。

　政府は、脱炭素事業に資金を充てることを目的としたGX経済移行債で支援を受けたい企業にリーグへの参加を求める。リーグで議論するテーマは他にもグリーン商材の価値創出などがある。

　26年度からは排出量取引制度が本格運用に移行する。任意参加の第1フェーズとは違い、CO_2排出量が多い企業に参加を義務付ける。具体的な制度設計を巡る議論が24年度から始まっている。

重要度　★★★

077　GX-ETS

日本版の排出量取引、26年度から本格稼働

　ETSは排出量取引制度（Emissions Trading System）のことで、欧州のEU-ETSなどと区別して日本の制度をこう呼ぶ。国が企業に排出枠を割り当て、新設する市場で枠を売買できるようにする。2026年度から本格稼働し、排出量が一定規模以上の企業は参加が義務付けられる。

　二酸化炭素（CO_2）削減に積極的な企業が連携する官民の枠組み「GXリーグ」で23年から、取引制度の試行期間として一部取り組みが始まった。排出量の削減目標を企業が自ら定めている。

　国は本格稼働に向けて24年末、先行するEUや英国、韓国の制度を参考に制度の骨格をまとめた。義務の対象となるのは、単体でのCO_2の直接排出量（GHGプロトコルのスコープ1に相当）が直近3年間で平均10万トン以上の企業。300〜400社程度が該当し、国内の温暖化ガス排出量のカバー率は6割になるとされる。

　国は毎年度、企業に排出可能な枠を割り当てる。割り当てはベンチマーク方式を基本とする。国が事業の種類ごとに「単位生産量あたり

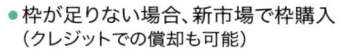

■排出量取引の主な流れ

- ●企業は自社のCO_2排出量を算定
- ●国は企業に排出枠を設定

↓

企業は排出枠と排出実績の差分を把握

↓

- ●枠が足りない場合、新市場で枠購入
  （クレジットでの償却も可能）
- ●枠が余る場合は枠を売却するか、繰り越し

↓

それでも未履行の場合、負担金支払い

のCO_2排出量」を調査。企業ごとに業界の水準などを踏まえて枠を設定する。

　企業は与えられた排出枠の範囲内に排出量を抑えることが求められる。枠を上回る場合は新市場で枠を買ったり、カーボンクレジットを調達したりする必要がある。達成できない企業には、ペナルティーとして負担金の支払いを求める。排出量が枠よりも少ない場合は余った枠の売却や翌年度への繰り越しが可能だ。

　官民で脱炭素投資を進めるGX推進機構が、27年秋ごろに取引のための新市場を創設する予定。排出枠の価格が高騰したり排出枠が不足したりした場合に、あらかじめ定める上限価格を支払えば、枠内に抑える義務を果たしたことにするなど価格安定化の措置を取る方向だ。

　25年は業種ごとの枠の設定のあり方を議論する。国は各業界団体を通じ、単位生産量あたりのCO_2排出量やその前提となる標準的な生産技術をどう考えるべきかについて意見を集約し、詳細なルールを定める。

1 はじめの一歩
2 再エネ活用の最前線
3 動き出した新エネ
4 GHG吸収への挑戦
5 カーボンクレジット
6 炭素会計を知る
7 脱炭素経営の新概念
8 世界のGX動向

重要度　★★★

078　SBT

企業のGHG削減目標、パリ協定に沿って認定

　科学的根拠に基づいた目標を意味する「Science Based Targets」の略で、パリ協定の1.5℃目標と整合性の取れた企業の温暖化ガス（GHG）排出削減目標を指す。国際組織SBTイニシアチブ（SBTi）が策定ガイダンスを公表しており、審査を通ればSBT認定が受けられる。認定の有無を重視する投資家が増え、多くの日本企業が取得している。

　SBTiは企業の環境情報開示を評価する英CDPや、世界自然保護基金（WWF）、シンクタンクの米世界資源研究所（WRI）、国連グローバル・コンパクトが設けた組織。世界の気温上昇を産業革命前と比べ1.5℃以内に抑えるパリ協定と合致した目標を企業が立てられるよう、算定の手法を定めた。

　企業はSBT認定を申請するにあたり、排出量算定の事実上の国際基準となっている「GHGプロトコル」に従い、実際にどれだけ排出しているかを計算する必要がある。削減計画は、申請時から5〜10年以内に目標年を設定する短期目標の提出が基本で、2040〜50年までの長期

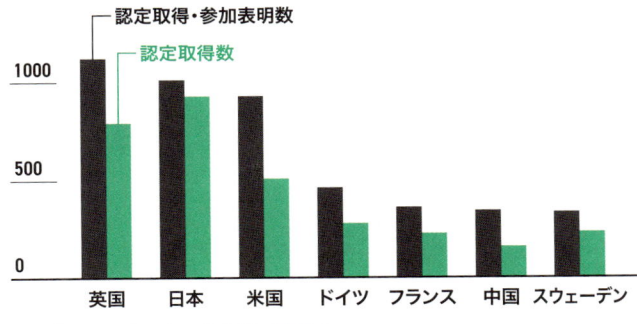

■認定を取得した企業数は日本がトップ

認定取得・参加表明数

認定取得数

1500 (社)

1000

500

0

英国　日本　米国　ドイツ　フランス　中国　スウェーデン

(出所)WWFジャパン、2024年3月時点

目標も推奨している。

　排出量の算出は、スコープ1〜2に加えて21年からスコープ3も対象範囲となっている。スコープ1〜3の排出量合計に占めるスコープ3の割合が40%以上である場合は、スコープ3の削減目標の設定が必須となる。提出した目標は、最低でも5年ごとの見直しが求められている。

　世界でSBT認定を取得した企業数は24年3月時点で4855社あり、このうち日本企業が2割にあたる930社で最も多い。ソニーグループなど大企業のほか、最近は中小企業が増えている。WWFジャパンは、国際的なサプライチェーンから外されることへの危機感の表れとみている。

　SBTiは原則としてカーボンクレジットの利用を認めていないが、24年4月にスコープ3のオフセット（相殺）に使うことを容認する姿勢を表明した。ただ、団体の内部には反発の声もある。実際に方針を変えるかどうかは、まだ決まっていない。

1 はじめの一歩

2 再エネ活用の最前線

3 動き出した新エネ

4 GHG吸収への挑戦

5 カーボンクレジット

6 炭素会計を知る

7 脱炭素経営の新概念

8 世界のGX動向

重要度 ★★★

<u>079</u> **CDP**

英NGO、2万1000社超の環境対応を格付け

　CDPは英国で2000年に設立された国際的な非政府組織（NGO）。気候変動に関する企業や自治体の取り組みなどを調査・分析する。

　中核となる活動が毎年1回更新する格付け。企業や自治体に調査票を送り、二酸化炭素（CO_2）削減を中心とする環境問題への対応計画や具体的な活動、開示状況などを原則有料で評価する。世界的に認知度が高く、環境対応の水準を示す指標の一つに育っている。

　23年の調査は世界で2万1000社超が回答した。気候変動、水資源保護、森林保全の3分野すべてで最高評価を得た「トリプルA」は、花王や積水ハウス、仏ロレアルなど12社だった。

　各分野で1つでもAを取った企業約400社は、22年に比べると約2割多い。回答数の伸びとほぼ同水準だ。一方、日本企業127社の増加率は38%と大きい。ファナックは初めて取得。キヤノンや村田製作所は過去に取得したことはあったが22年のリストには入っていなかった。

　A評価を得た日本企業を分野別にみると、気候変動が37社増の112

1 はじめの一歩

2 再エネ活用の最前線

3 動き出した新エネ

4 GHG吸収への挑戦

5 カーボンクレジット

6 炭素会計を知る

7 脱炭素経営の新概念

8 世界のGX動向

■ 12社がCDPの3分野で「A」評価を得た

花王	日本	日用品
積水ハウス	日本	不動産
Beiersdorf AG	ドイツ	化粧品
Danone	フランス	食品
HP Inc	米国	電機
Kering	フランス	高級ブランド
L'Oréal	フランス	化粧品
Lenzing AG	オーストリア	パルプ・繊維
Mayr-Melnhof Karton Aktiengesellschaft	オーストリア	製紙
Miquel y Costas	スペイン	製紙
Philip Morris International	米国	たばこ
Klabin S/A	ブラジル	製紙

（注）CDP2023年調査からNIKKEI GX作成。外国企業名の表記はCDP資料に基づく

社、水資源保護が1社増の36社、森林保全が3社増の7社だった。森林保全は王子ホールディングスが前年に続き入ったほか、資生堂、豊田通商、日清オイリオグループ、ユニ・チャームが新たに取得した。

　日本の調査対象は東証プライム市場に上場する約1800社のほか、米MSCIなどのインデックスに採用された企業や債券発行体などの非上場企業。国別の回答数は米中に続き3番目に多かった。

　質問内容や評価手法は毎年、見直している。24年の質問書では複数の環境テーマを1つに集約した。採点は気候変動、水資源保護、森林保全の3分野で実施する。

　またIFRS財団傘下の国際サステナビリティー基準審議会（ISSB）がまとめた気候関連開示基準に整合させた。今後は自然関連財務情報開示タスクフォース（TNFD）の提言や欧州サステナビリティー報告基準（ESRS）、米証券取引委員会（SEC）の気候関連情報開示規則との整合性も高める方針だ。

重要度 ★★★

080 ISO14068

製品単位のCO₂実質ゼロ、クレジット容認

　企業が製品やサービス、事業単位で「カーボンニュートラル」を主張する際の手続きなどを規定した国際規格。正式名称は「ISO14068-1:2023」。国際標準化機構（ISO）で2023年に策定された。カーボンクレジットによるオフセット（相殺）を認めているのが最大の特徴だ。

　この規格に準拠するには大きく7つの構成要件を満たす必要がある。製品単位でカーボンニュートラルを目指す場合、対象製品の温暖化ガス（GHG）排出量をISO14067に沿って算出。排出量を減らす努力を続けたうえで、削減しきれなかった分はカーボンクレジットでオフセットする。このプロセスをリポートにまとめて公表することも必要だ。第三者による検証も求められる。

　オフセットに使えるクレジットの量自体に上限はない。宅急便サービス3商品で準拠の認証を得たヤマト運輸の場合、基準年の排出量に対する自社努力による削減率は荷物1個あたり5.9%。残りはクレジットでオフセットした。

　クレジットを選ぶ基準については「活動の実態があること」や「追加性があること」などが示されている。このほか「発行年は5年以内であ

■ISO14068準拠するための要件

1. カーボンニュートラルへのコミットメント	経営トップによる宣言
2. 対象の製品や範囲を決定	「宅急便」など3商品を選定
3. GHG排出量や除去量の算定	ISO14067に基づいて算定し、22年度排出量は小包1個あたり1.28kgに
4. カーボンニュートラル計画の策定	50年度までのスケジュールやクレジット購入予定
5. GHG排出削減や除去強化	EVや再エネの導入など
6. カーボンオフセット	基準に即したクレジットを購入し償却
7. 基準に沿った報告	1〜6を「カーボンニュートラリティレポート」で公開

（注）右はヤマト運輸のケース。BSIグループジャパンの資料などからNIKKEI GX作成

ること」「12カ月以内に無効化すること」といった定量的な基準もある。

ヤマト運輸の検証を担当した英国規格協会（BSI）の日本法人は「信頼性はこれらを基準に総合的に判断している」と説明する。最終的には個別の判断になるが、例えば国際団体ICVCMや国際民間航空のためのカーボンオフセットおよび削減スキーム（CORSIA）で認定されたクレジットは使用できるという。

ISOが環境関連の規格を作り始めたのは1990年代だ。96年に環境マネジメントシステムに関するISO14001初版を策定した。2010年にはBSIがISO14068の原案にあたるPAS2060の初版を作った。PASは「公開仕様書」との位置付けで、ISOに比べ権威の面では劣るが機動的なルール作りができる。

PAS2060はサントリーホールディングスやTOPPANエッジが準拠認証を受けた。認証当初分は、自助努力による削減がなくてもオフセットすることを認める。ISO14068では自助努力での削減や除去が必要で、長期的な視点に立って取り組みを継続する姿勢も求められている。

1 はじめの一歩
2 再エネ活用の最前線
3 動き出した新エネ
4 GHG吸収への挑戦
5 カーボンクレジット
6 炭素会計を知る
7 脱炭素経営の新概念
8 世界のGX動向

重要度　★★★

081　社内炭素価格（ICP）
CO₂排出に仮想コスト、投資判断に

　インターナルカーボンプライシング（Internal Carbon Pricing）の略語。企業が炭素排出量を管理し、減らす仕組みの一つだ。二酸化炭素（CO_2）排出量を金額ベースでコストととらえることで、企業はCO_2排出量がより少なくなる選択肢に対し、経済合理的な判断を下しやすくなる。

　ICPを適用すると、CO_2排出量を金額に換算することで企業はリスクの大きさを認識し比較できるようになる。将来の規制強化が収益に及ぼす影響を認識したうえで、新規の事業や設備への投資を判断できる。

　設備投資の判断に使えば、高価だがCO_2の排出量が少ない製品を導入しやすくなる。

　業績評価に組み込めば、既存事業の運営を変える積極的な活用につながる。事業によるCO_2を金額換算して損益として業績評価に活用すると、新規の投資だけでなく既存事業の運営コストの見直しにつなが

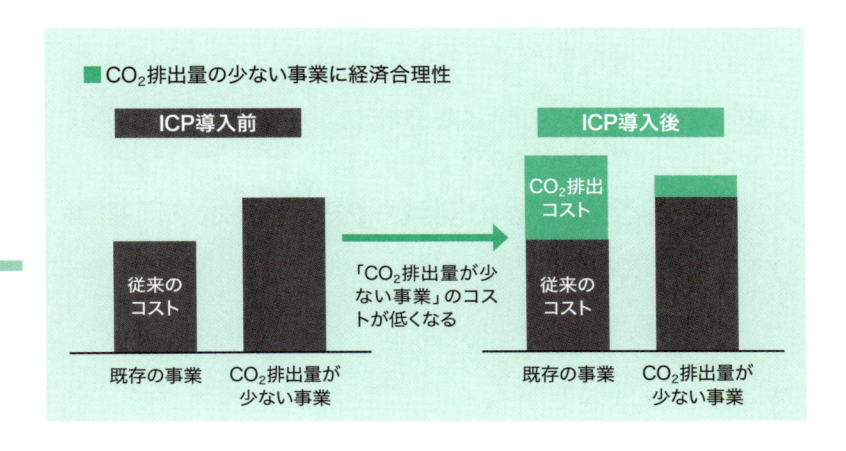

■CO₂排出量の少ない事業に経済合理性

ICP導入前

従来の
コスト

既存の事業　CO₂排出量が
　　　　　　少ない事業

「CO₂排出量が少ない事業」のコストが低くなる

ICP導入後

CO₂排出
コスト

従来の
コスト

既存の事業　CO₂排出量が
　　　　　　少ない事業

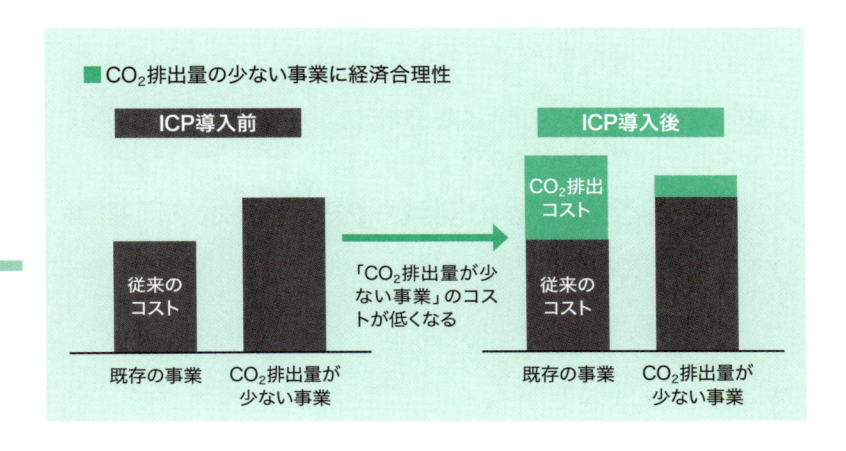

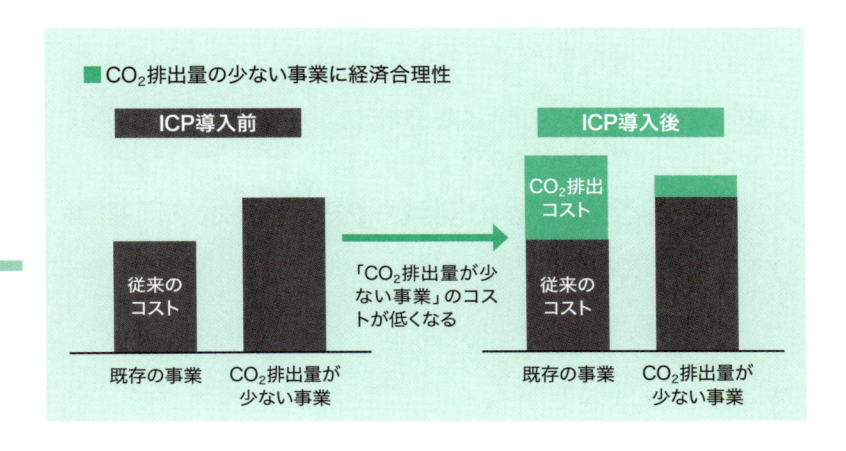

る。企業によるCO_2排出削減は、より早く進む。

　社内炭素価格をいくらにするかは企業に任されている。国際エネルギー機関（IEA）が公表する炭素価格推移の予測を参照したり、同業他社が設定する価格を参照したりする方法がある。

　公的制度に基づく炭素価格は上昇している。欧州連合（EU）の排出量取引制度による二酸化炭素排出枠価格は2023年2月、05年の取引開始以降で初めて1トン当たり100ユーロを超えた。

　規制拡大や炭素価格上昇は企業業績に影響するリスクとなる。そのため、社内で自主的にCO_2排出をコストとみなして意思決定するICPの動きが広がっている。

　主要国の金融当局で構成された金融安定理事会（FSB）が設立した気候関連財務情報開示タスクフォース（TCFD）は、世界の金融機関や企業に対して気候変動が財務に与える影響を開示するよう提言した。そこでも、気候リスクの把握と管理にICPを用いることを推奨している。

1　はじめの一歩

2　再エネ活用の最前線

3　動き出した新エネ

4　GHG吸収への挑戦

5　カーボンクレジット

6　炭素会計を知る

7　脱炭素経営の新概念

8　世界のGX動向

KEYWORD

重要度　★★★

082　削減貢献量

社会全体の排出削減への寄与度示す新指標

　自社の製品・サービスにより社会全体でどれだけ二酸化炭素（CO_2）の排出削減に貢献したかを示す新たな概念。企業に省エネ効果の高い製品やサービスの開発を促す。企業は環境負荷に配慮した取り組みをアピールできる。

　温暖化ガスの排出源を巡っては、自社排出分の「スコープ1」、他社から供給された電気や熱などの使用に伴う間接排出分を「スコープ2」、サプライチェーン全体の排出量を「スコープ3」と分類している。社会全体で排出ゼロを目指すには、スコープ1〜3の削減だけでは不十分だ。

　ある企業が画期的な省エネエアコンを開発しても、販売量が増えればその台数分だけその企業の排出量が増えてしまう。そこで企業の削減努力を数値化し、社会全体の排出削減に貢献したとして計算する削減貢献量の考え方が生まれた。スコープ1〜3とは全く別の概念であり、相殺することはできない。

　NTTやパナソニックホールディングス、三菱商事などが削減貢献量を開示しており、開示企業が徐々に増えている。野村アセットマネジメントは2023年から、企業への投資判断に使う独自のESGスコアに削

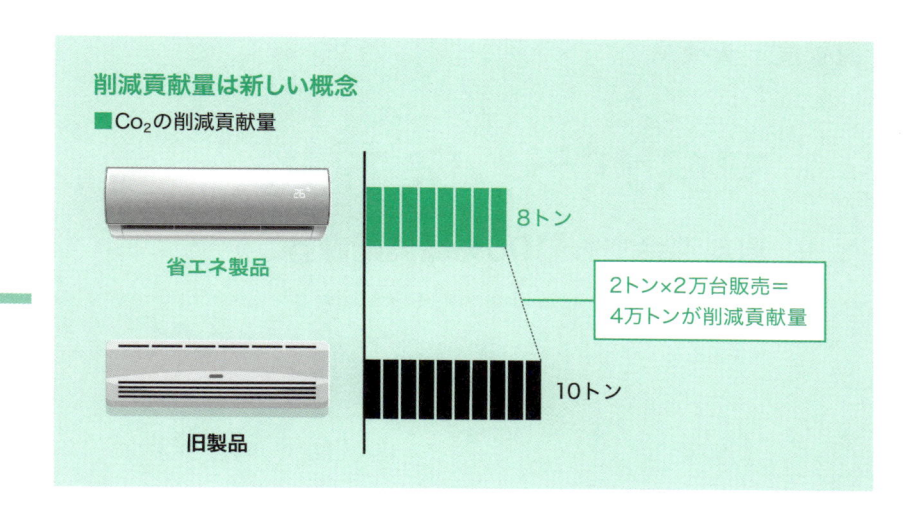

削減貢献量は新しい概念
■CO_2の削減貢献量

省エネ製品　8トン

2トン×2万台販売＝
4万トンが削減貢献量

旧製品　10トン

1 はじめの一歩

2 再エネ活用の最前線

3 動き出した新エネ

4 GHG吸収への挑戦

5 カーボンクレジット

6 炭素会計を知る

7 脱炭素経営の新概念

8 世界のGX動向

減貢献量の要素を取り入れている。

　23年3月に世界の有力企業でつくる「持続可能な開発のための世界経済人会議（WBCSD）」が指針として考え方をまとめ、4月に札幌で開かれた主要7カ国（G7）の気候・エネルギー・環境相会合の共同声明でも言及された。計算手法などの統一に向け、国際標準化に向けた動きが始まっている。

　取り組み自体に大きな意味があるが、信頼性確保には課題もある。素材メーカー、車載電池メーカー、電気自動車（EV）メーカーがそれぞれ削減貢献量を主張すると、重複が発生してしまう。自社の排出努力がおろそかになり、見せかけの環境対策「グリーンウオッシング」につながるとの見方もある。

　日本政府は自国が得意とする省エネ技術を世界に訴える手段になるため、削減貢献量の普及を後押ししている。脱炭素に向けた世界的な機運が高まる中、利用者のCO_2削減に貢献する企業の努力を促す国際的な指標になっていくかが注目される。

重要度 ★★★

083 マスバランス方式

原料混合でも「100%環境配慮」に

　複数の種類の原料を製品に加工し流通させる際に、製品の一部を特定の原料のみで生産したとみなせるようにする手法。化石原料と環境配慮型原料を混合した場合でも、一部の製品は環境配慮型原料のみで生産したとみなす。プラスチックや鋼材など、素材産業を中心に活用例が増えている。

　原料の投入量に応じて製品にその特性を割り当てる。例えば化石原料とバイオマス原料を半分ずつ使った場合、製品はバイオマス比率50%になる。マスバランス方式を適用すると、製品の半数はバイオマス比率100%、残りの半数はバイオマス比率0%とできる。

　「100%」という訴求力のある数字を作り出せるのが、マスバランス方式の大きな魅力だ。プラスチックの中には、技術的な制約でバイオマス100%の生産が難しい物もある。マスバランス方式を活用すれば、形式上は「100%バイオマス」とした製品を販売できる。環境配慮型製品を求める消費者のニーズに応えられる。

　少ない投資で環境配慮型製品を作れるという利点もある。マスバラ

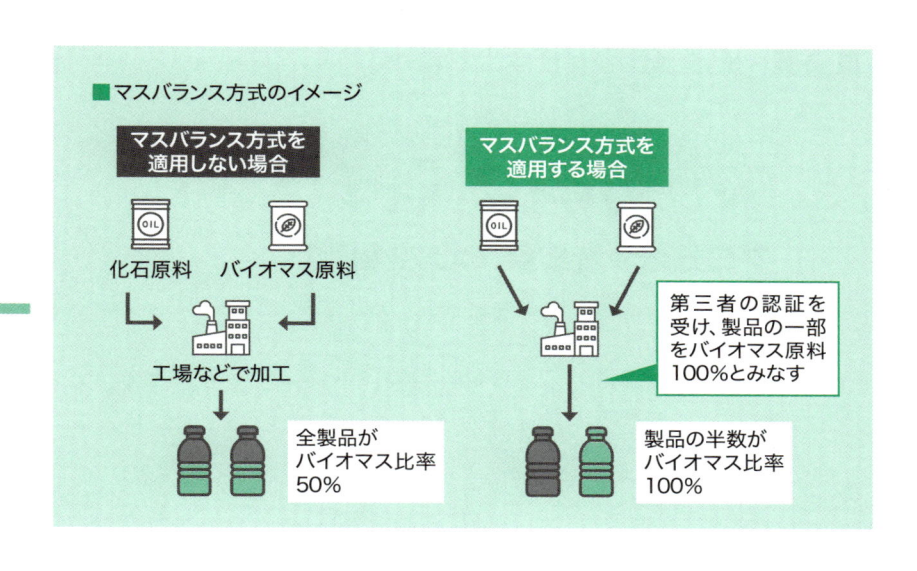

■マスバランス方式のイメージ

マスバランス方式を適用しない場合

化石原料　バイオマス原料

工場などで加工

全製品が
バイオマス比率
50%

マスバランス方式を適用する場合

第三者の認証を
受け、製品の一部
をバイオマス原料
100%とみなす

製品の半数が
バイオマス比率
100%

ンス方式を用いない場合、環境配慮型の原料が他の原料と混ざらないように専用ラインを用意する必要がある。

　マスバランス方式を適用する際は第三者機関の監査を受け、認証を得るのが一般的だ。原料から最終製品までを含むサプライチェーン全体を可視化し、信頼性を確保することが求められる。

　認証のコストや手間がかかるものの、近年は素材産業などでマスバランス方式を活用する企業が増えている。

　三井化学は石油化学由来のナフサ（粗製ガソリン）の一部をバイオマス原料で置き換え、製造したプラスチックにマスバランス方式を適用している。同社は廃プラスチック由来の原料も代替原料として投入し、マスバランス方式を適用する予定。

　神戸製鋼所はマスバランス方式を適用し、二酸化炭素（CO_2）排出量が実質ゼロの鋼材を販売している。製造工程のCO_2削減効果を特定の鋼材に割り当てた。日産自動車の量産車や、トヨタ自動車のレース用車両で採用された実績がある。

1 はじめの一歩
2 再エネ活用の最前線
3 動き出した新エネ
4 GHG吸収への挑戦
5 カーボンクレジット
6 炭素会計を知る
7 脱炭素経営の新概念
8 世界のGX動向

KEYWORD

084 カーボンゼロイベント

プロ野球や音楽祭、CO_2を相殺

　二酸化炭素（CO_2）排出量の実質ゼロを目指すスポーツの試合や音楽祭を指す。会場の電力使用量などから計算した排出量を、カーボンオフセットの仕組みで相殺することが多い。主催者はイベントの影響力を使って環境意識を浸透させることができ、協賛を得やすくする狙いもある。

　客動員数が年間2500万人にのぼるプロ野球。阪神タイガースは2024年、空調機の稼働率が高まってくる7月5日〜10日の5試合を「カーボン・オフセット試合」と位置付けて開催している。球場の照明や空調などに伴うCO_2排出量は200トン程度と見込まれ、J-クレジットで相殺する。

　阪神タイガースは25年2月、太陽光発電や蓄電池、廃棄物発電などを取り入れる2軍のスタジアム「ゼロカーボンベースボールパーク」を完成させた。試合とスタジアム建設の両方とも日鉄鋼板（東京・中央）の協賛を得ている。

1

はじめの一歩

2

再エネ活用の最前線

3

動き出した新エネ

4

GHG吸収への挑戦

5

カーボンクレジット

6

炭素会計を知る

7

脱炭素経営の新概念

8

世界のGX動向

■様々なイベントでCO$_2$削減が進む

サッカー	Jリーグ	J1〜3の全試合の照明や売店の運営に再生エネを使用
プロ野球	阪神タイガース	2024年7月5〜10日の主催5試合で照明や空調に伴うCO$_2$をオフセット
		25年完成の2軍球場で太陽光発電や蓄電池などを導入
音楽ライブ	イナズマロックフェス	滋賀県内の森林整備から生み出されるクレジットを調達

Jリーグでは、試合当日に会場で使われた電力を「スコープ2」と定め、23年シーズンにJ1〜J3の60クラブの1200試合すべてを対象にしてオフセットを実施した。CO$_2$排出量は2800トンで、スポンサー企業が持つ非化石証書やグリーン電力証書を活用した。

Jリーグでは27年までに、試合会場でのイベントや売店の発電機などを対象とする「スコープ1」や、試合や練習で選手・観客が移動することに伴う「スコープ3」の排出量も算定し、削減していく方針だ。

音楽ライブでもカーボンゼロの取り組みが進む。滋賀県の会場に延べ13万人が来場したイナズマロックフェス2023では、会場で使う電力や最寄り駅からのシャトルバス運行に伴う排出量を計算し、計30トン分を相殺した。オフセットには同県で創出された「びわ湖カーボンクレジット」を利用した。

クレジットによる相殺でカーボンニュートラルを主張することには批判的な声もある。

重要度 ★★★

085 グリーンボンド

環境投資資金、追跡・報告で透明性

　企業や地方自治体などが、地球温暖化など環境問題の解決に資する事業（グリーンプロジェクト）に使う資金を調達するために発行する債券。国際資本市場協会（ICMA）が策定したグリーンボンド原則で、調達資金の使途やプロジェクトの評価・選定の手続きなどを規定している。

　調達資金の使途はグリーンプロジェクトに限定される。調達資金は追跡・管理され、発行後の報告で透明性を確保する。

　2008年に世界銀行が初めて「グリーンボンド」という名称で発行して以来、市場規模は拡大している。環境省によると、国内の企業などによるグリーンボンドの年間発行総額は14年に338億円だったが、23年は3兆559億円になった。件数は14年の年間1件から、23年は同125件に増えた。

　主なグリーンボンドの発行主体は、実施するグリーンプロジェクトの原資を調達する事業会社や、グリーンプロジェクトに対する投資・融資の原資を調達する金融機関など。投資家側は、ESG（環境・社会・企業統治）投資を表明している年金基金や保険会社といった機関投資

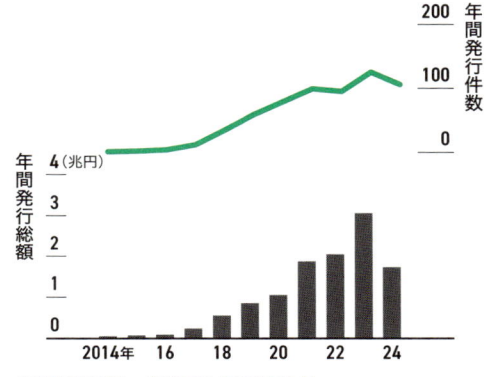

■企業などのグリーンボンド発行実績（国内）

年間発行件数

年間発行総額

4（兆円）
3
2
1
0

2014年　16　18　20　22　24

（出所）環境省、24年11月29日時点

1 はじめの一歩

2 再エネ活用の最前線

3 動き出した新エネ

4 GHG吸収への挑戦

5 カーボンクレジット

6 炭素会計を知る

7 脱炭素経営の新概念

8 世界のGX動向

家などがいる。

　グリーンボンドは調達資金を環境分野にしか利用できず、外部レビューなどの手間や経費もかかる。ただ組織内のサステナビリティー（持続可能性）に関する戦略立案や実行などの体制整備につなげられる。環境問題の解決に関心のある投資家と関係も築けるため、新たな投資家を獲得できる。社会にアピールすることで支持も得られる。

　グリーンボンド発行は複数の組織がかかわる。一般的に発行体と投資家、発行条件を提案・調整する証券会社、外部評価機関が関与する。評価機関は監査法人や認証機関などが務め、資金使途の適切性や環境改善効果などを評価する。

　23年10月には東洋製缶グループホールディングスが100億円のグリーンボンドを発行した。電気自動車（EV）・ハイブリッド車向け車載用2次電池材の生産ラインの増強などに充てる。野村不動産ホールディングスは同月200億円分を発行し、街区全体でカーボンニュートラルを目指す「芝浦プロジェクト」の開発資金に使う。

086

日本企業のSBT1.5℃目標、
医薬・電機が先行　運輸は出遅れ

　時価総額が50億ドル（約8000億円）以上の日本企業203社のうち、31％に当たる63社の温暖化ガス（GHG）削減計画がパリ協定の1.5℃目標に整合しているとして国際イニシアチブ「SBTi」から認定を受けたことが分かった。欧州（35％）には及ばないものの、世界平均や米国（いずれも17％）を上回る。日本企業は医薬品・医療機器や電機関連が先行する一方、電力・ガスや運輸はゼロにとどまり、業種によって対応の差が大きい。

日本の大企業の3割が目標設定

　NIKKEI GXはQUICK・ファクトセットとSBTiのデータを基に、2024年6月20日時点の時価総額が50億ドル以上の世界の上場企業3068社を分析した。自社排出量「スコープ1、2」の短期目標でSBTiから1.5℃目標に整合したと認定されるためには、毎年4.2％削減を目安に設定する必要がある。

　短期目標で1.5℃認定を取得した大企業の比率はフランスが57％、英国は40％で、欧州が上位に並ぶ。欧州以外の主要国・地域では日本が31％と最も高く、台湾（24％）や米国（17％）、韓国（12％）が続く。

　業種別では、衣料品などの非耐久消費財が37％で、小売業（25％）や医薬品・医療機器（22％）も高い。一方、運輸は9％、金融・不動産は10％にとどまる。

■日本は電機・医薬品で1.5℃目標が多い

	日本	米国	欧州	世界平均
金融・不動産	15.6%	6.5	16	9.5
電機・電子部品	55.6	18.5	40.7	18.3
製造業 （重電・機械・部品など）	38.5	14.3	49.1	19.7
技術サービス （IT・情報産業など）	38.5	21	54.2	20.7
医薬品・医療機器	73.3	19.5	30.6	22.2
非耐久消費財 （アパレル・食品など）	71.4	44.9	73.3	37
公益事業 （電力・ガスなど）	0	2.4	31.4	9.5
加工業（化学など）	10	35.3	25	15.4
小売業	18.2	23.4	59.1	24.6
運輸	0	11.5	33.3	8.9
耐久消費財（自動車など）	16.7	8.7	28.6	12.4
全業種	31	17.1	34.5	16.6

（注）QUICK・ファクトセットの業種分類に基づく。各業種で最も高い国・地域を緑色で表示。2024年6月20日時点の時価総額が50億ドル以上の世界の上場企業3068社を分析

業種ごとに温度差

　日本では業種ごとの温度差がより鮮明だ。医薬品・医療機器では第一三共や武田薬品工業など73%の日本企業が1.5℃認定を取得し、欧州の31%を大きく上回る。ソニーグループや村田製作所などが1.5℃認定を受ける電機関連も56%と、欧州の41%を上回る。

　医薬品や電機の企業は海外売上高比率が高く、海外の取引先や投資家から1.5℃認定を求められることがある。また日本は同業他社の動向を見ながら動

1 はじめの一歩

2 再エネ活用の最前線

3 動き出した新エネ

4 GHG吸収への挑戦

5 カーボンクレジット

6 炭素会計を知る

7 脱炭素経営の新概念

8 世界のGX動向

もっと知りたい >>> 脱炭素経営

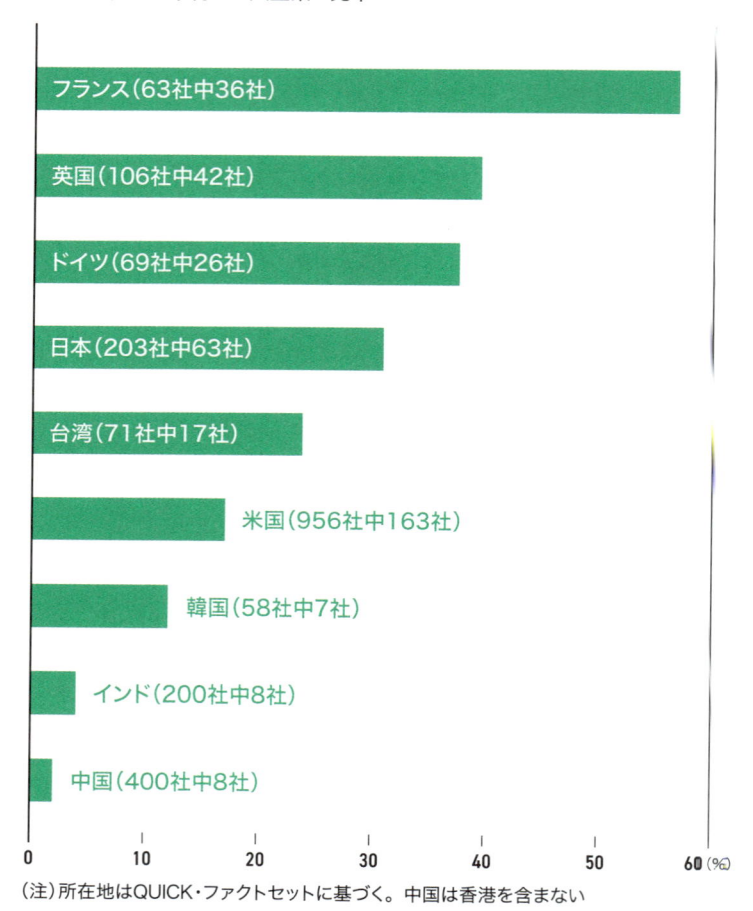

■1.5℃認定を取得した大企業の比率

フランス（63社中36社）

英国（106社中42社）

ドイツ（69社中26社）

日本（203社中63社）

台湾（71社中17社）

米国（956社中163社）

韓国（58社中7社）

インド（200社中8社）

中国（400社中8社）

0　10　20　30　40　50　60（%）

（注）所在地はQUICK・ファクトセットに基づく。中国は香港を含まない

く企業が多く、業界全体で機運が高まっている。

一方、運輸では日本郵船や川崎汽船が2℃目標に整合しているとしてSBT認定を受けているが、1.5℃認定を受けた大企業はまだない。電力・ガスも1.5℃認定はゼロだ。欧州ではドイツポストやスペイン電力大手のイベルドローラ、イタリア電力大手のエネルなどが認定を取得している。

米国は化学大手デュポンやPPGインダストリーズなどの加工業は35%が1.5℃認定を受け、欧州（25%）や日本（10%）を大きく上回る。一方、金融・不動産は7%にとどまり、世界平均（10%）を下回る。

JR東日本が目標策定方針

中小企業や非上場企業も含めると、短期目標で1.5℃認定を取得した日本企業は1023社で、全世界の2割を占める。2位の英国（873社）や3位の米国（521社）を大きく引き離して世界最多だ。WWFジャパンの羽賀秋彦氏は「日本は大企業を起点に、バリューチェーンに組み込まれた中小企業のSBT取得が増えているようだ」と指摘する。

これまで動きの鈍かった業種にも変化の兆しがある。運輸ではJR東日本が23年8月にSBTiにコミットメントレターを提出したと公表し、2年以内に削減目標を策定する方針だ。九州電力は23年3月、国内の大手エネルギー会社としては初めて、2℃目標を十分に下回る水準の認定を取得した。

SBTiは業種ごとの特徴を踏まえた目標設定のガイドラインを順次整備している。「業種によっては、より詳細な目標設定や目標の引き上げの検討が必要となる場合がある」（WWFジャパンの羽賀氏）という。

SBTiは従来、世界自然保護基金（WWF）、非政府組織の英CDP、シンクタンクの米世界資源研究所（WRI）などが共同で運営していたが、23年に独立した組織となった。SBT認定の申請が多く審査に時間がかかっていたが、23年に検証を受けた企業は22年から倍増しており、今後は1.5℃認定を受ける企業はさらに増える可能性がある。

1 はじめの一歩

2 再エネ活用の最前線

3 動き出した新エネ

4 GHG吸収への挑戦

5 カーボンクレジット

6 炭素会計を知る

7 脱炭素経営の新概念

8 世界のGX動向

087

「削減貢献」見える化68社
野村アセット、投資判断に活用

　製品やサービスの提供により、社会全体の温暖化ガス排出量をどれくらい削減できたか。この考え方を数値化した指標「削減貢献量」を算出し、開示する企業が増えてきた。信頼性に対する懸念も完全には払拭されていないものの、計算式を示すなど透明性を高めたうえで、まずは取り組みを始めることが重要だという考えがある。

成長力を評価する指標

　「環境にいい製品を作る企業の成長力を評価するのに適した指標がこれまでなかった」。野村アセットマネジメントの山我哲平ネットゼロ戦略室長はこう語る。あるメーカーが消費電力を大幅に減らした省エネエアコンを開発しても、販売量が2倍になるとその企業の温暖化ガス排出量は単純計算で2倍になってしまう。

　これでは企業の意欲をそぎかねないという問題意識から出てきたのが、削減貢献量という考え方だ。エアコンの場合、従来製品と比べて電力使用量を抑制できた分は社会全体の排出削減に貢献したととらえて計算する。スコープ1〜3とは全く別の概念だ。

　野村アセットは2023年から、企業への投資判断に使う独自のESGスコアに削減貢献量の要素を取り入れた。スコアは4つの要素で構成している。E（環境）、S（社会）、G（ガバナンス）3分野と、国連が定めるSDGsの17目標への

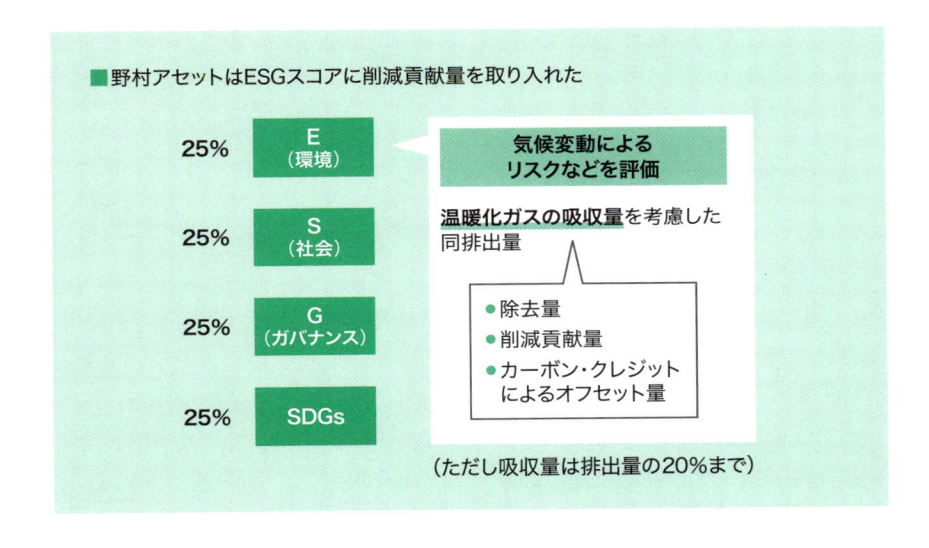

■野村アセットはESGスコアに削減貢献量を取り入れた

25%	**E**（環境）
25%	**S**（社会）
25%	**G**（ガバナンス）
25%	**SDGs**

**気候変動による
リスクなどを評価**

<u>温暖化ガスの吸収量</u>を考慮した
同排出量

- ●除去量
- ●削減貢献量
- ●カーボン・クレジット
  によるオフセット量

（ただし吸収量は排出量の20%まで）

1 はじめの一歩

2 再エネ活用の最前線

3 動き出した新エネ

4 GHG吸収への挑戦

5 カーボンクレジット

6 炭素会計を知る

7 脱炭素経営の新概念

8 世界のGX動向

潜在的な貢献度だ。E分野の評価指標の一部として温暖化ガス排出量を使っているが、削減貢献量を公表している企業の場合、一定の計算式に基づいて差し引くようにした。削減貢献量やカーボンクレジット使用量など「吸収量」はE分野の評価を2〜3割変動させ得るという。

　ESGスコアを付けている411社を対象に野村アセットが調査したところ、同社の基準に沿ったかたちで22年に削減貢献量を開示した企業は68社だった。大和ハウス工業やTDK、パナソニックホールディングス、ダイキン工業などだ。1年前に比べ約2割多い。

　削減貢献量の考え方は以前からあり、日本政府も後押ししてきた。それでも普及しなかった最大の理由が、見せかけの環境対応「グリーンウオッシュ」に使われかねないという懸念だ。削減貢献量は比較対象（ベースライン）の設定次第で計算結果が大きく変わる。エアコンの例で言えば、「従来製品」をど

んな性能の、いつどこで売れた製品にするのかが重要になる。かつては自社からの排出量スコープ1〜3と相殺するような使い方をした企業があったのも、不信を招く一因となった。

WBCSD指針、G7でも言及

こういった流れの転機になり得る動きが23年になって相次いだ。まず世界の有力企業で作る「持続可能な開発のための世界経済人会議（WBCSD）」が同年3月に出した指針だ。社会全体の排出ゼロを目指すにはスコープ1〜3の削減だけでは不十分で、削減貢献量（avoided emissions）の考え方は、企業に環境性能が高い製品などの開発を促す原動力になり得ると位置付けた。

指針は削減貢献量を主張する前提として、パリ協定の1.5℃目標に沿って自社排出量スコープ1〜3の削減計画を立てるよう求めた。自社排出を減らしにくい企業が削減貢献量だけをアピールするのを防ぐ狙いがある。

4月に札幌で開いた主要7カ国（G7）の気候・エネルギー・環境相会合の共同声明も、排出削減に向けては「『削減貢献量』を認識することも価値がある」と言及し、WBCSD指針についても「注目する」と盛り込んだ。

「指標として不完全」との指摘も

ただ、これで信頼度が一気に高まるのかどうかはなお見通せない。

経済産業省が主導するGXリーグのワーキンググループが3月にまとめた「気候関連の機会における開示・評価の基本指針」は、削減貢献量を計算、開示するに当たっての考え方を整理した。基本的にはWBCSDの指針を踏襲しつつも独自性を出した部分がある。

削減貢献量を主張できるのは「1.5℃目標と整合した経路に現時点で整合している企業だけではなく、脱炭素社会の実現に向けて目標設定を行い、戦略を構築して脱炭素社会に移行しようと努力する企業も含む」とした。「努力する企業」を付け加えた格好だ。ワーキンググループの幹事企業である野村ホ

ールディングスの濟木ゆかりヴァイス・プレジデントは「（WBCSD指針よりも）間口を広げたこの基本指針を参考にしてもらい、まずは積極的に削減貢献量の算出や開示をしてもらうことが重要だ」と話す。

　一握りの企業しか利用できない指標にしてしまうと、社会全体の排出ゼロに向けた原動力にはなりにくい。ただ、ハードルを下げると信頼性に対する懸念が出てくる。

　各種の指針が出た後も「ベースラインの設定次第で大きく数値が変わる以上、企業比較に使えない。指標として不完全だ」（金融関係者）という立場を変えていない企業もある。

金融関係者の評価がカギ

　いったん削減貢献量を開示したものの、中止する動きもある。野村アセットマネジメントによると、22年は新たに20社が開示する一方で10社がやめた結果として68社になったという。

　中止したうちの一社、NECは「自社サプライチェーンの排出に対し5倍の（削減）貢献をする」という目標を既に達成したことを理由として挙げた。「独自性の強い算出方法だったため、今後標準的な算出方法が出たら改めて算定などしたい」とNIKKEI GXにコメントした。

　削減貢献量の開示を進める企業は、各種の課題を認識しながらもまずは取り組むことが重要だとの考えを持つ。今後の普及は「金融関係者がどう評価するかにかかっている」との見方が多い。実際、野村アセットがESG評価に使い始めたのを受けて「算出・開示を社内で検討したい」と反応した事業会社もあるという。

1 はじめの一歩

2 再エネ活用の最前線

3 動き出した新エネ

4 GHG吸収への挑戦

5 カーボンクレジット

6 炭素会計を知る

7 脱炭素経営の新概念

8 世界のGX動向

088

比較対象は自社従来品
日立の削減貢献量、買い替え促す

　削減貢献量の計算方法は、大枠は各種の指針などで示されているものの、具体的な部分は企業が独自に設定するケースが大半だ。ここでは、一例として日立製作所の事例を取り上げる。

　日立は二酸化炭素（CO_2）の削減貢献量を2022〜24年度平均で1億2610万トンにする計画だ。計算方法は製品の種類によって異なるが、空気圧縮機（コンプレッサー）などの場合は自社従来品に比べて環境性能がどれだけ改善したかを反映させる。省エネ製品の価値を、顧客に訴える成長戦略に沿った指標としたい考えだ。

環境の取り組み測る指標

　「環境の取り組みは価値を生み出すドライバーだ」。環境担当のロレーナ・デッラジョヴァンナ執行役専務はこう語る。削減貢献量は、この環境価値を計る指標という位置付けだ。

　省エネ製品やシステムの開発を進めても、スコープ1〜3の考え方だと新製品の販売量が増えれば増えるほどCO_2排出量は増えることになる。そのため省エネ製品でも環境面からは拡販するインセンティブは小さくなる。削減貢献量の考え方を使えば省エネ事業の拡大を前向きに評価できるため、日立は18年ごろから重要性を訴えてきた。

　コンプレッサーなど自社で長く扱ってきた製品の削減貢献量は「仮に13年

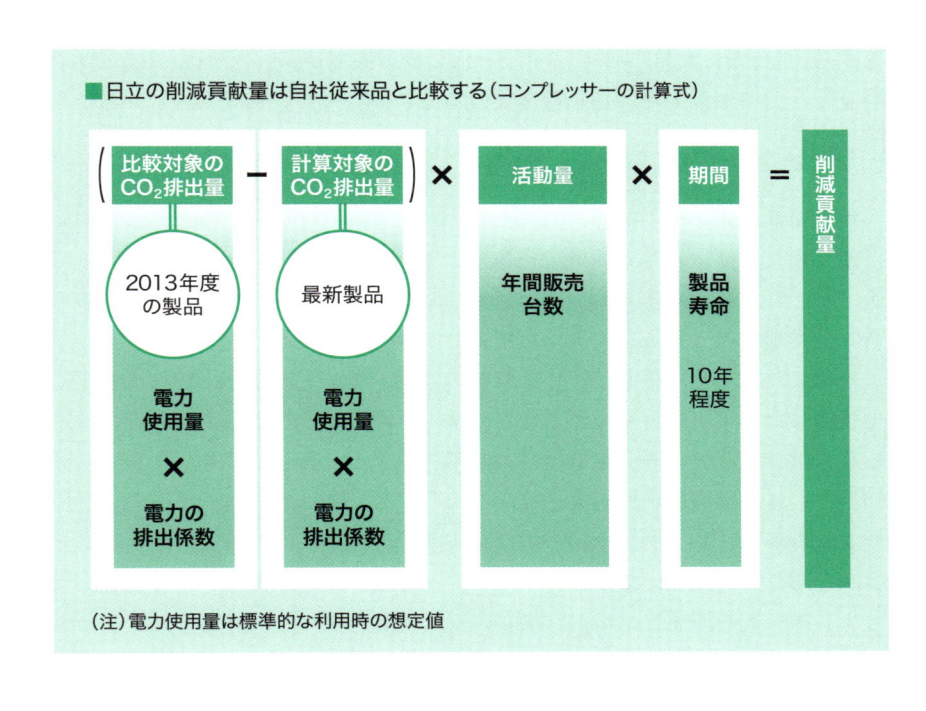

■日立の削減貢献量は自社従来品と比較する（コンプレッサーの計算式）

$$\left(\begin{array}{c} \text{比較対象の} \\ CO_2 \text{排出量} \end{array} - \begin{array}{c} \text{計算対象の} \\ CO_2 \text{排出量} \end{array} \right) \times \text{活動量} \times \text{期間} = \text{削減貢献量}$$

比較対象のCO₂排出量	計算対象のCO₂排出量	活動量	期間
2013年度の製品	最新製品	年間販売台数	製品寿命 10年程度
電力使用量 × 電力の排出係数	電力使用量 × 電力の排出係数		

（注）電力使用量は標準的な利用時の想定値

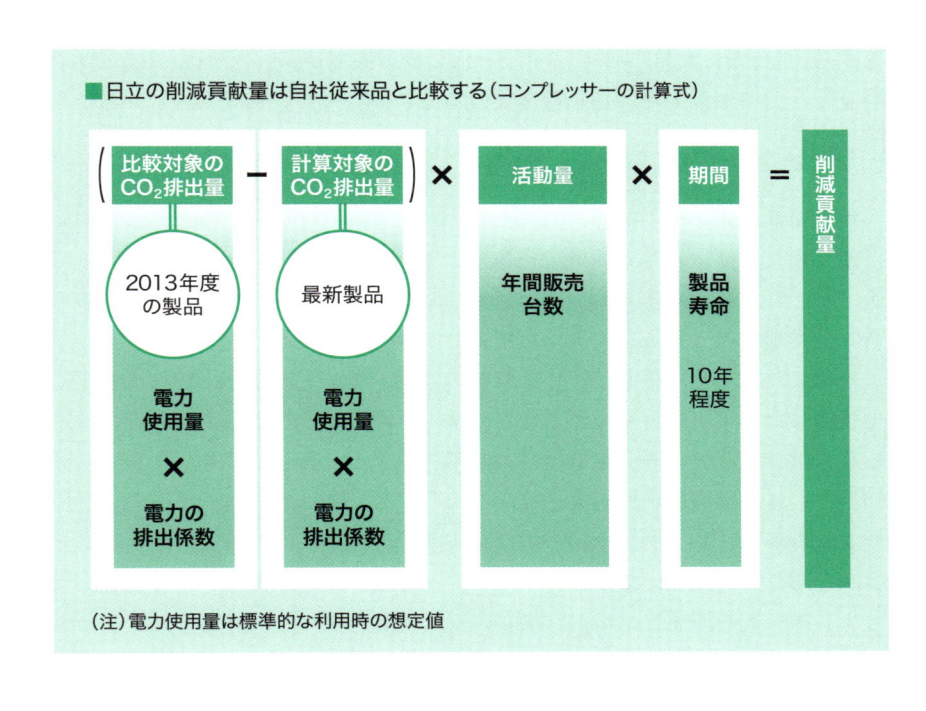

度の生産品を顧客が使い続ける場合に比べ、最新の省エネ製品はどれくらい排出量を減らせるか」という考え方で計算する。比較対象を13年度にしたのは、環境省の地球温暖化対策計画が13年を基点としたCO_2の削減計画を立てているのに合わせたものだ。

　計算式にすると「（13年度の製品の排出量－最新製品の排出量）×販売台数×最新製品の製品寿命」となる。それぞれの製品の排出量はカタログに示された電力消費量を基に、標準的な使用時間と電力の排出係数から算出する。

　工場で使うコンプレッサーの代表機種のCO_2排出量は年30.4トンで、インバーター機能を搭載した新機種に置き換えたら排出量は年24.6トンとなった

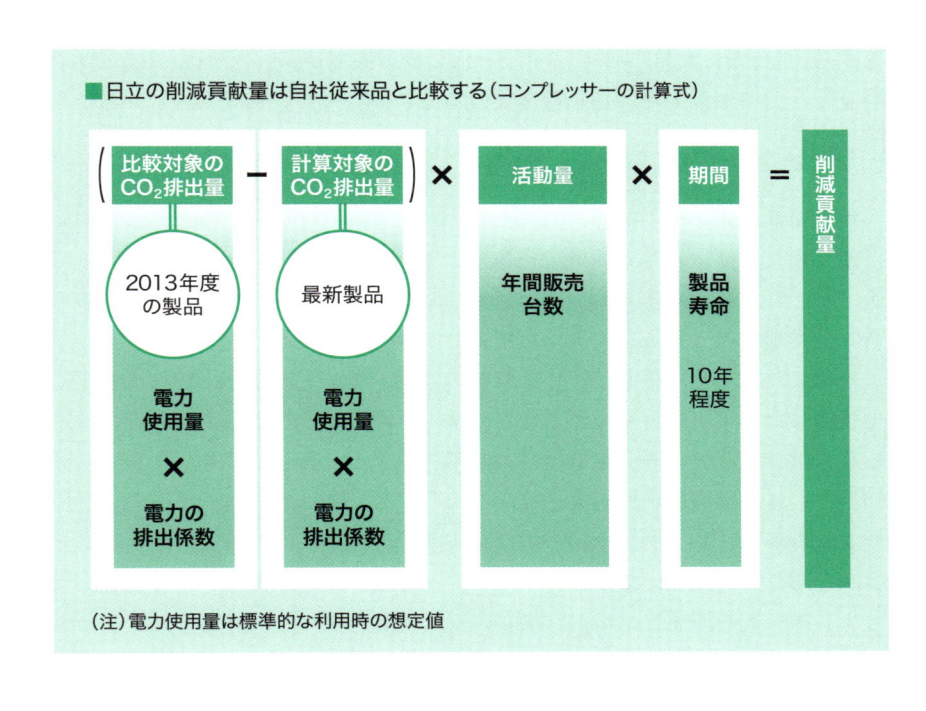

1 はじめの一歩
2 再エネ活用の最前線
3 動き出した新エネ
4 GHG吸収への挑戦
5 カーボンクレジット
6 炭素会計を知る
7 脱炭素経営の新概念
8 世界のGX動向

とする。1台当たり差し引き5.8トン。仮に新型機種が100台売れた場合、コンプレッサーの製品寿命は10年程度なのでこの製品の貢献量は5800トンとなる。

「それによって何を解決できるか」

再生可能エネルギー関連の製品やサービスでは、計算方法を変える。例えば電力を長距離にわたり効率よく運ぶ高圧直流送電（HVDC）事業は、洋上風力でつくった電力を消費地に運ぶ送電網向けに受注を拡大している。この場合、消費地で使う電力が火力から風力に置き換えられたとみなす。

具体的には「火力を中心とした既存の電力系統の排出係数」から「HVDCで供給した再生可能エネルギーなどの排出係数」を引いた値に、HVDCによる電力供給量と製品寿命を掛け合わせて計算する。HVDC設備の寿命は40〜50年とされ、削減貢献量が大きくなる。

このほか新しいテクノロジーの削減貢献量は、それによって何を解決できるかを考える。例えば量子コンピューターを使った渋滞緩和のシミュレーションシステムを開発した場合、従来のシステムと比べて渋滞をどれくらい緩和できるかを計算する。

実績値は示さず

日立全体の削減貢献量計画の1億2610万トンは、全製品のうち排出量の計算ができる製品やシステムの合計値だ。内訳は、社会インフラの脱炭素や顧客の再生可能エネルギーへの転換を支援する事業が1億1990万トンで大半を占める。電力を効率よく送電する送配電網事業や、ガソリン車から鉄道へと移動手段を移すモーダルシフトなど、製品とシステムを組み合わせたソリューションなどがある。

削減貢献量計画のうち残りの600万トン超が、製品の省エネや電動化によるものだ。グローバル環境事業統括本部の高江瑞一部長代理は「顧客にどのような価値を提供できるかというシナリオを基に貢献量のあり方を考える」

と話す。

　日立の開示には課題もある。同社が公表した削減貢献量の数値は22〜24年度平均の計画のみで、実績値は明らかにしていない。コンプレッサーとHVDCの事例のように、製品やサービスごとに削減の定義が異なることもある。現時点では、「1億2610万トン」の意味合いやインパクト（影響）を外部に説明しにくい。

　算定に当たっては「事業部やグループ会社との協力関係を築くことが最も重要だった」と高江部長代理は話す。最初に取り組んだのは「算定する意義は何か」を理解してもらうこと。全体説明会だけでなく、事業部やグループ会社ごとに相談会を実施した。海外拠点を含め200人以上の担当者が、削減貢献量の策定にかかわったという。投資家や事業部、顧客に分かりやすい指標に練り上げるための試行錯誤はなお続く。

1 はじめの一歩

2 再エネ活用の最前線

3 動き出した新エネ

4 GHG吸収への挑戦

5 カーボンクレジット

6 炭素会計を知る

7 脱炭素経営の新概念

8 世界のGX動向

089

削減貢献量、GHGプロトコルでの採用検討
WBCSD副代表

　世界の有力企業でつくる持続可能な開発のための世界経済人会議（WBCSD）は、製品やサービスを通じた社会全体の温暖化ガス（GHG）削減への寄与度合いを示す「削減貢献量」を、GHGプロトコルに取り込む検討を始めた。GHGプロトコルは、GHG排出量を算定する際の事実上の国際スタンダードになっている。実現すれば、海外を含む幅広い企業への普及に弾みがつく。

WBCSD、ガイダンス改定に着手

　第29回国連気候変動枠組み条約締約国会議（COP29）の日本パビリオンで開いたセミナーで、WBCSDのドミニク・ウォーレイ副代表が明らかにした。具体的な時期などの見通しは示さなかった。ウォーレイ氏は「企業に（自社の）排出削減を求めるだけでなく、（社会全体の）排出削減につながる画期的な製品やサービスを開発するように促すことが重要だ」と語った。

　削減貢献量とは何か。例えば既存製品に比べて消費電力を半減させた家庭用エアコンをA社が開発したとする。この製品1台を作るためのGHG排出量が既存製品と変わらない場合、販売量が2倍になるとA社の排出量は2倍になる。ただ、エアコンを新製品に買い替えた消費者は電力使用が半分ですむため、社会全体では省エネが進み、排出量も減る。

　後者の効果を定量化するのが削減貢献量だ。こういった指標がないと、世

WBCSDのドミニク・ウォーレイ副代表は、削減貢献量をGHGプロトコルに取り込む可能性を示した

の中の脱炭素には寄与しても自社の排出量は増えるという理由で、企業活動を萎縮させかねないという考え方が背景にある。

　企業のサステナビリティー情報開示の具体的な対象としては、GHG排出実績が先行している。排出実績はカーボンプライシング導入時のリスクなどを判断するのに役立つ一方、「GHG削減など社会課題の解決につながる技術が企業価値に十分に反映されていない」（パナソニックオペレーショナルエクセレンスの上原宏敏執行役員）という問題意識もある。

世界の有力企業の開示基準

　GHGプロトコルは、米シンクタンク世界資源研究所（WRI）とWBCSDが

1 はじめの一歩
2 再エネ活用の最前線
3 動き出した新エネ
4 GHG吸収への挑戦
5 カーボンクレジット
6 炭素会計を知る
7 脱炭素経営の新概念
8 世界のGX動向

左からISOのブノワ・デスフォーゲス氏、GHGプロトコルのオーバス・サルマド氏、パナソニックオペレーショナルエクセレンスの上原宏敏氏、WBCSDのアレクサンダー・ニック

共同運営する「GHGプロトコルイニシアチブ」が管理している。これに準拠して情報を開示するよう英CDPやSBTイニシアチブ（SBTi）など企業の気候変動対策計画の評価にかかわる有力団体が要請。日本を含む世界の有力企業が採用している。

一方、削減貢献量を計算する統一基準はないため、グリーンウオッシュ（見せかけの環境対策）になりかねないとの指摘も根強い。例えば上記のエアコンの事例でいうと、省エネ性能の比較対象に使う既存製品をどう定義するかで貢献量の数値は大きく変わる。削減貢献量が大きい企業が自社排出量を減らす努力を怠る、といった懸念もある。

WBCSDは2023年にガイダンスを発表。削減貢献量をアピールするには1.5℃目標に沿った野心的な排出削減計画を作る必要がある、削減貢献量は自社の排出量と相殺はできないなどとした。このガイダンスも見直しに着手した。このほど削減貢献量の定義や削減貢献量を主張するための要件などに関して意見募集を始め、25年6月までに改定する方針だ。

アリババも開示

　ISOに先行し、電気・電子分野の規格を決める国際電気標準会議（IEC）が既に削減貢献量の規格開発を進めている。日本の発案を受けたもので、25年6月までに国際規格として発効する見込み。

　経済産業省が主導するGXリーグでも事例集を作り、企業の開示を後押ししている。これまでは日本企業や各国の電機業界などで削減貢献量の開示が先行してきたが、GHGプロトコルやISOでルール整備が進めば幅広い業種の海外企業に広がる可能性がある。

　海外企業でも既に一部で開示が始まっている。COP29の中国パビリオンではアリババ集団が「スコープ3+」として削減貢献量を展示した。クラウドサービスや人工知能（AI）を活用したエネルギーの有効活用、中古品取引などで足元の削減貢献量は3333万トンにのぼる。35年までの15年間で累計15億トンを目指す。アリババはWBCSDにも参加し、削減貢献量の算定や開示のガイダンス策定にも携わる。

1 はじめの一歩

2 再エネ活用の最前線

3 動き出した新エネ

4 GHG吸収への挑戦

5 カーボンクレジット

6 炭素会計を知る

7 脱炭素経営の新概念

8 世界のGX動向

090

マスバランス式の鉄鋼・化学品活用に道 SBTi議論文書

企業の脱炭素目標を評価する団体SBTiが2024年7月末、基準改定作業の一環として「ディスカッションペーパー」を公表した。注目されたボランタリー（民間）カーボンクレジットに対するスタンスは従来と大きく変わらなかった一方で、鉄鋼や化学といった業界で使われている「マスバランス方式」の扱いでは変化があった。SBTiの技術諮問グループメンバーを務める高瀬香絵・自然エネルギー財団シニアマネージャーに文書の読み解きを聞いた。

クレジット活用のスタンスは大きく変わらず

——SBTi理事会が24年4月にクレジットの使用を容認することを示唆する見解を出したことで、方針変更があるのかが関心を集めています。

「今回の文書を見る限り、これまでのスタンスと大きな違いはない。そもそも4月に出てきたのはスコープ3の『緩和（abatement）』にクレジットを含む証書などを使えるようにするということだった。スコープ1、2は対象外だし、緩和はオフセット（相殺）とは概念が異なり、排出量から差し引くものではない」

「どちらかというと（大気中の二酸化炭素 $=CO_2$ を直接回収する）DACなどによる除去クレジットをスコープ3の緩和に使えるのかが未知数だったが、今回のペーパーではその点は示唆されていない。スコープ3、つまりバリューチェーン内について言及されたのは再生可能エネルギー導入などに由来する削

1 はじめの一歩

2 再エネ活用の最前線

3 動き出した新エネ

4 GHG吸収への挑戦

5 カーボンクレジット

6 炭素会計を知る

7 脱炭素経営の新概念

8 世界のGX動向

■SBTiが示した「環境属性証明」活用5つのシナリオ

1）商品証書の活用

企業が調達した商品が、気候変動に配慮して生産されていることを証明する仕組みは、バリューチェーンの排出削減を主張するうえで重要。トレーサビリティーが不可欠

2）トレーサビリティーが十分でない場合の商品証書活用

一定の制限を設けたうえで、ネットゼロに向けた暫定的な手段として検討する余地がある

3）スコープ3削減をクレジットで証明

バリューチェーン内で創出されたクレジットで、削減貢献や除去ではなくCO_2排出削減に由来するものの場合、スコープ3排出量の削減に使える可能性

4）ネットゼロ達成へのクレジット活用

ネットゼロを達成する時点とそれ以降において、残余排出量を炭素除去クレジットによって「中立化」する場合、どういった技術を認めるかはSBTiで研究を実施予定

5）バリューチェーン外のクレジットを「貢献」として購入

自社排出を減らすかわりにクレジットを使うオフセットには様々なリスク。しかし、バリューチェーン外の排出削減の取り組みに資金を提供する場合は環境に貢献し得る

（注）SBTi資料に基づきNIKKEI GX作成

減クレジットのみだ」

　「ちなみにSBTiの現行基準は、2050年などの時点で『ネットゼロ』を達成するために、どうしても減らし切れない残余排出量（residual emissions）に相当する量については、除去クレジットなどによる中立化（neutralisation）を認めるというものだ。実際の排出削減の代わりにクレジットによるオフセットを使うのは原則として認めていない」

商品証書の活用姿勢に変化

——ディスカッションペーパーではクレジットなどを含む「環境属性証明（EACs）」の活用について、5つのシナリオを示しました。

　「基準改定に向けたガイドラインや要件を示すものではないと念を押したうえで、EACsがスコープ3にてどんな役割を担い得るかを挙げたのが5つのシナリオだ。目を引いたのが、シナリオの1と2で言及している『商品証書（commodity certificate）』だ。調達した製品由来のCO_2排出量を算定する際に使用を認めることを議論に含めていこうという内容になっている」

——商品証書とは具体的にはどのようなものですか。

　「例えば、マスバランス方式によるクリーン素材の使用を証明するものがある。石油由来のナフサに植物由来のバイオ原料を3割まぜてプラスチックを作った場合、プラスチックメーカーは出荷量の3割については『バイオ原料100%』とアピールできるのがマスバランス方式だ。残る7割は石油由来100%という扱いになる。クリーン素材を部分的に使った場合に、クリーンという属性を一部の製品に集中させる考え方だ」

　「SBTiは現在、マスバランス方式によるCO_2削減を認めていない。原料に占めるバイオ原料の割合が3割なら、プラスチックメーカーが100%だとアピールしても、そのプラスチックを買った企業がスコープ3カテゴリー1（購入した製品に由来する排出）を計算する際は『3割』を使うよう求めている。ディスカッションペーパーの考え方が新基準に採用された場合は『100%』とみなす余地が出てくる」

　「航空会社が再生航空燃料（SAF）を使った場合に、SAF属性を燃料と切り離して流通させるSAF証書も商品証書の一つと言えるだろう。鉄鋼会社などで、ベースラインからのCO_2削減量を寄せてゼロエミッションとみなして販売するケースについても、議論の対象となり得る」

1 はじめの一歩

2 再エネ活用の最前線

3 動き出した新エネ

4 GHG吸収への挑戦

5 カーボンクレジット

6 炭素会計を知る

7 脱炭素経営の新概念

8 世界のGX動向

サプライチェーン内のクレジットに「可能性」

──シナリオ3〜5ではクレジットに言及しています。

「シナリオ3では、バリューチェーン内のCO_2削減を通じて創出されたクレジットは、スコープ3削減の裏付けとして活用できる可能性を言っている。取引先が化石燃料由来の電力を再生エネ由来に切り替えることで創出したクレジットを購入するケースなどが対象になり得る」

「ただ、この『削減』はオフセットとは異なる。スコープ3の総量を算定上減らすには一次データを集め、基準年と比較するといった作業が必要になる。そうしたことをすぐにはできなくても、クレジットを買うことでサプライチェーンの排出量削減につながっていることは確認できるという意味だ」

──シナリオ4、5には新しい論点はなさそうですか。

「シナリオ4は現行基準と同じ内容だ。シナリオ5もバリューチェーンを超えた緩和（Beyond Value Chain Mitigation、BVCM）としてこれまでSBTiが示してきた考え方だ。信頼性が高いものであればクレジットの購入は温暖化対策として意味を持ち得るが、排出量のオフセットには使えない。地球環境への『補償（compensation）』や『貢献（contribution）』という位置付けだ」

スコープ3排出量に代わる指標検討

──クレジット関連以外では、バリューチェーンのCO_2排出量を管理するための新たな指標を検討するという記述があります。

「企業は現在、バリューチェーンの排出量をスコープ3として把握し、総量での削減目標を作っているケースが多い。ただ、スコープ3の総量を指標に使うことには様々な課題がある。まず精度の問題だ。排出量の計算には排出係数に基づく2次データを使うことが多く、1次データをどの程度使うかによって大きく数字が変わる。企業によって想定だけでなく、1次データ比率も違う

などの事情があり比較もしにくい」

　「また、スコープ3を減らすアクションをしたとしても、排出総量が減り始めるまでには時間がかかる面もある。さらに、企業はスコープ3計算を精緻にするためにコンサルティング会社などにかなりのお金を支払っており、結果として排出削減にお金が回りにくくなっているとの懸念もある」

——具体的にはどんな指標があり得るのでしょう。

　「エンゲージメントターゲットと呼ぶ手法が一例だ。取引先にSBT基準に沿ったCO_2削減計画の立案を呼びかけ、40年までに全取引先に対応してもらうことを目指すといったものだ。自動車メーカーでいえば電気自動車（EV）

比率をいつまでにどれくらいにするという目標もあり得る」

──そういった指標をスコープ3排出量の代替に使うのですか。

　「代替と位置付けるかどうかは今後の議論次第だ。スコープ3をメインとしたまま、新たな指標を補完的なものとするという選択肢もあり得るだろう」

元のSBTiに戻った

──SBTiの今回の文書には技術諮問グループの見解も反映されているのですか。

　「事前に内容については聞いておらず、24年7月30日の発表で初めて知った。ただ、発表後すぐに事務局から説明があって私もいくつか質問して内容を確認できた。技術諮問グループの意見もしっかり聞くという姿勢で、（4月の理事会声明前の）元のSBTiに戻ったという印象だ」

──5つのシナリオの部分に限らず、今回示した内容は新基準の内容に直結するものではないという記述が何度も出てきます。

　「これから外部の意見を聞いて基準を作っていくという姿勢の表れだ。ただ、大きな方向性と議論の範囲を今回示したという解釈はできる」

たかせ・かえ　日本エネルギー経済研究所、地球環境産業技術研究機構（RITE）などを経て東京大学新領域創成科学研究科で博士（環境学）を取得。2015年に国際非政府組織CDPジャパンに参画。23年に自然エネルギー財団シニアコーディネーターとSBTiの技術諮問グループメンバーに就任。

1 はじめの一歩
2 再エネ活用の最前線
3 動き出した新エネ
4 GHG吸収への挑戦
5 カーボンクレジット
6 炭素会計を知る
7 脱炭素経営の新概念
8 世界のGX動向

091

三井化学とマスバランス包装材
生協、7次調達先も連携

　マスバランス方式で一部の製品に環境価値を集中的に割り当てた事例として、三井化学と日本生活協同組合連合会の取り組みを紹介する。

　日本生協連が食品包装で低炭素素材の導入を増やす。三井化学やフィンランドのネステなど7次調達先まで連携して、マスバランス方式に対応できるサプライチェーンを構築した。消費財でマスバランス素材を活用する一つのモデルケースになりそうだ。

エコマーク認定第1号

　日本生協連は2024年3月から「のりのりの玄米せんべい」「塩飴」など3品目に低炭素の包装材を使う。素材はバイオマス由来成分を使ったポリプロピレンだ。三井化学の製品で、全体の10〜12%がバイオマス由来とみなされる。

　1グラムあたりの二酸化炭素（CO_2）排出量は割当率が10%の場合は5.17グラム、12%の場合は5.104グラム。石油由来のポリプロピレンと比べると排出量を6〜7.2%削減できる計算だ。

　この素材を最初に採用したのは23年9月に発売した「味付のり」だ。「プラスチック全体の10%以上をバイオマス由来とする」という基準をクリアし、日本環境協会からエコマークの認定を取得した。同協会がバイオマス由来成分を割り当てたプラスチックに対する認定基準を作ったのは23年2月のことだ。生協連が第1号の認定事例になった。

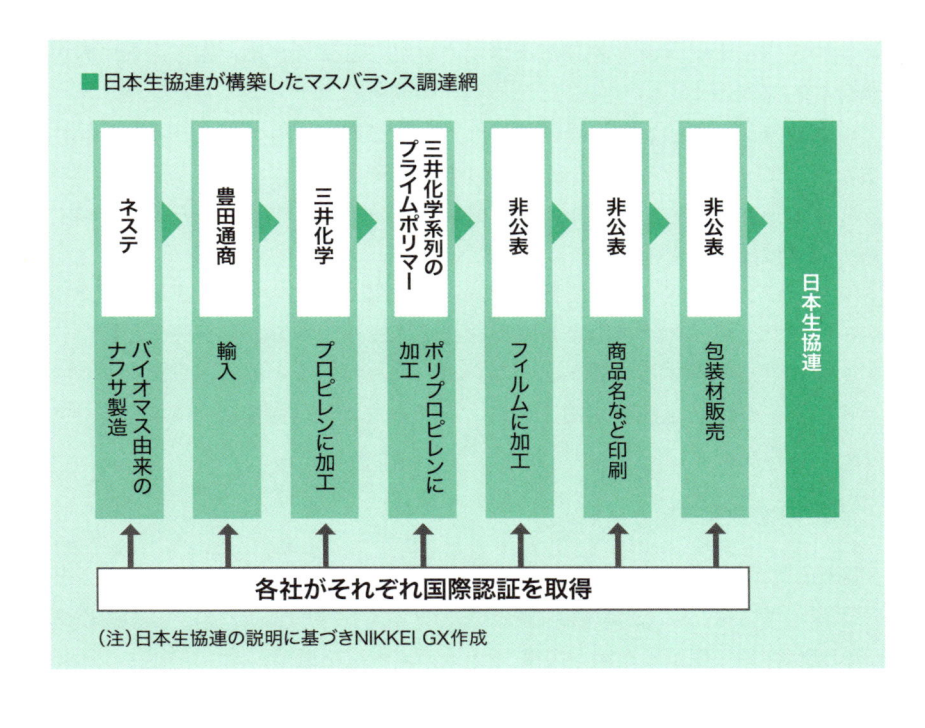

■日本生協連が構築したマスバランス調達網

ネステ
バイオマス由来のナフサ製造

豊田通商
輸入

三井化学
プロピレンに加工

三井化学系列のプライムポリマー
ポリプロピレンに加工

非公表
フィルムに加工

非公表
商品名など印刷

非公表
包装材販売

日本生協連

各社がそれぞれ国際認証を取得

（注）日本生協連の説明に基づきNIKKEI GX作成

　生協連のサステナビリティ戦略担当、設楽良昌氏は「エコマークは日本にある環境認証では知名度が高いため活用することが多い」と説明する。

　生協連はこの包装材を使う商品をドーナツやパンなどに段階的に拡大しており、3月に合計8品目、6月には13品目になる。

専用ラインが不要に

　包装材など化学品の場合、マスバランス方式を使うと素材メーカーは環境配慮型の製品を作りやすくなる。例えば化石原料由来の原料70%とバイオマス由来など環境配慮型の原料30%を混ぜて製品を作った場合、出荷する製品

1 はじめの一歩
2 再エネ活用の最前線
3 動き出した新エネ
4 GHG吸収への挑戦
5 カーボンクレジット
6 炭素会計を知る
7 脱炭素経営の新概念
8 世界のGX動向

の30％はバイオマス由来成分だけで生産したことにできる。残りの70％の製品は化石原料由来という扱いになる。

マスバランス方式を使わない場合は、原料ごとに専用の生産ラインを設けるなどして使い分ける必要があり、設備投資資金がかさむといった弊害がある。生協連によると、低炭素のポリプロピレンはマスバランス方式で作ったもの以外はほとんど流通していないという。

マスバランス方式を適用する際は第三者機関の監査を受け、認証を得るのが一般的だ。バイオマス由来の原料を適切に使っているかどうかなどについて、信頼性を確保する必要があるからだ。エコマークの取得基準には「ナプライチェーンの各事業者が第三者による監査または認証を受けていること」という項目がある。

認証取得企業7社と連携

国際的な認証枠組みはISCCプラス、RSB、REDcert2（レッドサート2）という3つが代表的だ。生協連はこのうち、日本で比較的普及しているISCCプラスを取得した事業者を調べてサプライチェーンを構築した。

バイオマス由来のナフサは再生可能燃料の世界大手であるフィンランドのネステが生産している。プラスチックを作る三井化学、包装材などに加工する企業などを含め、7社すべてが認証取得企業だ。これまで直接取引がなかったところもあり「三井化学などと相談したり情報を集めたりするのに時間がかかった」（設楽氏）。

三井化学は21年12月にマスバランス方式によるプラスチックの生産・販売を始めた。生協連以外にもサンプル供給などのかたちで引き合いは増えつつあるという。生協連がエコマークを取得した効果は大きいと、三井化学はみている。知名度が高い制度の認証を受けたことで、一般には分かりにくいマスバランス方式への理解が進めばとの期待がある。

コスト・認証、なおハードル

ただ、普及に向けたハードルはなお残る。

まずは価格。現状は「通常のプラスチックの数倍」(三井化学)だという。生協連が包装材への混合割合を10〜12%にとどめたのもコストが理由だ。現在は商品価格への転嫁はほぼしていないが、それも「事業規模が大きい生協連だからできることだ」との声がある。

マスバランス方式の認証企業を確保するのも簡単でない。素材業界関係者によると、ISCCプラスの認証を得るには認証機関に英語で資料を送って審査を受ける必要がある。費用負担も重い。フィルム加工などを手掛ける企業は中小規模のケースもある。サプライチェーンのすべての段階で、費用や立地といった事業面の条件にも適合する認証取得企業を確保するハードルは決して低くない。

サプライチェーンを構成する企業の一部が代表して認証を得れば済むようにするなど「マスバランス方式の活用プロセスを簡略化することが必要だ」と、素材業界関係者は指摘する。

1 はじめの一歩

2 再エネ活用の最前線

3 動き出した新エネ

4 GHG吸収への挑戦

5 カーボンクレジット

6 炭素会計を知る

7 脱炭素経営の新概念

8 世界のGX動向

092

社内炭素価格、ローソンは2万円
投資回収期間から判断

ローソンは自社の設備投資の判断に社内炭素価格（インターナルカーボンプライシング、ICP）制度を導入した。小売業のICP導入事例が少ない中、炭素価格を何円に設定すると設備投資の回収にどのくらいかかるかを試算し、二酸化炭素（CO_2）1トンあたり2万円に決めた。ICPを活用し、省エネ設備の導入を加速する。

「インパクトのある価格を」

「せっかく導入するなら、インパクトのある価格設定にしなくては」。2023年4月にSDGs推進室と店舗建設部が共同でICPの検討を始め、7月にSDGs委員会での議論を本格化させたところ、経営陣からは実効性を重視するよう指示が出た。

ローソンでは竹増貞信社長がCSO（チーフ・サステナビリティ・オフィサー）を兼任し、脱炭素の取り組みを主導する。自社の温暖化ガス（GHG）排出量「スコープ1、2」のうち、店舗からの排出が9割以上を占める。これまで太陽光発電システムやCO_2冷媒の冷凍・冷蔵システムを導入してきた。排出量削減をさらに推し進めるためには、店舗の電力使用量の抑制が欠かせない。

ただ、削減効果の大きい設備は導入費用が重い。SDGs推進室の石塚隆史マネジャーは「今後も投資コストは上がっていく。環境価値を定義して、脱炭素に向けた投資を実行しやすくする必要があった」と語る。

1 はじめの一歩

2 再エネ活用の最前線

3 動き出した新エネ

4 GHG吸収への挑戦

5 カーボンクレジット

6 炭素会計を知る

7 脱炭素経営の新概念

8 世界のGX動向

ローソンは店舗での電力使用量削減を通じて、脱炭素を進める

製造業やIEA予測を参考

　課題として浮上したのが炭素価格の設定だ。石塚氏が調べたところ、フランチャイズ契約など加盟店ビジネスの小売業でICPを導入している例は見当たらなかった。そこで製造業でICPを導入している企業事例などを参考に、上限と下限の価格を決めることから始めた。

　非金融業では2000〜4000円に設定している企業が多かった。また再生可能エネルギー由来の「J‐クレジット」の相場（3200円前後）を基に、下限を3000円に設定した。上限は国際エネルギー機関（IEA）が予測する30年の炭素価格（1トンあたり140ドル）を参考にして2万円とした。

　重視したのが、投資回収年数だ。例えば初期費用500万円の冷蔵システムの

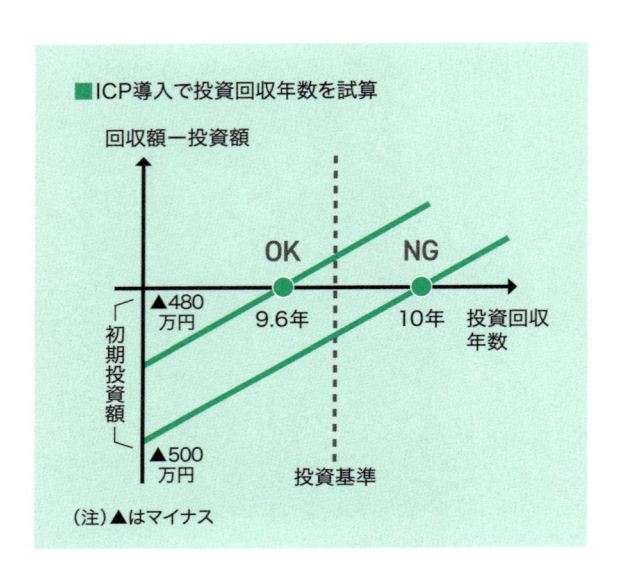

■ICP導入で投資回収年数を試算

回収額ー投資額

OK　9.6年　NG　10年

▲480万円

▲500万円

初期投資額

投資基準

投資回収年数

（注）▲はマイナス

導入を想定して、1トン当たり2万円の炭素価格を適用する。投資回収は10年間かかるとし、CO_2排出量削減効果は1年で1トン、10年間で10トンと仮定する。ICPで削減効果を金額換算すると、10年分の炭素価格は20万円になる。初期費用の500万円から炭素価格の20万円を差し引き、投資回収年数を計算すると、9.6年に短縮できる。

　ローソンは、設備ごとに独自の投資回収年数の基準を設けている。通常の試算で基準を超えなくても、ICPを考慮すれば基準を超える設備投資については、設備を導入する方針だ。石塚氏は試算を繰り返し、1トンあたり3000円の設定では、投資回収年数にほとんど差が出ないことが分かった。実効性のある価格設定にこだわり、上限の2万円を採用した。

各部署にSDGs担当者

運用では課題もある。ICPの導入は、全社的に環境価値を可視化する狙いがあるが、現状は店舗建設部などの設備投資にかかわる部門と、他の部門で理解度に差があるという。石塚氏は「『二酸化炭素の排出はコスト』という認識を全社に広めないと、電気代の削減などの行動変容につながらない」と話す。ローソンは各部署にSDGsの担当者を配置しており、担当者を通じた啓蒙や研修などで会社全体への浸透を図っていく。

ローソンは1店舗当たりのCO_2排出量を30年度に13年度比50%削減し、50年度にゼロにする目標を掲げる。石塚氏は「ICPの活用で目標達成に向けた設備導入を加速したい」と話す。社内炭素価格の活用は各社の模索が続いている。ローソンの取り組みは小売業のICP運用で試金石になる。

1 はじめの一歩

2 再エネ活用の最前線

3 動き出した新エネ

4 GHG吸収への挑戦

5 カーボンクレジット

6 炭素会計を知る

7 脱炭素経営の新概念

8 世界のGX動向

8章

世界のGX動向

脱炭素の取り組みでリードする欧州やCOPなど海外で進むルールメーキングは、時間差こそあっても日本企業にも着実に影響してくる。環境対応に後ろ向きな米国のトランプ第2次政権の動きも見逃せない。

KEYWORD

重要度 ★★★

093 パリ協定

気温上昇を1.5℃以下に　途上国もCO₂削減

　2015年にパリで開いた国連気候変動枠組条約締約国会議（COP21）で採択された地球温暖化対策の国際的な枠組み。24年9月時点で195カ国・地域が参加している。長期目標として「世界の平均気温上昇を産業革命以前に比べて2℃より十分低く保ち、1.5℃に抑える努力をする」と掲げ、各国の温暖化対策の起点となっている。

　1997年に採択された京都議定書の後継で、2016年に発効した。協定では気温上昇を抑えるために、できる限り早く世界の温暖化ガス排出量をピークアウトさせて、21世紀後半には排出量と吸収量のバランスを取ることも目標として記した。

　京都議定書で温暖化ガスの排出量削減を求められたのは先進国だった。パリ協定は途上国も対象にしている点が特徴。削減目標は各国が自主的に立てる。5年ごとに更新して国連に報告することが義務付けられている。

　パリ協定には、世界の温暖化ガスの排出削減を効率的に進めるため、

1 はじめの一歩

2 再エネ活用の最前線

3 動き出した新エネ

4 GHG吸収への挑戦

5 カーボンクレジット

6 炭素会計を知る

7 脱炭素経営の新概念

8 世界のGX動向

■パリ協定を踏まえた日本の主な温暖化対策

地球温暖化対策計画	温暖化対策を巡る政府の総合計画で、2030年度の排出量削減目標を13年度比46%と設定
パリ協定に基づく成長戦略としての長期戦略	35年に販売される乗用車の新車をすべて電動化。大気中のCO_2を回収して地中に埋める技術の活用も盛り込む
エネルギー基本計画	従来計画は石炭火力の割合を30年度に19%程度まで減らす内容で、24年度中に改定
カーボンプライシング	排出量取引制度は26年度から本格稼働。化石燃料のCO_2排出量に応じ輸入事業者などに課す化石燃料賦課金の制度は28年度導入
2国間クレジット	タイやエチオピアなど20カ国以上と連携。民間中心のプロジェクトも

削減した分を国際的に移転する「市場メカニズム」が規定されている。日本が進めてきた2国間クレジット制度（JCM）は、その一つに該当する。

　パリ協定を踏まえて日本は21年に地球温暖化対策計画を改定。30年度の温暖化ガス排出量を13年度比で46%削減する中期目標を掲げた。米国は第1次トランプ政権時代に協定から離脱したが、21年に復帰しており、30年に05年比50〜52%減らす目標を立てた。中国は30年に05年比でGDP当たり65%超を削減するとしている。

　世界気象機関によると、23年の世界の平均気温は産業革命前より1.45℃高く、24〜28年の少なくとも1年間は1.5℃を上回る可能性が80%ある。パリ協定の実現には暮らしや産業の隅々までグリーントランスフォーメーション（GX）が必要で、各国の政府・企業が再生可能エネルギーの普及や低炭素イノベーションの創出などに取り組んでいる。

重要度 ★★★

094 EUタクソノミー

持続可能な投資対象、産業別に明示

欧州連合（EU）内で実行される「グリーン（環境対応）」または「持続可能」な経済活動を認定する枠組み。タクソノミーは「分類」を示す英語で、グリーンや持続可能とは具体的に何を指すのかを示す。気候変動対策と経済成長の両立を目指す「欧州グリーンディール」と連動し、持続可能な投資を促すことが目的。2023年6月までに「気候変動の緩和」など6つの環境目標を実現するための委任法が採択された。

企業は各経済活動について「6項目のうち少なくとも一つに貢献すること」と「いずれの項目にも重大な悪影響を及ぼさないこと」の対応状況の情報開示を求められている。

各環境目標に対して企業活動が貢献しているか、阻害していないかは「エネルギー」「運輸」「製造業」など8または13に分けたセクターごとに設定した技術的スクリーニング（選別）基準によって判断する。

特に「気候変動の緩和」についての選別基準が詳細だ。エネルギーセクターの取り組みでは、太陽光や風力は無条件に貢献しているとする。地熱や再生可能な非化石ガス火力は、温暖化ガス（GHG）排出量が一定以下の場合に対象となる。

加盟各国で意見が分かれていた天然ガスや原子力発電は23年1月から一定の条件を満たしていれば認められるようになった。

1 はじめの一歩

2 再エネ活用の最前線

3 動き出した新エネ

4 GHG吸収への挑戦

5 カーボンクレジット

6 炭素会計を知る

7 脱炭素経営の新概念

8 世界のGX動向

■EUの6つの環境目標

気候変動の緩和

気候変動への対応

水と海洋資源の持続可能な利用と保全

循環型経済への移行

環境汚染の防止と抑制

生物多様性と生態系の保存・回復

　天然ガスは発電時などの1キロワット時当たりのGHGの排出量を、ライフサイクル全体で100グラム（二酸化炭素換算）未満に抑えること、または直接排出量が1キロワット時あたり270グラム未満で35年末までに水素などの再生可能ガスか低炭素ガスに完全に切り替えることなどを条件としている。

　電力中央研究所の富田基史主任研究員は2つ目の条件について「排出基準が達成できたとしても、35年までの切り替えなど排出以外の基準で技術要件が複雑だ」と指摘する。

　ジェトロ調査部欧州課の土屋朋美課長代理は「天然ガスと原子力も一定の条件で認められることとなったが、両エネルギーの扱いは依然加盟国間で隔たりがある」と話す。

　タクソノミーの基準に達していなくても罰則を受けることはない。ただ、EUはタクソノミーの実効性を高めるための法制度の整備を進めている。

　欧州で企業が発行するグリーンボンド（環境債）は、資金用途が全額タクソノミーに整合していれば「EUグリーンボンド」として認定する方針。規則案が審議されており、運用が始まれば企業の環境対応の指針として存在感を高める可能性がある。

重要度　★★★

<u>095</u>　# EU-ETS/CBAM

排出量取引の先駆け、24年から海運も適用

　欧州連合（EU）が2005年に導入した排出量取引制度がEU-ETSだ。企業や施設などに排出枠を一定の条件下で割り当てる。温暖化ガスの排出量が排出枠を上回る企業は、市場などから排出枠を購入する必要がある。排出枠に余裕がある企業が売り手となる。

　適用範囲は段階的に拡大しており、現在は発電所や航空、素材などの業界が含まれる。24年からは海運にも拡大。域内を発着する総トン数が5000トン以上の船舶が対象だ。船籍を問わず、EU域内や域外を結ぶ航海や停泊時の排出などが規制される。

　EUを発着する航路は多く、海運業界全体の船舶燃料の脱炭素を後押しすることになりそうだ。海運業界の温暖化ガス排出量はEU全体の3%程度を占める。

　EUは50年に温暖化ガスの排出量を実質ゼロにする目標をいち早く掲げ、世界の気候変動対策をリードしてきた。30年までに1990年比で少なくとも55%の排出削減を目指している。

　目標を達成するために、26年には国境炭素調整措置（CBAM）を世界

1 はじめの一歩

2 再エネ活用の最前線

3 動き出した新エネ

4 GHG吸収への挑戦

5 カーボンクレジット

6 炭素会計を知る

7 脱炭素経営の新概念

8 世界のGX動向

■EUは2026年から国境炭素調整措置（CBAM）を導入

対象製品	鉄鋼、アルミニウム、肥料、セメント、電力、水素
仕組み	輸入品に含まれる排出量に応じたCBAM証書を購入する
罰則	報告義務に違反した場合は、規模に応じて罰金を支払う
当面の予定	2023年10月から報告義務開始、26年から支払い義務

で初めて導入する。環境規制の緩い国からの輸入品に事実上の関税をかける制度で、23年10月から事業者は排出量の報告が義務付けられる。

対象はアルミニウム、鉄鋼、セメント、電気、肥料など。EUの輸入品に占める日本製品のシェアは1％未満だが、日本企業が新興国などで生産した製品をEUに輸出する場合は、実質的な課税の対象になる可能性がある。

欧州の排出量取引制度の強化により、仲介ビジネスも広がりそうだ。伊藤忠商事は欧州の排出量取引大手、英CFパートナーズ（CFP）と業務提携した。CFPが調達した排出量を、日本などアジア企業向けに販売する。

世界銀行によると世界で70以上の国や地域が炭素税や排出量取引制度を導入している。世界で排出される温暖化ガス全体の2割強をカバーしている。炭素税などによる各国・地域の収入は、22年に約950億ドルまで拡大した。

重要度 ★★★

096 インフレ抑制法（IRA）

脱炭素促す米の巨額支援法　トランプ氏は批判

　米バイデン政権が2022年8月に成立させたインフレ抑制法（Inflation Reduction Act）は、財政赤字の削減などによって物価上昇を抑えると同時に、エネルギー安全保障や気候変動対策を進めることを目的としている。同対策にかかわる税控除、補助金額は22年度から10年間で合計3690億ドルとした。

　IRAは太陽光パネルや風力タービン、蓄電池などへの設備投資に対して税控除をする。電気自動車（EV）などエコカーの購入に対する税控除も盛り込んだ。ほかにも水素や再生航空燃料（SAF）の製造、二酸化炭素の回収・貯留（CCS）施設の建設、メタンガスの排出量削減など支援の対象は幅広い。

　電力中央研究所によると、最も大きい支援分野は再生可能エネルギーや原子力などで、金額は1603億ドルとなる。蓄電池や太陽光パネルといったクリーン製造業に403億ドル、バイオ燃料やクリーン燃料に234億ドルが投じられるとした。

　マサチューセッツ工科大学エネルギー・環境政策センターは22年7

■IRAで米国の脱炭素投資が急増

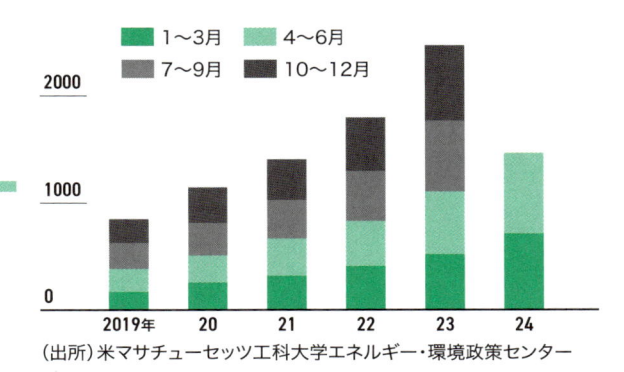

3000（億ドル）

1〜3月　4〜6月
7〜9月　10〜12月

2000

1000

0

2019年　20　21　22　23　24

（出所）米マサチューセッツ工科大学エネルギー・環境政策センター

月からの2年間で、米国内のクリーン技術やインフラなどへの脱炭素投資がIRA施行前の2年間から71%増え、総額4930億ドルになったと試算した。

　トヨタ自動車はケンタッキー州とインディアナ州の工場でEVや電池生産に総額27億ドルを投資すると発表した。三菱電機がケンタッキー州でヒートポンプ用コンプレッサーの生産を表明するなど、日本企業の投資も相次いだ。

　米大統領に返り咲いたトランプ氏は気候変動に懐疑的だ。バイデン氏の気候変動対策を「詐欺」と評し、IRAを終わらせると宣言。予算の未執行分の撤回に言及している。

　ただ、IRAは超党派で成立した経緯があるうえ、再生エネや製造業の投資による雇用拡大の恩恵を受けるのはトランプ氏が勝利した州が多い。税控除の廃止には議会の承認が必要なこともあって、トランプ氏の考え通りに進むかどうかは不透明だ。

097

電力の脱炭素、待ったなし
24年G7エネ相会合を高村教授が解説

　主要7カ国（G7）気候・エネルギー・環境相会合は2024年4月の共同声明で石炭火力発電について「30年代前半」または「1.5℃目標と整合する時間軸」での段階的廃止を明記した。この合意は日本にとってどんな意味があるのか。気候変動問題に詳しい高村ゆかり東京大学未来ビジョン研究センター教授は「エネルギー転換にかかる時間を考えても、石炭火力発電対策を含む電力の脱炭素化に向かう道筋を示し、取り組みをいますぐ加速しなければならない」と解説する。

──4月30日の共同声明のポイントは。

　「石炭火力の段階的廃止を巡る文言は最後まで調整が必要な争点だった。22年のG7首脳の共同声明では『35年までに電力部門を完全に、またはその大宗を（fully or predominantly）脱炭素化する』という目標を明記し、『1.5℃目標と整合的に、排出削減対策がとられていない石炭火力発電の段階的廃止を加速するという目標に向けて（中略）対策を取る』ことに合意した」

　「23年のG7首脳の共同声明でもこの目標を再確認した。今回は石炭火力の年限について踏み込み、『30年代前半』または『1.5℃目標と整合する時間軸』での段階的廃止を明記した。35年以降の廃止となることも容認する合意とも読める」

　「しかし『1.5℃目標と整合する時間軸』を考えると、国際エネルギー機関（IEA）のシナリオも示すように、35年ごろには先進国の電力部門の脱炭素化

■ 2024年G7エネ相会合、共同声明のポイント

3.a.1	蓄電容量を22年の230GWから6倍以上にする
	support tripling global renewable energy capacity and strengthen energy security by increasing system flexibility（中略）, including contributing to a global goal for energy storage in the power sector of 1500 GW in 2030, a more than six-fold increase from 230 GW in 2022 including through existing targets and policies
3.a.2	送配電への投資、倍増し年間6000億ドル以上に
	recalling the IEA's analysis that global grid investment needs to nearly double by 2030 to over USD 600 billion per year in order to meet announced national climate targets, significantly scale-up investment in electricity transmission and distribution grids by 2030
3.c.1	30年代前半、あるいは気温上昇を1.5℃に抑える各国の目標に沿った時間軸で、排出削減策をとらない既存の石炭火力を段階的に廃止
	phase out existing unabated coal power generation in our energy systems during the first half of 2030s or in a timeline consistent with keeping a limit of 1.5℃ temperature rise within reach, in line with countries' net-zero pathways
3.c.3	次期NDCに具体的でタイムリーな措置を盛り込む
	take concrete and timely steps in this regard as part of the policies that inform and implement the next NDC
3.c.5	民間金融機関の新たな石炭火力発電への支援終了
	call on private finance institutions to continue working with governments to enable the transitioning away from unabated coal power and end support for new unabated coal power
3.e.1	化石燃料から脱却し他の主要経済国へ同調を求める
	operationalizing our contribution to the global transition away from fossil fuels in energy systems（中略）, including to inform and be reflected in our NDCs and LTSs, and call on others, particularly other major economies, to act likewise
3.i	運輸部門の脱炭素は電動化が鍵、燃料転換も役割
	We also note the IEA's analysis that electrification is the key technology for decarbonizing road transport and fuel switching also plays a role.
3.i.2	EVの充電インフラを大幅拡大
	significantly increase the total capacity and geographic span of the recharging infrastructures in G7 countries by 2030
3.i.4	バイオ燃料にも留意
	we also note the Turin Joint Statement on Sustainable Biofuels addressed to G7 Ministers by the sectorial biofuels stakeholders
9	核融合エネルギーに潜在力
	We recognise that with future breakthroughs in fusion energy technology it has the potential to provide a lasting solution to the global challenges of climate change and energy security in the future.

1 はじめの一歩
2 再エネ活用の最前線
3 動き出した新エネ
4 GHG吸収への挑戦
5 カーボンクレジット
6 炭素会計を知る
7 脱炭素経営の新概念
8 世界のGX動向

を実現するような対策が必要となる。今回の合意でも『35年までの電力部門の完全なまたは大宗の脱炭素化』という目標は再確認されている。2つの時間軸を併記するかたちで決着したが、いずれにしても、対策の取られていない石炭火力は30年代半ばごろを目指して段階的に廃止していくような速度と規模の対策が必要となる」

「この1年が決定的に重要」

──日本は現状のロードマップで間に合うのでしょうか。

「現行のエネルギー基本計画は、電源構成比で石炭火力を30年度に19%程度としている。22年度時点で石炭火力は電源構成比の約31%を占める。これをあと数年で19%程度までどのように削減していくか。さらに30年代半ばにどのようにゼロに近づけていくか。移行の道筋を早々に描く必要がある」

パリ協定に基づいて、各国は35年を超える各国の温暖化ガス排出削減目標（NDC、35年目標を推奨）を25年2月ごろにも提出することが求められており、今回のG7でも確認された。石炭火力からの移行は当然NDCの水準にも影響を与える。日本の削減目標の設定でも、この移行の道筋と方策の早急な検討が必要だ」

「国内では近く新たなエネルギー基本計画について議論が始まる。ここでいかに議論を深められるかが一つのポイントとなる。今回のG7共同声明も、生物多様性、プラスチック条約交渉などの状況とともに『この1年が決定的に重要』としている」

輸入依存を減らし強靭化

──電力コストや安定供給の観点から、石炭火力の早期廃止に否定的な意見もあります。

「日本の電源構成を考えると確かに簡単ではない。脱炭素・低炭素電源への転換だけでなく、蓄電池を含む分散型のエネルギーリソースを柔軟に活用し

1 はじめの一歩

2 再エネ活用の最前線

3 動き出した新エネ

4 GHG吸収への挑戦

5 カーボンクレジット

6 炭素会計を知る

7 脱炭素経営の新概念

8 世界のGX動向

て電力の安定供給を実現する、新たな電力システムへの転換を加速する必要がある。転換には時間もかかり施策導入のスピードが問われる」

「エネルギーシステムの転換にはコストがかかるが、1次エネルギーの9割を輸入に頼る日本にとって脱炭素は、国際合意を履行する以上の意味を持つ。エネルギーシステムの強靱化につながるというベネフィットだ」

「エネルギー資源の輸入量が変わらなくても円安により貿易収支を悪化させているのが現状だ。日本にとって、エネルギーシステムの強靱化と世界の脱炭素、この2つの方向が一致していることは幸運で、脱炭素の取り組みは二重、三重のベネフィットをもたらし得る」

——現実問題として電力の脱炭素は可能だと思いますか。

「現時点で達成が見込めるから取り組む、達成可能かわからないから取り組まないという問題ではない。もちろん達成に向けた課題や困難は大きい。しかし、エネルギーシステムの強靱化の観点から日本が取り組むべきことは明確だ」

「エネルギー効率の改善や脱炭素・低炭素エネルギーへの転換だ。原子力の位置付けは議論になり得るが、自家消費型、地域共生型の自然エネルギー導入、洋上風力の大量導入に異論はない。送配電網の拡充も重要だ。これらはいずれも、着手から実現に長い時間がかかる。脱炭素を追い風にしていかに早く手を打てるかがポイントになる。脱炭素経営が求められている日本企業の競争力強化にとっても、待ったなしだ」

冷媒技術・ヒートポンプ、短期で貢献

——ガスの位置付けは。共同声明はロシア問題に言及しつつ「この分野への投資が適切であり得る」としています。

「電力・エネルギーの脱炭素化という観点からもガス、液化天然ガス（LNG）への注目は高まっており、どう位置付けるかは日本のエネルギー政策におい

ても重要な論点になり得る。再生可能エネルギーと原子力だけで石炭をすぐさま代替できるのかという問題があるからだ。供給の確保、上流の開発投資をどうするかなど、様々な論点が考えられる」

――共同声明は代替フロン「HFC」など冷媒技術も取り上げました。

「冷媒技術はパナソニックやダイキン工業をはじめ日本企業も高い技術力を持つ。また、ロシアのウクライナ侵略を機に、大幅な省エネにつながるヒートポンプは欧州などで格段に利用が広がった。こうした技術は短期で排出削減に貢献でき、日本企業の強みを生かせる技術でもあり、海外市場での普及を含めてGX政策の中でもこうした技術の普及にもっと力を入れてよい」

――核融合エネルギーの実現へ向けた協力も明記しています。

「単独で項目が立てられたのはおそらく初めて。核融合はすぐに実現・実用化できるものではないが、社会実装の環境整備をはじめ、長期的観点から国際的に連携して将来技術の開発を進めようとする合意だ」

たかむら・ゆかり　グローバルな観点から環境・エネルギーを論じる「脱炭素」時代のオピニオン・リーダー。専門は国際法学・環境法学。名古屋大学大学院教授などを経て2018年から東京大学教授、19年から現職。政府の審議会委員やアジア開発銀行気候変動と持続可能な発展に関する諮問グループ委員も務める。

1
はじめの一歩

2
再エネ活用の
最前線

3
動き出した
新エネ

4
GHG吸収へ
の挑戦

5
カーボン
クレジット

6
炭素会計を
知る

7
脱炭素経営の
新概念

8
世界の
GX動向

098

EU炭素国境調整が迫るデータ収集
報告開始で見えた課題

　欧州連合（EU）が進めてきた欧州グリーンディールの根幹であるEU排出量取引制度（EU-ETS）。2026年からは炭素国境調整措置（CBAM）を併せて本格適用し、国際貿易に炭素価格を導入する。CBAMは23年10月から移行期間を開始しており、24年7月末に3回目の報告期限を迎えた。日本企業によるCBAM対応の現状と、今後の注目点を、日本貿易振興機構（ジェトロ）調査部欧州課の江里口理子リサーチ・マネージャーの寄稿で解説する。

日本の対象製品の輸出は鉄鋼関連に集中

　まずは、EUのカーボンプライシングについておさらいしたい。EUは50年までに「温暖化ガス（GHG）の排出を実質ゼロにする世界初の大陸になる」という野心を掲げる。その根幹を支える政策が05年に開始したEU-ETSだ。GHG排出量の多い産業部門を対象としており、対象部門の大規模排出施設を持つEU域内の事業者に炭素価格を課す。

　EU域内の事業者だけに炭素価格を課すと、規制が緩やかな域外国が国際競争で有利になり、域外からの輸入品が増えたり、域内の生産拠点が域外に流出したりする可能性が高まる。この「カーボンリーケージ」（炭素漏出）を防ぐため、EUは域内への輸入品に炭素価格を課すCBAMの導入を決めた。これまでEU-ETSではカーボンリーケージ対策として域内企業の一部に排出枠を無償割当をしてきたが、今後はCBAMに置き換わるかたちだ。

EUは26年にCBAMを本格スタートさせる（写真＝Ivan/stock.adobe.com）

　CBAMは26年1月からの本格適用に先立ち、23年10月に移行期間が始まった。EU域内に対象製品を輸入する事業者は、移行期間は四半期ごと、本格適用後は1年ごとに、対象製品の生産に伴い排出されるGHGの量などをまとめた報告書を欧州委員会に提出しなければならない。本格適用後は、排出量に応じた炭素価格を支払う。

　域外の輸出事業者は事実上、GHG排出量を算出して域内の輸入事業者に報告することが求められ、この手間も大きい。

　CBAM対象製品は現在、セメント、電力、肥料、鉄鋼、アルミニウム、水素の6分野に限定される。日本から世界に輸出されるCBAM対象製品のうちEU向けは2%にとどまるが、ボルトやネジなど鉄鋼の川下製品を輸出する企業などには大きな影響が出ている。

　欧州委のCBAM担当者は24年6月に開かれたセミナーで、日本からの申告

数量は2月末時点の暫定値で世界15位の49万トンで、ほとんどが鉄鋼関連だったと明らかにした。欧州委は今後、有機化学品やポリマーをはじめ、対象製品を拡大する意向だ。日本企業は引き続き、欧州委の動向に注視する必要がある。

これまでの報告は大半がデフォルト値を利用

EU域外の輸出事業者にとって大きな課題は、GHG排出量の把握だ。欧州委のCBAM担当者によると、移行期間の最初2回（1月末、4月末）の報告では95％が、欧州委が製品ごとに定めたデフォルト値（既定値）を利用した。デフォルト値は、欧州委の共同研究センター（JRC）の推計などに基づき設定されたGHG排出係数で、輸出量と掛けることで総排出量をみなし計算ができる。

欧州委は移行期間の3回目（7月末）の報告まで、実際の排出量の把握が難しい場合は、企業にデフォルト値を利用することを認めていたのだが、ほとんどの企業がデフォルト値に頼ったのが実態だった。EUへ輸出する日本企業にとって、GHG排出量を把握する体制づくりは急務だ。

欧州委は本格適用後、再びデフォルト値を利用可能とする方針で、移行期間に企業からデータを収集するのは、より精度の高いデフォルト値を算出するためでもあると強調する。

ただし、26年以降のデフォルト値は、各輸出国の平均排出係数に基づく値に、欧州委が数値を上乗せして設定する。デフォルト値を利用すれば、実際より排出量が多いとみなされ、本来より高い炭素価格を支払わなければならない可能性が大きくなるため、企業が実際の排出量を算出するインセンティブとなる。

排出量の算出に手間をかけるより、高い炭素価格を払うという対応も、企業の意思決定の一つにはなり得る。ただ、EUではCBAMに限らず、企業の非財務情報の開示要求を強めている。また「ブリュッセル効果」と呼ばれるように、約4.5億人の単一市場であるEUの法令や規範は、国際社会に波及しや

1 はじめの一歩
2 再エネ活用の最前線
3 動き出した新エネ
4 GHG吸収への挑戦
5 カーボンクレジット
6 炭素会計を知る
7 脱炭素経営の新概念
8 世界のGX動向

すい。早期にGHG排出量を把握する体制を整えた企業は、中長期的にビジネスの強みにできる可能性がある。

域内外からの要請

　ジェトロによる日本企業に対するヒアリングでは、そもそもCBAM規則が複雑で理解が難しいという声も聞かれる。欧州委は移行期間を乗り切るためのガイドライン（手引書）をEU域内・域外の企業向けにそれぞれ複数言語で発行している。域外の輸出事業者向けについては日本語版を24年夏にも公開予定だったが、ジェトロの取材によると準備が遅れており、25年の初めに延期される見込みだ。

　日本企業はCBAM順守のため、コンサルタントなどを雇いながら対応しているケースも多い。炭素価格の支払いを求められない移行期間中にも、手間や人件費が企業を圧迫している状況だ。今後、対象製品が拡大すれば、より大きな影響が日本に及ぶ可能性があり、日本政府側からも日本企業の声に耳を傾けるようEU側に要請が行われている。

　EU域内からもCBAMの影響を懸念する声はある。CBAMの段階的導入に伴って、これまでEU-ETSにおいて一部の域内企業に割り当てられてきた無償の排出枠が段階的に廃止されるからだ。特にエネルギー集約度や貿易依存度が高い産業には、これまで相当量の無償割当が認められてきた。

　フランス・イタリア・ドイツは4月、欧州の競争力に関する共同声明を発表。CBAMに関して「エネルギー集約型産業の脱炭素化や競争力が阻害されないことや、CBAMがカーボンリーケージを完全に防止できることを確認すべきだ」と念押しした。

欧州グリーンディールの実践ステージへ

　CBAMに限らず、欧州グリーンディールのもとで成立された関連法には、これまで産業界からの反発も少なくなかった。

6月に実施された5年に一度の欧州議会選挙では、欧州グリーンディールに批判的な右派・極右会派が躍進。欧州議会の最大会派・欧州人民党（EPP）に所属するウルズラ・フォンデアライエン氏は、欧州委委員長の続投が決まったが、次期政権に向けては「競争力を強化する」と規制強化中心の政策を見直す方針を示した。

　EUが脱炭素政策と両輪で進める循環型経済政策に目を向けると、7月にはエコデザイン規則や、消費者の新たな権利「修理する権利」を含む商品修理の促進指令 といった重要な法が施行された。エコデザイン規則については「製品規格を守らなければEU市場に流通できないという点では、CBAMより国際社会への影響が大きい」（電力中央研究所の上野貴弘氏）とする見方もあり、こちらも欧州委が今後策定する製品別の委任法令の詳細が待たれている。

　実施ステージに入る欧州グリーンディール。EU域内からも軌道修正を求める声がある中で、欧州委はCBAM本格適用に向けてどのように実施細則を制定していくのか、注目したい。

えりぐち・さとこ　2013年、新聞社入社。記者として広島支局、東京経済部などで勤務した後、一橋大学国際・公共政策大学院修了（国際・行政修士）。2023年4月にジェトロに入構し、EUの政策動向をフォロー。

1 はじめの一歩

2 再エネ活用の最前線

3 動き出した新エネ

4 GHG吸収への挑戦

5 カーボンクレジット

6 炭素会計を知る

7 脱炭素経営の新概念

8 世界のGX動向

099

COP28、「化石燃料から脱却」の意味は
高村教授が解説

2023年の第28回国連気候変動枠組み条約締約国会議（COP28）は「化石燃料からの脱却」などを盛り込んだ合意文書を採択した。企業は何を学ぶべきか。気候変動問題に詳しく、ドバイで交渉の推移を分析した高村ゆか東京大学未来ビジョン研究センター教授に、合意文書の解釈などについて現地で解説を聞いた。

──COP28をどう評価しますか。

COP28では、各国が25年に提出する35年削減目標の作成に明確なガイダンスを与える合意が目指されていた。グローバル・ストックテイク（GST）の合意文書は、曖昧さや抜け穴はあるものの、1.5℃目標を再確認し、30年までに再生可能エネルギーの設備容量を3倍にするといったかたちで世界の気候変動対策の方向性を示した。

特に50年の排出実質ゼロを達成するようエネルギーシステムの脱化石燃料化を進める、この10年でそれを加速するという方向性に合意ができたのは歴史的転換点になり得る。気象災害など気候変動の影響による「損失と被害（ロス＆ダメージ）」に対する途上国支援のための基金について、初日に合意できたのも大きな成果で、交渉の良い流れを作った。

本当に転換点にできるかどうかが今後の課題になる。今回の合意を踏まえて、日本を含む各国が25年にどのような目標を出し、実際に対策を取るのかが問われる。

■COP28合意文書に盛り込まれた主な排出削減策

● 30年までに再エネ3倍、エネルギー効率2倍

Tripling renewable energy capacity globally and doubling the global average annual rate of energy efficiency improvements by 2030

● 対策のない石炭火力の段階的廃止に向けた取り組み加速

Accelerating efforts towards the phase-down of unabated coal power

● 化石燃料からの脱却へ、この10年で行動を加速

Transitioning away from fossil fuels in energy systems, in a just, orderly and equitable manner, accelerating action in this critical decade, so as to achieve net zero by 2050 in keeping with the science

● 原子力、炭素回収、低炭素水素製造など排出ゼロ・低排出の技術を加速

Accelerating zero- and low-emission technologies, including, inter alia, renewables, nuclear, abatement and removal technologies such as carbon capture and utilization and storage, particularly in hard-to-abate sectors, and low-carbon hydrogen production

● 道路交通からの排出削減対策を加速

Accelerating the reduction of emissions from road transport on a range of pathways, including through development of infrastructure and rapid deployment of zero- and low-emission vehicles

● 非効率な化石燃料補助金の速やかな廃止

Phasing out inefficient fossil fuel subsidies that do not address energy poverty or just transitions, as soon as possible

● 過渡期の燃料の役割

Recognizes that transitional fuels can play a role in facilitating the energy transition while ensuring energy security

1 はじめの一歩

2 再エネ活用の最前線

3 動き出した新エネ

4 GHG吸収への挑戦

5 カーボンクレジット

6 炭素会計を知る

7 脱炭素経営の新概念

8 世界のGX動向

　例えば、30年までの再生エネ3倍やエネルギー効率改善2倍は世界全体での目標ではあるが、それにどう貢献できるか、国内でも対応の検討が求められる。日本の場合、次のエネルギー基本計画の策定にも当然かかわってくる。合意された世界の削減対策の方向性に沿って、新興国や途上国に対してエネルギー分野でどういう国際支援をしていくのかも検討が必要だ。

──企業はどんな点に注意すべきでしょうか。

　COPで決まった大きな方向性は企業にとっても重要な意味を持つ。国際サステナビリティ基準審議会（ISSB）の気候変動関連開示基準では企業に対して、気候変動に関する最新の国際合意やそれに基づく国の目標に照らしてどのように企業の目標を立てたのかを開示するよう求めているからだ。今回のCOP28の決定は、各国の削減目標策定にガイダンスを与える世界的な対策の方向性を示すという点で重要な合意だ。

──合意内容を正確に理解する必要がありそうです。化石燃料からの「transitioning away」という表現の解釈は。

　これは世界銀行が、特に石炭火力への依存からの転換・脱却を論じる文脈で使ってきた表現だ。「transition」という表現は、廃止という結論に焦点を絞るだけでなく、「公正な移行（just transition）」で知られるように、そこに至る移行プロセスも重視している。エネルギー移行による社会的弱者への悪影響の回避や、途上国に対する資金提供などの支援も合意し得る言葉だ。

　COP28の合意文書は、50年ごろにネットゼロを目指すという移行の先のゴールも示してある。この点も踏まえると、transitioning awayはエネルギーシステムにおける化石燃料依存からの脱却を意味すると解釈すべきではないか。産油国などの反対で「phase out」という表現は採用されなかったが、目指すべきゴールは同じところを指していると思う。

1 はじめの一歩

2 再エネ活用の最前線

3 動き出した新エネ

4 GHG吸収への挑戦

5 カーボンクレジット

6 炭素会計を知る

7 脱炭素経営の新概念

8 世界のGX動向

──「排出削減対策を取っていない（unabated）」石炭火力の解釈も、日本と各国ではずれがあるようです。

　国連の気候変動に関する政府間パネル（IPCC）が3月に公表した第6次評価報告書の統合報告書では、「unabated」とは、ライフサイクル全体を通じた排出量を相当に減らす対策が取られていないものだと説明している。そうした対策の例として、発電所からの温暖化ガス排出量の9割以上を回収するケースを挙げている。COPをはじめとする国際交渉で、各国はこの水準を念頭に議論していると考えている。

──新たなカーボンクレジットのルールを決める「パリ協定6条」関連は合意に至りませんでした。

　欧州連合（EU）が確実な排出削減、環境・社会配慮などを確保する厳格なルールを求めたのに対し、使い勝手を重視し緩やかなルール化を求める米国がそれに反対したと言われている。クレジットは、各国が協力して世界の排出削減水準を引き上げるのを後押しできる。例えば、国内の削減ポテンシャルが小さな国も他国の削減を支援して自国の目標達成ができるようになるからだ。企業の場合も同様だ。その意味ではルールは早くできた方がいい。

　ただ、質の高い炭素市場のルール作りも重要だ。クレジットを創出するこれまでのプロジェクトの中には、本当に排出削減につながっているのか、地域社会などに悪影響を及ぼしていないかといった懸念が指摘されるものもあった。クレジットの質の高さを確保するルールがあってこそ、炭素市場自体の中期的な発展にもつながる。

たかむら・ゆかり　グローバルな観点から環境・エネルギーを論じる「脱炭素」時代のオピニオン・リーダー。専門は国際法学・環境法学。名古屋大学大学院教授などを経て2018年から東京大学教授、19年から現職。政府の審議会委員やアジア開発銀行気候変動と持続可能な発展に関する諮問グループ委員も務める

100

米のパリ協定離脱、条約も脱退なら「復帰困難の可能性」

　米国で第2次トランプ政権が2025年1月20日にスタートした。トランプ氏は就任初日に大統領令でパリ協定からの離脱を表明した。前回の離脱は3カ月半にとどまったが、今回は少なくとも3年続く可能性がある。パリ協定のベースになっている国連気候変動枠組み条約（UNFCCC）からも脱退した場合、仮に4年後に民主党が政権を奪回してもパリ協定への復帰が困難になりかねないと、気候変動問題に詳しい上野貴弘・電力中央研究所上席研究員は指摘する。

前回の離脱は3カ月半

──米国のパリ協定離脱で何が起こり得るのかを、第1次トランプ政権の際との比較でうかがいます。まず、前回の離脱は短期間にとどまりました。

　「トランプ氏は17年1月20日の大統領就任から約4カ月後の6月1日に離脱を表明した。ただ、パリ協定は発効から3年は離脱の通告ができない。さらに、通告が効力を持つのは1年かかるため、形式面で離脱できたのは20年の11月だ。翌21年にバイデン氏が大統領となり、すぐに協定に復帰したため、離脱期間は3カ月半にとどまった」

　「離脱した前日の20年11月3日には米大統領選の投開票があった。結果はすぐに固まらなかったものの、政権が代わりパリ協定に復帰する可能性は十分にあったことから、離脱のインパクトは小さかった」

1 はじめの一歩
2 再エネ活用の最前線
3 動き出した新エネ
4 GHG吸収への挑戦
5 カーボンクレジット
6 炭素会計を知る
7 脱炭素経営の新概念
8 世界のGX動向

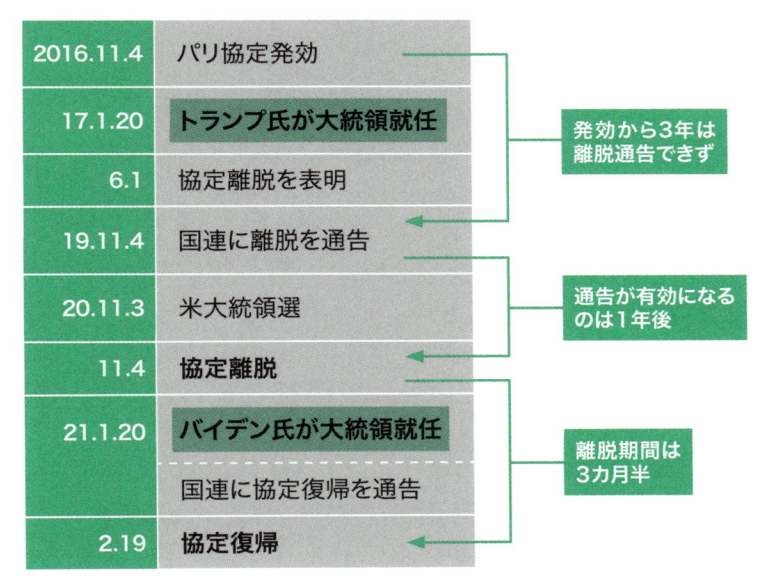

■前回のパリ協定離脱は3カ月半にとどまった

2016.11.4	パリ協定発効
17.1.20	**トランプ氏が大統領就任**
6.1	協定離脱を表明
19.11.4	国連に離脱を通告
20.11.3	米大統領選
11.4	**協定離脱**
21.1.20	**バイデン氏が大統領就任**
	国連に協定復帰を通告
2.19	**協定復帰**

発効から3年は離脱通告できず

通告が有効になるのは1年後

離脱期間は3カ月半

——今回は長くなりそうです。

　「国連への通告から1年で効力が発生するのは今回も同じ。25年にブラジルで開く第30回国連気候変動枠組み条約締約国会議（COP30）の時点では形式的にはまだ離脱していないとはいえ、米国が主体的に関与することはないだろう。離脱は、少なくともトランプ氏の任期末まで3年は続くとみるのが一般的だ」

条約批准には上院の3分の2の賛成必要

——UNFCCCからも脱退する可能性が取り沙汰されています。

　「前回は、パリ協定を巡っても政権内に残留派と離脱派の両論があった。結

果的に協定からは離脱することになった一方でUNFCCCには残ったのは、残留派の存在があったからだ。今回は残留派がおらず、引き留める力が働かない」

──今回の大統領令には、UNFCCCのもとで結んだ合意からすべて脱退するとあります。

「パリ協定以外にも、COPで積み上げてきた合意に不満があることがうかがえる。UNFCCC自体からの脱退は、就任初日はなかったので、いったん可能性は遠のいた。ただ、今後の動きについては含みを持たせる部分が大統領令の中にはあり、脱退リスクが完全に排除されたとは言い切れない」

──脱退した場合の影響は。

「協定からの離脱と比べてケタ違いのインパクトがある。締約国だけがパリ協定に参加でき、仮に4年後に民主党政権になっても、米国が協定に復帰できないリスクが出てくるからだ。パリ協定は米国の制度上、『行政協定』という位置付けで、大統領の権限だけで出たり入ったりできる。一方、条約の批准には上院議員の3分の2の賛成が必要だ。上院の構成がその時点でどうなっているかにもよるが、ハードルはかなり高い」

「脱退した条約に再び加わる際も、初めて参加する際と同様の批准手続きが必要なのかどうかは、前例が少なくはっきりしない。民主党政権は批准は不要と判断するだろうが、判断の妥当性を巡り訴訟が提起されても耐えられるかどうか」

途上国の排出削減意欲が後退も

──米国が協定から離脱すると国際社会にはどんな影響が想定されますか。

「最も大きいのは途上国支援の停滞だ。COP29では先進国全体で35年までに年3000億ドル（約46兆円）を動員することで合意した。次の米大統領選で民

336

1 はじめの一歩

2 再エネ活用の最前線

3 動き出した新エネ

4 GHG吸収への挑戦

5 カーボンクレジット

6 炭素会計を知る

7 脱炭素経営の新概念

8 世界のGX動向

主党が勝てば、35年までの目標に向けて途上国支援を再開するだろうが、次も共和党なら目標達成は難しくなる。民主党が勝っても条約に復帰できず、パリ協定にも復帰できない場合も同様だ」

「米国が抜けた穴をすべて他国が埋めるのは無理だ。途上国にとってのパリ協定の求心力は支援を受けられる点にある。それを当て込んでNDC（国別の温暖化ガス削減目標）を立てている面もある。支援が十分でなければパリ協定は形骸化して途上国の排出削減意欲が後退し、世界全体で脱炭素の動きが減速することが予想される」

民間の脱炭素機運、金融に変化

——前回は米国の州政府や企業が「We are still in」という組織をつくり、国としては離脱しても脱炭素の取り組みは続けるとアピールしました。

「今回も、非政府アクターがそういった動きをすることになるだろう。ただ、前回は大きな力の一つだった金融業界が表だっては連携に動かず、機運醸成としては弱くなる可能性がある」

「（50年までに温暖化ガスの排出量を実質的にゼロにすることを目標に掲げる国際的な銀行連合の）ネットゼロ・バンキング・アライアンス（NZBA）から米国の主要行が相次いで脱退。米ブラックロックは（同様の目的を掲げる投資家グループの）ネットゼロ・アセットマネジャーズ・イニシアチブ（NZAM）からの脱退を表明した。共和党が強い州の政府がこれまで、反トラスト法違反だと指摘していたのが、トランプ政権になると連邦政府からも言われるかもしれないとみての動きだろう」

——UNFCCCからの脱退は、パリ協定に参加できなくなること以外にどんな変化をもたらしますか。

「UNFCCCは締約国に温暖化ガスの排出量と吸収量の実績（インベントリー）報告を求めており、脱退するとこの義務がなくなる。ただ、米国は国内

法でインベントリーを作る義務を行政府に課した。国連に報告する義務はなくなっても集計は続くとみている」

国内政策も初動が早く

——パリ協定離脱に伴う米国内への影響はいかがでしょう。

　「第1次政権の時は準備ができていなかったので政策変更に時間がかかり、実施は就任から3〜4年目になったものが多い。今回は初動が早そうだ。それでも、行政手続法に沿ったプロセスが必要なので1年半か2年程度はかかるだろう。火力発電所の規制や自動車の排ガス基準、電気自動車（EV）減税などが当面の焦点だ」

　「バイデン政権が24年12月に発表した、35年までに05年比で温暖化ガスを61〜66％減らすというNDCはパリ協定に基づくものなので、離脱に伴い消滅する」

——脱炭素に向けた日本のスタンスは変わるのでしょうか。

　「日本はGX推進法を成立させて、この枠組みのもとで取り組みを進めている。50年の排出量実質ゼロ目標を掲げつつ、経済性やエネルギー安全保障の観点も踏まえて進めていくのが大方針で、ある種の中道路線を取っている。『化石燃料を温存している』とか『脱炭素はオワコンだ』などと両サイドから批判を受けているのが中道の証し。米国をはじめとする世界のトレンドがぶれても、粛々と現在の取り組みを続けるべきだと考える」

うえの・たかひろ　04年電力中央研究所に入所、21年から研究推進マネージャー（サステナビリティ）・上席研究員。研究分野は地球温暖化対策。内閣官房「GX実現に向けたカーボンプライシング専門ワーキンググループ」構成員。著書に『グリーン戦争─気候変動の国際政治』（中公新書）。

1 はじめの一歩

2 再エネ活用の最前線

3 動き出した新エネ

4 GHG吸収への挑戦

5 カーボンクレジット

6 炭素会計を知る

7 脱炭素経営の新概念

8 世界のGX動向

おわりに

2022年にNIKKEI GXを創刊する際、コンセプトの設定と合わせて媒体名の検討にもかなりの時間と労力を割いた。政府や企業、研究者など様々な立場の方の話を聞く中で、印象に残っているコメントの一つが、ある化学大手の方によるものだ。

日本経済新聞が当時「カーボンゼロ」というタイトルで連載記事などを掲載していたのに対し「記事の内容はともかく、我々はカーボンゼロという表現は受け入れられない。炭素を使わない世の中なんてあり得ないからだ。ただ、使用済みのプラスチックや、排出した二酸化炭素（CO_2）を回収して再利用することで炭素の排出をゼロに近づけようという取り組みには賛同する」という話だった。

日経の「カーボンゼロ」もサーキュラーエコノミー（循環型経済）の発想を否定するものではなかったが、業界によってはそういった受け止めがあるのだと気付かされた。

化学は電力や鉄鋼などとともにCO_2の多排出産業と位置づけられる。温暖化の文脈では「悪者」扱いされかねない。ただ、こういった産業のあり方が変わることが、社会全体の排出削減を大きく左右するという意味においては、気候変動対策の主役になり得る。

脱炭素対応で先進的な取り組みをするテック業界などのトップランナーは、そもそも排出量が少なかったり、事業の性格上、排出削減措置がとりやすかったりする場合もある。モデルケースになり得るそういった企業はもちろん重要だ。

同時に、排出量が多い産業がエネルギーの種類や素材の使い方を変えることで、排出量を減らしながらも成長する、その道筋を当事者とともに考えていくのもメディアの役割ではないか。NIKKEI GXという媒体名には、そん

な思いも込められている。

　GXは和製英語のようで、外国の人には通じにくい。23年の主要7カ国（G7）会合で日本政府関係者が議長国として環境政策を説明した際、「そもそもGXって何ですか」という質問が出たという話を聞いたことがある。

　私自身も似たような経験をしている。外国の識者を取材する際、NIKKEI GXという媒体名を説明するのにはいつも時間がかかる。それでも日本ではかなり浸透し、脱炭素と成長の両立というコンセプトも理解されるようになったのではないだろうか。本書も今後、その助けになれば幸いだ。

　NIKKEI GXの編集部は、編集長の小倉健太郎とデスクの花田幸典を中心とする少人数で運営している。外部の専門家に寄稿してもらうケースもあるが、大半の記事は日経新聞の記者が書いている。本書に掲載した記事の書き手は多岐に渡るが、頻度が多いのは浅山亮、泉洸希、猪俣里美、大西智也、岡田江美、岡本康輝、片山志乃、河野真央、北川舞、京塚環、久貝翔子、鈴木大洋、高垣祐郷、為廣剛、外山尚之、林英樹（フランクフルト支局）、向野峻、山田遼太郎（シリコンバレー支局）、湯沢維久、吉田啓悟の各記者だ。

　コンテンツ作成以外の面も含め、日経内外の多くの方から陰に陽に様々な形でご支援を受け、そのおかげで媒体として運用できている。本書の出版もその一環として実現した。ここに記すことでお礼に代えたい。

　150兆円市場と言われるがまだ萌芽に過ぎないGX。これからどのような花を咲かせ、実をつけるのか。読者の皆さんとともに、その可能性を追い続けたい。

2025年3月吉日
NIKKEI GX編集長　小倉健太郎

GXキーワード索引

NIKKEI GX

日本経済新聞がビジネスプロフェッショナルメディア向けに提供する専門メディアとして、2022年11月に創刊。温暖化ガスの排出削減を成長機会につなげるGXについて、国内外の企業の先進的な取り組みのほか、脱炭素に向けた政策や制度を解説して変革のヒントを日々提供する。
https://www.nikkei.com/prime/gx

GX グリーントランスフォーメーション経営大全

150兆円市場の道しるべ

2025年4月21日　第1版第1刷発行

編　者	NIKKEI GX
発行者	松井 健
発　行	株式会社日経BP
発　売	株式会社日経BPマーケティング 〒105-8308　東京都港区虎ノ門4-3-12
編　集	白壁 達久
装　丁	中川 英祐（トリプルライン）
Ｄ Ｔ Ｐ	川瀬 達郎（エステム）
校　正	株式会社聚珍社
印刷・製本	TOPPANクロレ株式会社